高等学校数学基础课教材

曲阜师范大学教材建设基金资助出版

Complex Function Theory

复变函数论

李平润◎编著

中国科学技术大学出版社

内 容 简 介

本书根据高等师范院校数学专业的教学要求和作者多年的教学实践编写而成,目的是为师范院校数学专业和相关专业的在校本科生学习这门课程提供必要的基础知识,同时也充分考虑了学生继续深造和研究的需要.书中内容安排由浅入深,全面、系统地介绍了解析函数的基本理论和方法.本书共 8 章,包括复数与复变函数、解析函数、解析函数的积分表示、解析函数的泰勒展开及其应用、解析函数的洛朗展开及其应用、留数理论及其应用、共形映射、解析延拓简介.书中提供了丰富的习题,便于教师教学与学生自学.本书内容丰富,体系严谨,讲解通俗易懂,具有很强的可读性.

本书可作为综合性大学和高等师范院校数学专业及相关专业的教材,也可作为相关数学教师、科技工作者和工程技术人员的参考书.

图书在版编目(CIP)数据

复变函数论/李平润编著. —合肥:中国科学技术大学出版社,2019.12
ISBN 978-7-312-04845-6

Ⅰ.复… Ⅱ.李… Ⅲ.复变函数论—高等师范院校—教材 Ⅳ.O174.5

中国版本图书馆 CIP 数据核字(2019)第 273598 号

出版 中国科学技术大学出版社
安徽省合肥市金寨路 96 号,230026
http://www.press.ustc.edu.cn
https://zgkxjsdxcbs.tmall.com
印刷 合肥华苑印刷包装有限公司
发行 中国科学技术大学出版社
经销 全国新华书店
开本 710 mm×1000 mm 1/16
印张 11.5
字数 206 千
版次 2019 年 12 月第 1 版
印次 2019 年 12 月第 1 次印刷
定价 29.00 元

前　　言

　　数域从实数域扩充到复数域后,产生了复变函数论,并且深入到代数学、微分方程、概率论、拓扑学等数学分支.复变函数理论的基础是由三位杰出的数学家 Cauchy,Weierstrass 和 Riemann 奠定的,到现在已有一百多年的历史,这是一门相当成熟的学科.它在数学的其他分支,如常微分方程、积分方程、概率论、解析数论、算子理论及多复变函数论等方面都有重要的应用.20 世纪以来,复变函数理论被广泛地应用到流体力学、空气动力学、电学及理论物理学等方面,发展到今天已成为一个内容非常丰富、应用极为广泛的数学分支.

　　复变函数论作为高等院校数学专业的一门重要基础课,通常包含 Cauchy 积分理论、Weierstrass 级数理论和 Riemann 几何理论三部分内容.本书作为这样一门课程的教材,就是以这三大块内容为中心编写的,但在材料的取舍上与传统的教材略有不同.本书主要讲述了以下内容:

　　1. 复数与复变函数.这一部分是预备知识.由于近年来高中教材改革,复数部分的难度和所占比例有所减少,实际教学过程中发现学生对这部分基础知识掌握得不够全面、扎实,影响到了这门课程的学习,因此我们在第 1 章中对复数做了比较详细的介绍.

　　2. 解析函数.复变函数论的主要研究对象就是解析函数,因此复变函数论也称为解析函数论.我们在介绍复变函数的导数与微分的基础上,重点介绍了解析函数的基本理论、判定函数解析的方法、初等解析函数和初等多值函数.其中 2.3 节"初等多值函数"是复变函数理论的难点之一,我们对这一部分内容做了详细的介绍.

　　3. 复变函数的积分.复积分是研究解析函数的一个重要工具,其理论是复变函数理论的基础和精华. 书中介绍了非常重要的 Cauchy 积分定理和 Cauchy 积分公式, 以及它们的性质和应用.

4. 解析函数的级数理论. 级数也是研究解析函数的一个重要工具, 具有理论意义和实际应用, 例如可用来计算函数的近似值、研究解析函数的零点性质等. 书中主要介绍了解析函数的幂级数和洛朗级数, 特别介绍了孤立奇点的相关知识, 为留数理论做了铺垫.

5. 留数理论及其应用. 留数理论是 Cauchy 积分理论的延续. 留数在复变函数论本身及其实际应用中都是很重要的, 是计算周线积分和实积分的强有力的数学工具. 应用留数理论可以研究辐角原理与 Rouché (儒歇) 定理, 考察解析函数的零点个数以及解析函数的零点分布状况.

6. 共形映射. 前面的内容是用分析的方法(即微分、积分、级数等) 来研究解析函数的, 这一部分内容将从几何的角度对解析函数的性质和应用进行讨论, 主要是研究解析函数的共形映射.

作者曾在曲阜师范大学讲授这门课程近二十年, 积累了一定的教学经验, 本书便是在讲稿的基础上写成的. 本书在体现作者对复变函数相关内容的体会与研究的同时, 也注意借鉴国内外出版的同类教材的优点, 主要表现在以下几个方面: 在引入新知识时, 尽量利用数学分析中的知识和方法, 深刻地体现出本门课程是数学分析的后续课程的特点, 同时又强调本门课程方法的独特性, 特别强调了数学分析和复变函数论的异同点, 为后续课程的学习与研究打下基础. 本教材内容丰富、详细, 可读性强, 但教师不必都讲, 可给学生留一些自学的余地. 例如, 为了完整起见, 在第 1 章中比较详细地介绍了复数与平面点集的知识, 对于大部分学生来说, 这部分内容在数学分析中的多元函数的微积分中已经学过了, 教师可不必再讲, 留给学生备查就可以了. 又如, 用留数理论计算定积分时, 介绍了不少方法, 教师只需选择一部分讲深讲透, 其他可留作学生自学的材料, 例题也不必全讲. 总之, 教师应该根据实际情况做出取舍. 书中每章之后都附有不少习题, 这是本书的重要组成部分. 选择习题时, 注重了典型性, 同时注意与近代数学知识的衔接, 这样读者能够及时理解和掌握所学的内容, 同时也为其学习和掌握近代数学知识做了一定的准备. 一些练习性的习题是为加深对教学内容的理解而设的, 学生都应该完成; 一部分有一定难度的习题是为锻炼学生的综合分析能力而设的, 有些题目初学时做不出来也不必介意, 待学完本课程后回过头来还可以重新考虑.

本书带"＊"号的部分可略讲或不讲.

本书在编写过程中得到了曲阜师范大学数学科学学院许多同事的大力支持, 并得到了曲阜师范大学教材建设基金和国家特色专业建设点专项经费的资助. 兄弟院校的一些优秀教材对本书的编写有很大启发和很多帮助, 在此一并致谢.

受作者水平所限, 书中存在缺点和错误在所难免, 恳请广大读者朋友批评指正. 使用本教材的师生若有问题可来信交流, 联系邮箱为 lipingrun@163. com.

李平润

2019 年 8 月

目　　录

第1章 复数与复变函数

所谓复变函数,就是定义域和值域均在复数集上的函数.复变函数论是分析学最重要的分支之一,故又称复分析.这门课程所研究的主要对象,是在某种意义下可导的复变函数,通常称为解析函数.为建立这种解析函数的理论基础,在这一章中,我们引入复数域、复平面、复平面上的点集和区域、Jordan 曲线以及复变函数的极限与连续等概念,还要引入复球面与无穷远点的概念.这门学科的一切讨论都是在复数范围内进行的.

1.1 复 数

1. 复数域

复变函数论的出发点是复数.在代数中已经讲过复数.为了便于以后讨论,我们把有关复数的基本定义及结论在这里回顾一下.

形如 $z = x + iy$ 的数称为复数,i 满足 $i^2 = -1$,称为虚数单位.实数 x, y 分别称为复数 $z = x + iy$ 的实部与虚部,记作

$$x = \text{Re}\, z, \quad y = \text{Im}\, z.$$

特别地,当 $y = 0$ 时,$z = x$,视为实数;而当 $x = 0, y \neq 0$ 时,$z = iy$ 称作纯虚数.

我们规定:两个复数相等当且仅当它们的实部与虚部分别相等.当 $x = y = 0$ 时,记 $z = 0$.

复数的加(减)法可按实部与实部相加(减),虚部与虚部相加(减)进行;两个复数相乘,可按多项式乘法法则进行,只需将乘得的结果中的 i^2 换成 -1.具体来说,对于任意两个复数 $z_1 = x_1 + iy_1, z_2 = x_2 + iy_2$,其运算法则如下:

加减法:$z_1 \pm z_2 = (x_1 \pm x_2) + i(y_1 \pm y_2)$;

乘法:$z_1 \cdot z_2 = (x_1 x_2 - y_1 y_2) + i(x_1 y_2 + y_1 x_2)$;

除法:$\dfrac{z_1}{z_2} = \dfrac{x_1 x_2 + y_1 y_2}{x_2^2 + y_2^2} + i \dfrac{x_2 y_1 - x_1 y_2}{x_2^2 + y_2^2}$,其中 $x_2 + iy_2 \neq 0$.

复数的加法与乘法分别满足交换律和结合律,而且它们之间满足分配律,即有:

(1) $z_1 + z_2 = z_2 + z_1$;

(2) $(z_1 + z_2) + z_3 = z_1 + (z_2 + z_3)$;

(3) $z_1 \cdot z_2 = z_2 \cdot z_1$;

(4) $(z_1 \cdot z_2) \cdot z_3 = z_1 \cdot (z_2 \cdot z_3)$;

(5) $(z_1 + z_2) \cdot z_3 = z_3 \cdot (z_1 + z_2) = z_1 z_3 + z_2 z_3$.

全体复数引入上述运算后称为复数域,常用 $\mathbb{C}$ 表示.在复数域内,我们熟知的一切代数恒等式仍成立,例如:

$$a^2 - b^2 = (a + b)(a - b),$$
$$a^3 + b^3 = (a + b)(a^2 - ab + b^2).$$

2. 复数的几何表示

在平面上取定直角坐标系,将复数 $z = x + iy$ 看成平面直角坐标系上的点 (x, y),就得到复数域到平面的一一对应,这样就可以用平面上的点表示复数,其中 x 轴为实轴,y 轴为虚轴,这样的平面称为复平面.定义两点 $z_1 = x_1 + iy_1$,$z_2 = x_2 + iy_2$ 间的距离为

$$|z_1 - z_2| = \sqrt{(x_1 - x_2)^2 + (y_1 - y_2)^2},$$

它是一个非负实数.注意 $|z| = \sqrt{x^2 + y^2}$ 表示 z 到原点的距离,也称为复数 z 的模或绝对值.

也可将复平面 $\mathbb{C}$ 上的点 $z = x + iy$ 看成是以原点 O 为起点,$z = (x, y)$ 为终点的向量 $\overrightarrow{Oz}$,这时向量的长也就是复数 z 的模,$|\overrightarrow{Oz}| = |z|$(图 1.1).

复数的加法在复平面上满足平行四边形法则,即两个复数向量 $\overrightarrow{Oz_1}$,$\overrightarrow{Oz_2}$ 的和等于它们确定的平行四边形 $Oz_1\eta z_2$ 的对角线向量 $\overrightarrow{O\eta}$,如图 1.2 所示.类似地,两个复数相减与向量相减的法则也一致.从图 1.2 可以看出

$$|z_1 + z_2| = |\overrightarrow{O\eta}| \leqslant |\overrightarrow{Oz_1}| + |\overrightarrow{Oz_2}| = |z_1| + |z_2|. \tag{1.1}$$

对于不等式(1.1),我们也可用解析的方法证明.设复数 $z_1 = x_1 + iy_1$,$z_2 = x_2 + iy_2$,那么

$$|z_1 + z_2|^2 = (x_1 + x_2)^2 + (y_1 + y_2)^2$$
$$= x_1^2 + x_2^2 + y_1^2 + y_2^2 + 2x_1 x_2 + 2y_1 y_2,$$
$$(|z_1| + |z_2|)^2 = \left(\sqrt{x_1^2 + y_1^2} + \sqrt{x_2^2 + y_2^2}\right)^2$$
$$= x_1^2 + y_1^2 + x_2^2 + y_2^2 + 2\sqrt{(x_1^2 + y_1^2)(x_2^2 + y_2^2)}.$$

不等式(1.1)成立当且仅当

$$|x_1 x_2 + y_1 y_2| \leqslant \sqrt{(x_1^2 + y_1^2)(x_2^2 + y_2^2)}, \tag{1.2}$$

显然,式(1.2)是成立的.

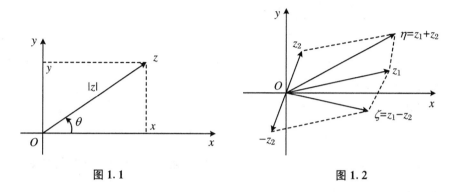

图 1.1　　　　　　　　　　　　图 1.2

关于两个复数 z_1, z_2 的和与差的模,我们可归纳得到以下一些不等式:

(1) $||z_1| - |z_2|| \leqslant |z_1 \pm z_2| \leqslant |z_1| + |z_2|$(三角不等式);

(2) $|z| = \sqrt{x^2 + y^2} \geqslant |x| = |\operatorname{Re} z|, |z| \geqslant |\operatorname{Im} z|$.

用数学归纳法可证推广的三角不等式:

(3) $|z_1 + z_2 + \cdots + z_n| \leqslant |z_1| + |z_2| + \cdots + |z_n|$.

3. 复数的三角表示

设 P 是复平面 $\mathbb{C}$ 上的一点 (x, y),它所表示的复数为 $z = x + \mathrm{i}y$,而以原点 O 为起点,P 为终点的向量 $\overrightarrow{OP}$ 被称为复向量.

显然这三者之间是一一对应的,今后将不再加以区别.如图 1.3 所示.

$$x = \operatorname{Re} z = r\cos\theta = |z|\cos\theta,$$
$$y = \operatorname{Im} z = r\sin\theta = |z|\sin\theta, \tag{1.3}$$

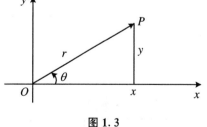

图 1.3

其中 θ 是复向量与 x 轴正向的夹角,称之为复数 z 的辐角.显然,$z \neq 0$ 时,z 的辐角存在并且有无穷多个,它们都相差 2π 的整数倍,记为 $\operatorname{Arg} z$. 将限制在区间 $(-\pi, \pi]$ 上的辐角称为 z 的主辐角,记为 $\arg z$. 于是

$$\operatorname{Arg} z = \arg z + 2k\pi \quad (k = 0, \pm 1, \pm 2, \cdots).$$

由式(1.3),不难得到

$$z = x + iy = r(\cos\theta + i\sin\theta).\qquad(1.4)$$

我们引出熟知的欧拉(Euler)公式

$$e^{i\theta} = \cos\theta + i\sin\theta,\qquad(1.5)$$

那么式(1.4)就可以有一个简洁的表达式

$$z = re^{i\theta}.\qquad(1.6)$$

式(1.4)和式(1.6)分别称为复数 $z(z\neq0)$ 的三角表达式和指数表达式,其中 $r = |z|$, θ 为 z 的任意辐角.

特别地,当 $r=1$ 时,有 $z = \cos\theta + i\sin\theta$,这种复数称为单位复数.

注意,当 $z=0$ 时,辐角无意义.

令 $z = x + iy$,则主辐角 $\arg z(z\neq0)$ 和反三角函数 $\arctan\dfrac{y}{x}$ 的关系如下(图1.4、图1.5):

$$\arg z = \begin{cases} \arctan\dfrac{y}{x} & (x>0, y\geqslant0), \\[2mm] \dfrac{\pi}{2} & (x=0, y>0), \\[2mm] \arctan\dfrac{y}{x} + \pi & (x<0, y\geqslant0), \\[2mm] -\dfrac{\pi}{2} & (x=0, y<0), \\[2mm] \arctan\dfrac{y}{x} - \pi & (x<0, y<0). \end{cases}$$

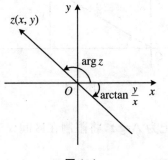

图 1.4

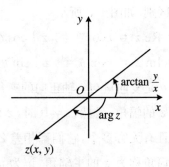

图 1.5

例 1.1　求复数 $z = 1 - \cos\theta + i\sin\theta (0 \leqslant \theta \leqslant \pi)$ 的模与辐角.

解　因为 $0 \leqslant \theta \leqslant \pi$,所以复数 z 的模为

$$|z| = \sqrt{(1 - \cos\theta)^2 + \sin^2\theta} = 2\sin\frac{\theta}{2},$$

又因为

$$z = 2\sin\frac{\theta}{2}\left(\cos\frac{\pi - \theta}{2} + i\sin\frac{\pi - \theta}{2}\right),$$

所以 z 的辐角为

$$\text{Arg } z = \frac{\pi - \theta}{2} + 2k\pi \quad (k = 0, \pm 1, \pm 2, \cdots).$$

对于 $z_1 = r_1 e^{i\theta_1}, z_2 = r_2 e^{i\theta_2}$,有

$$z_1 = z_2 \iff r_1 = r_2, \theta_1 = \theta_2 + 2k\pi \quad (k = 0, \pm 1, \pm 2, \cdots).$$

用复数的指数表达式或三角表达式做乘法、除法比较方便.对于乘法,有

$$z_1 z_2 = r_1 e^{i\theta_1} r_2 e^{i\theta_2} = r_1 r_2 e^{i(\theta_1 + \theta_2)}, \tag{1.7}$$

即两个复数相乘等于模相乘,辐角相加.对于除法,有

$$\frac{z_1}{z_2} = \frac{r_1 e^{i\theta_1}}{r_2 e^{i\theta_2}} = \frac{r_1}{r_2} e^{i(\theta_1 - \theta_2)}, \tag{1.8}$$

即两个复数相除等于模相除,辐角相减.

注意,这里的辐角运算可以看作是在集合间进行的,其运算的结果是

$$\text{Arg } z_1 + \text{Arg } z_2 = \{\arg z_1 + 2k_1\pi + \arg z_2 + 2k_2\pi (k_1, k_2 = 0, \pm 1, \cdots)\}$$
$$= \{\arg z_1 + \arg z_2 + 2k\pi (k = 0, \pm 1, \cdots)\},$$

$$\text{Arg } z_1 - \text{Arg } z_2 = \{\arg z_1 - \arg z_2 + 2k\pi (k = 0, \pm 1, \cdots)\}.$$

由此可得

$$\begin{cases} \text{Arg}(z_1 z_2) = \text{Arg } z_1 + \text{Arg } z_2; \\ \text{Arg } \dfrac{z_1}{z_2} = \text{Arg } z_1 - \text{Arg } z_2. \end{cases} \tag{1.9}$$

应该指出,式(1.9)指的是两个集合相等.由于 $|e^{i\theta}| = 1$,从而

$$|z_1 \cdot z_2| = |z_1| \cdot |z_2|, \quad \left|\frac{z_1}{z_2}\right| = \frac{|z_1|}{|z_2|} \quad (z_2 \neq 0). \tag{1.10}$$

4. 复数的乘幂与方根

作为乘积的特例,考虑非零复数 z 的正整数次幂 z^n,我们有

$$z^n = (|z| e^{i\text{Arg } z})^n = [|z|(\cos\text{Arg } z + i\sin\text{Arg } z)]^n$$

$$= |z|^n [\cos(n \operatorname{Arg} z) + i \sin(n \operatorname{Arg} z)] = |z|^n e^{in \operatorname{Arg} z}. \quad (1.11)$$

从而有

$$|z^n| = |z|^n, \quad \operatorname{Arg} z^n = n \operatorname{Arg} z.$$

当 n 是负整数时,可类似得到相应的公式.

下面我们考虑乘方的逆运算——开方运算.对任意正整数 n,$z \neq 0$,满足 $w^n = z$ 的所有复数 w,称为复数 z 的 n 次方根,今记其根的总体为 $z^{\frac{1}{n}}$.我们容易求得 $w^n = z$ 的 n 个不同的解为

$$z^{\frac{1}{n}} = (|z| e^{i \operatorname{Arg} z})^{\frac{1}{n}} = [|z|(\cos \operatorname{Arg} z + i \sin \operatorname{Arg} z)]^{\frac{1}{n}}$$

$$= \sqrt[n]{|z|} \left(\cos \frac{\operatorname{Arg} z}{n} + i \sin \frac{\operatorname{Arg} z}{n} \right)$$

$$= \sqrt[n]{|z|} \left(\cos \frac{\arg z + 2k\pi}{n} + i \sin \frac{\arg z + 2k\pi}{n} \right) \quad (k = 0, 1, \cdots, n-1).$$

$$(1.12)$$

这里 $\sqrt[n]{|z|}$ 表示正实数开方的算术根,是一个正值.我们也可以把 n 个不同的解记为

$$w_k = (\sqrt[n]{z})_k = (\sqrt[n]{|z|}) e^{i \frac{\arg z}{n}} e^{i \frac{2k\pi}{n}} \quad (k = 0, 1, \cdots, n-1). \quad (1.13)$$

因此,我们得到非零复数 z 的 n 次方根共有 n 个,它们沿中心在原点,半径为 $\sqrt[n]{|z|}$ 的圆周均匀地分布着,即它们是内接于该圆周的正 n 边形的 n 个顶点.

例 1.2 计算 $\sqrt[4]{1+i}$.

解 因为 $1 + i = \sqrt{2} \left[\cos \left(\frac{\pi}{4} + 2k\pi \right) + i \sin \left(\frac{\pi}{4} + 2k\pi \right) \right] (k = 0, 1, 2, 3)$,其中 $\sqrt{2}$ 表示正实数 2 的算术根,于是有

$$\sqrt[4]{1+i} = \sqrt[8]{2} \left(\cos \frac{\pi + 8k\pi}{16} + i \sin \frac{\pi + 8k\pi}{16} \right).$$

当 $k = 0, 1, 2, 3$ 时,可得到如下 4 个不同的值:

$$(\sqrt[4]{1+i})_0 = \sqrt[8]{2} \left(\cos \frac{\pi}{16} + i \sin \frac{\pi}{16} \right), \quad (\sqrt[4]{1+i})_1 = \sqrt[8]{2} \left(\cos \frac{9\pi}{16} + i \sin \frac{9\pi}{16} \right),$$

$$(\sqrt[4]{1+i})_2 = \sqrt[8]{2} \left(\cos \frac{17\pi}{16} + i \sin \frac{17\pi}{16} \right), \quad (\sqrt[4]{1+i})_3 = \sqrt[8]{2} \left(\cos \frac{25\pi}{16} + i \sin \frac{25\pi}{16} \right).$$

5. 共轭复数

称复数 $x - iy$ 为复数 $z = x + iy$ 的共轭复数,记为 $\bar{z}$.显然

$$|\bar{z}| = |z|, \quad \text{Arg}\,\bar{z} = -\text{Arg}\,z. \tag{1.14}$$

又设 $w = u + iv$，易知两个共轭复数的和、差、积、商等于它们和、差、积、商的共轭复数：

(1) $\bar{z} + \bar{w} = a - bi + u - vi = (a + u) - (b + v)i = \overline{z + w}$；

(2) $\bar{z} - \bar{w} = a - bi - u + vi = (a - u) - (b - v)i = \overline{z - w}$；

(3) $\bar{z} \cdot \bar{w} = (a - bi)(u - vi) = (au - bv) - (bu + av)i = \overline{zw}$；

(4) $\dfrac{\bar{z}}{\bar{w}} = \dfrac{a - bi}{u - vi} = \dfrac{(a - bi)(u + vi)}{(u - vi)(u + vi)} = \dfrac{au + bv}{u^2 + v^2} - i\dfrac{bu - av}{u^2 + v^2} = \overline{\left(\dfrac{z}{w}\right)}\,(w \neq 0)$.

另外，我们不难得到：

(5) 设 $\sigma(a, b, c, \cdots)$ 表示对复数 $a, b, c, \cdots$ 的任一有理运算，则

$$\overline{\sigma(a, b, c\cdots)} = \sigma(\bar{a}, \bar{b}, \bar{c}, \cdots),$$

于是可知有限个共轭复数的有理式等于这些复数有理式的共轭；

(6) $\overline{(\bar{z})} = z$；

(7) $|z|^2 = z \cdot \bar{z}, \text{Re}\,z = \dfrac{z + \bar{z}}{2}, \text{Im}\,z = \dfrac{z - \bar{z}}{2i}$.

6. 复数在几何上的应用举例

下面我们举例说明用复数所适合的方程（或不等式）来刻画适合某种几何条件的平面图形.

例 1.3　试用复数表示圆的方程

$$A(x^2 + y^2) + Bx + Cy + D = 0,$$

其中 A, B, C, D 为实常数，满足 $A \neq 0, B^2 + C^2 > 4AD$.

解　令 $z = x + iy$，则 $\bar{z} = x - iy$. 那么

$$x^2 + y^2 = z\bar{z}, \quad x = \dfrac{z + \bar{z}}{2}, \quad y = \dfrac{z - \bar{z}}{2i},$$

代入原方程得复数表示的圆的方程为

$$Az\bar{z} + \bar{\beta}z + \beta\bar{z} + D = 0,$$

其中 $\beta = \dfrac{B + iC}{2}$，满足 $|\beta|^2 = \dfrac{B^2 + C^2}{4} > AD$.

类似地，我们也可将圆周曲线 $(x - x_0)^2 + (y - y_0)^2 = R^2$ 用复方程式表示. 设 $z_0 = x_0 + iy_0$，圆周曲线的参数方程为 $x = x_0 + R\cos\theta, y = y_0 + R\sin\theta$，则有

$$z = x + iy = z_0 + Re^{i\theta} \quad (0 \leqslant \theta \leqslant 2\pi)$$

或写成 $|z - z_0| = R$.

例 1.4　用复数表示不同两点 z_1, z_2 决定的线段或直线的方程.

解　过两点 z_1, z_2 的线段的参数方程为

$$z = z_1 + t(z_2 - z_1) \quad (0 \leqslant t \leqslant 1). \tag{1.15}$$

当 $-\infty < t < +\infty$ 时,式(1.15)表示经过两点 z_1, z_2 的直线的参数方程.由此可知,三点 z_1, z_2, z_3 共线的充要条件为

$$\frac{z_3 - z_1}{z_2 - z_1} = t \quad (t \text{ 为一非零实数}) \quad \Leftrightarrow \quad \text{Im}\left(\frac{z_3 - z_1}{z_2 - z_1}\right) = 0.$$

1.2　复平面上的点集

前面我们定义了两个复数 $z_1 = x_1 + \mathrm{i}y_1, z_2 = x_2 + \mathrm{i}y_2$ 的距离为

$$\rho(z_1, z_2) = |z_1 - z_2| = \sqrt{(x_1 - x_2)^2 + (y_1 - y_2)^2}.$$

这就表明了复平面上的两个点的距离与相应的实平面上两个点的距离是相等的,也就是说映射 $z = x + \mathrm{i}y \rightarrow (x, y)$ 为一保距映射,因此这两个平面的拓扑完全相同,由此我们得出复平面上的点列极限完全等同于平面上的极限.例如,若

$$z_n = x_n + \mathrm{i}y_n (n = 1, 2, \cdots), \quad z_0 = x_0 + \mathrm{i}y_0,$$

则 $\lim\limits_{x \to \infty} z_n = z_0$ 的充分必要条件是 $\lim\limits_{n \to \infty} x_n = x_0, \lim\limits_{n \to \infty} y_n = y_0$.

实平面中的某些概念,如邻域、开集、闭集、区域(开区域)、闭域等,可以相应地推广到复平面 $\mathbb{C}$ 上,这些概念通过"复化"来实现,故我们可以不加解释地列出这些概念.

1. 平面点集的几个基本概念

定义 1.1　设 $z_0 \in \mathbb{C}, \delta$ 为正数.集合 $|z - z_0| < \delta$ 所确定的点集,即以 z_0 为中心,δ 为半径的圆,称为点 z_0 的 δ-邻域,常记为 $N(z_0, \delta)$;称集合 $0 < |z - z_0| < \delta$ 为以 z_0 为中心,δ 为半径的空心邻域,记为 $N(z_0, \delta) - \{z_0\}$;称 $\{z \in \mathbb{C} \mid |z - a| > r\}$ 为无穷远点的一个邻域,其中 r 为某一正常数.

定义 1.2　设 $E \subset \mathbb{C}$ 是一个点集,$z_0 \in E$.若存在 $\delta > 0$,使得 $N(z_0, \delta) \subset E$,则称 z_0 是 E 的一个内点,E 的内点的全体记作 $\text{Int } E$;设 $E \subset \mathbb{C}$,若 $\text{Int } E = E$(即 E 内的点皆为内点),则称 E 是开集.

定义 1.3　设 $z_0 \in \mathbb{C}, E \subset \mathbb{C}$.若对任意正数 $\delta, (N(z_0, \delta) - \{z_0\}) \bigcap E \neq \varnothing$(空

集),则称 z_0 是 E 的聚点(也称极限点).若 $z_0 \in E$,但 z_0 不是 E 的聚点,即存在 $\delta > 0$,使得 $N(z_0, \delta) \bigcap E = \{z_0\}$,则称 z_0 为 E 的孤立点.

定义 1.4　设 $z_0 \in \mathbb{C}, E \subset \mathbb{C}$.若对于任意正数 δ,有

$$N(z_0, \delta) \bigcap (\mathbb{C} - E) \neq \varnothing, \quad N(z_0, \delta) \bigcap E \neq \varnothing,$$

则称 z_0 是 E 的一个边界点,E 的所有边界点构成的集合称为 E 的边界,记为 ∂E.设 $z_0 \in \mathbb{C}, E \subset \mathbb{C}$,若存在正数 $\delta > 0$,使得 $N(z_0, \delta) \bigcap E = \varnothing$,则称 z_0 是 E 的一个外点.

点集 E 的聚点的全体称为 E 的导集,记为 E'.

定义 1.5　设 $E \subset \mathbb{C}$.若 $E' \subset E$,则称 E 是闭集;称 $E \bigcup E'$ 为 E 的闭包,记为 $\bar{E}$.

复平面上的有界闭集为紧集.

定义 1.6　设 $E \subset \mathbb{C}$.若存在 $M > 0$,对于任意 $z \in E$,恒有 $|z| < M$,则称 E 为有界集;否则称 E 为无界集.

定义 1.7　设 $E \subset \mathbb{C}$.若点集 E 中任意两点恒可用 E 中的一条折线连接起来,则称 E 是连通集.

定义 1.8　设 $D \subset \mathbb{C}$.若 D 是连通的开集,则称 D 是区域;区域 D 加上它的边界 ∂D,称为闭区域,记为 $\bar{D} = D + \partial D$.注意,区域都是开的,不包括它的边界点.

例 1.5　复平面上以原点为圆心,R 为半径的圆(即圆形区域):$|z| < R$,以及 z 平面上以原点为圆心,R 为半径的闭圆(即圆形闭域):$|z| \leqslant R$,它们都以圆周 $|z| = R$ 为边界,且都是有界的.

我们称 $|z| < 1$ 为单位圆,$|z| = 1$ 为单位圆周.

例 1.6　设 $E = \left\{ \dfrac{1}{n} \middle| n = 1, 2, \cdots \right\}$,则 E 中每一点均为孤立点,没有内点,仅有一个聚点 $0 \notin E$.E 是有界集,但不是开集、闭集和连通集,它的闭包、边界均为 $E \bigcup \{0\}$.

例 1.7　设 $E = \{z = x + \mathrm{i}y \mid x, y \in \mathbb{Q}\}$,其中 $\mathbb{Q}$ 是有理数集,则 $\mathbb{C}$ 上每一点均为 E 的聚点.E 不是开集,也不是闭集,是非连通的无界集,它的闭包、边界均为复平面 $\mathbb{C}$.E 中没有内点,也没有孤立点.

例 1.8　图 1.6 所示的带形区域可表示为

$$y_1 < \operatorname{Im} z < y_2.$$

例 1.9　图 1.7 所示的同心圆环(即圆环形区域)可表示为

$$r < |z| < R.$$

我们定义有界集 E 的直径为

$$d(E) = \sup\{|z - z'| \mid z \in E, z' \in E\}.$$

复变函数的基础几何概念还有曲线.

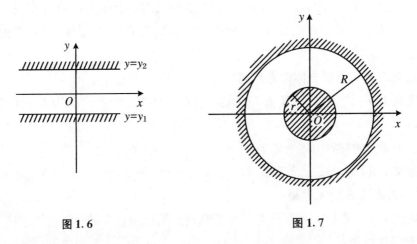

图 1.6　　　　　　　　　　　　　　　　　图 1.7

2. Jordan(若尔当)曲线

定义 1.9　设 $x(t), y(t)$ 是闭区间 $[\alpha, \beta]$ 上连续的实函数,称

$$z(t) = x(t) + \mathrm{i}y(t) \quad (\alpha \leqslant t \leqslant \beta) \tag{1.16}$$

为 $\mathbb{C}$ 上的一条连续曲线. $z(\alpha), z(\beta)$ 分别称为曲线的起点和终点.对 $[\alpha, \beta]$ 中两个不同的点 t_1, t_2,当 $z(t_1) = z(t_2)$ 成立时,称点 $z(t_1)$ 为此曲线的重点;没有重点的连续曲线称为简单曲线或 Jordan 曲线.若简单曲线还满足 $z(\alpha) = z(\beta)$,则称式 (1.16)为简单闭曲线或 Jordan 闭曲线.

定义 1.10　设简单曲线 C 的方程为 $z = z(t) = x(t) + \mathrm{i}y(t)(\alpha \leqslant t \leqslant \beta)$.若 $x'(t), y'(t)$ 在 $[\alpha, \beta]$ 上连续,并且 $x'(t)^2 + y(t)^2 \neq 0$,则称 C 为光滑曲线.

设曲线

$$C: z(t) = x(t) + \mathrm{i}y(t) \quad (\alpha \leqslant t \leqslant \beta),$$

且 $z'(t) = x'(t) + \mathrm{i}y'(t) \neq 0$,则我们可求出光滑曲线 C 的长度 $l = \int_\alpha^\beta |z'(t)| \mathrm{d}t$.

定义 1.11　由有限条光滑曲线衔接而成的连续曲线称为逐段光滑曲线,按段光滑的简单闭曲线称为周线.

显然,逐段光滑曲线是可求长的.今后,我们所指的曲线,若不加说明都是指按段光滑曲线.

下面是著名的 Jordan 定理.

定理 1.1(Jordan 定理)　任何一条简单闭曲线把复平面分成两个没有公共点的区域：一个有界的，称为内区域；一个无界的，称为外区域.这两个区域都以这条简单闭曲线为边界.

这个定理看起来简单，证明却相当复杂，要用到若干拓扑学的知识和术语，此处省略证明.

定义 1.12　在复平面上，若区域 D 内任意简单闭曲线所围成的内区域仍全在 D 内，则称 D 为单连通区域，否则称为多连通区域.

例 1.10　$(1-i)z + (1+i)\bar{z} = 0$ 表示一条直线 $x + y = 0$，它不是一个区域.

例 1.11　集合 $1 < |z-2| < 3$ 是一个圆环，它是一个复连通的有界区域，其边界为两圆周：$|z-2| = 1$，$|z-2| = 3$.

例 1.12　在复平面上，集合 $2 < \mathrm{Im}\, z < 3$ 是带形区域.它是一个单连通无界区域，其边界为两条直线：$\mathrm{Im}\, z = 2$，$\mathrm{Im}\, z = 3$.

例 1.13　集合 $3 < \arg(z-i) < 4$ 是一个以 i 为顶点的角形区域.它是一个单连通无界区域，其边界为两条半直线：$\arg(z-i) = 3$，$\arg(z-i) = 4$.

1.3　复　变　函　数

1. 复变函数的概念

复变函数（简称复函数）的定义，在形式上和数学分析中一元函数的定义一样，不过自变量和函数都取复数值（当然也包括实数值）.

定义 1.13　设 E 为一复数集.若有一法则 f，使对 E 中的每一点 $z = x + iy$ 都存在唯一确定的复数 $w = u + iv$ 和它对应，则称在 E 上定义了一个单值函数 $w = f(z)(z \in E)$，z 称为自变量；若有一法则 f，使对 $w = f(z)$ 中的每一点 $z = x + iy$，存在多个 $w = u + iv$ 和它对应，则称 f 为在 E 上定义了一个多值函数 $w = f(z)$ $(z \in E)$.

称 E 为函数 $w = f(z)$ 的定义域，$M = f(E) = \{f(z) \mid z \in E\}$ 为复函数 $w = f(z)$ 的值域.

后文如不做特别声明，所提到的函数都是指单值函数.

注 1.1　设 $w = f(z)$ 是定义在点集 E 上的单值(或多值)函数,并令 $z = x + \mathrm{i}y$,$w = u + \mathrm{i}v$,则复函数 $w = f(z)$ 等价于两个实变量的二元实函数 $u = u(x,y)$,$v = v(x,y)$.

如将 z 表示为指数形式 $z = r\mathrm{e}^{\mathrm{i}\theta}$,那么函数 $w = f(z)$ 又可表示为

$$w = P(r,\theta) + \mathrm{i}Q(r,\theta).$$

可见单复变的复函数 $w = f(z)$ 等价于两个相应的二元实函数.

例 1.14　复函数 $w = z^2 - 1$,$w = z^4$,$w = |z|$ 和 $w = \dfrac{z^2 + 1}{z + 1}$ 都是 z 的单值函数,而 $w = \mathrm{Arg}\, z\,(z \neq 0)$,$w = \sqrt[4]{z^2 + 1}$ 和 $w = \sqrt[n]{z}\,(n \geqslant 2)$ 都是 z 的多值函数.

例 1.15　设 $w = u(x,y) + \mathrm{i}v(x,y) = z^2$,求 $u(x,y)$,$v(x,y)$.

解　令 $z = x + \mathrm{i}y$,则由

$$u(x,y) + \mathrm{i}v(x,y) = z^2 = (x + \mathrm{i}y)^2 = x^2 - y^2 + \mathrm{i}2xy,$$

可得 $u(x,y) = x^2 - y^2$,$v(x,y) = 2xy$,即复函数 $w = z^2$ 等价于下面的两个二元实函数:

$$u(x,y) = x^2 - y^2, \quad v(x,y) = 2xy.$$

复函数 $w = f(z)$ 的图形能借助于四维空间表达,即 (u,v,x,y) 空间. 为了更好地研究复函数 $w = f(z)$ 的几何性质,取两张复平面,分别称为 z 平面和 w 平面. 将复函数 $w = f(z)$ 理解为 z 平面上的点集 E 与 w 平面的对应关系,也称为从点集 E 到复平面 $\mathbb{C}$ 上的一个映射或映照. 从集合论的观点,令 $M = \{f(z) \mid z \in E\}$,记 $M = f(E)$,称映射 $w = f(z)$ 把任意的 $z_0 \in E$ 映射成为 $w_0 = f(z_0) \in M$,把集 E 映射成集 M. 称 w_0 和 M 分别为 z_0 和 E 的像,而称 z_0 和 E 分别为 w_0 和 M 的原像.

若 $w = f(z)$ 把 E 中不同的点映射成 M 中不同的点,则称它是一个从 E 到 M 的双射.

例 1.16　设复函数 $w = z^2$.试问它将 z 平面的双曲线 $x^2 - y^2 = 8$ 与 $xy = 4$ 分别映射为 w 平面上的何种曲线?

解　由例 1.15 知,映射 $w = z^2$ 等价于下列两个实变映射:

$$u = x^2 - y^2, \quad v = 2xy.$$

于是,映射 $w = z^2$ 将 z 平面上的双曲线 $x^2 - y^2 = 8$ 与 $xy = 4$ 分别映射为 w 平面上的直线 $u = 8$ 和 $v = 8$.

2. 复变函数的极限

定义 1.14　设复函数 $w = f(z)$ 在点集 E 上有定义,z_0 为 E 的一个聚点,α 为

一复常数. 若对任意的 $\varepsilon > 0$, 存在 $\delta > 0$, 使当 $z \in E$ 且 $0 < |z - z_0| < \delta$ 时, 有 $|f(z) - \alpha| < \varepsilon$, 则称 α 为 $f(z)$ 在 E 中当 z 趋于 z_0 时的极限, 记作 $\lim\limits_{\substack{z \to z_0 \\ z \in E}} f(z) = \alpha$, 简记为

$$\lim_{z \to z_0} f(z) = \alpha.$$

注 1.2　(1) $\lim\limits_{z \to z_0} f(z) = \alpha$ 的几何意义: $\forall \varepsilon > 0$, $\exists \delta > 0$, 使当 $z \in E \bigcap (N(z_0, \delta) - \{z_0\})$ 时, $f(z) \in N(\alpha, \varepsilon)$. 注意 z_0 是 E 的聚点, 可能属于 E, 也可能不属于 E.

(2) 极限 $\lim\limits_{\substack{z \to z_0 \\ z \in E}} f(z)$ 与 z 趋于 z_0 的方式无关, 实际上相当于数学分析中的二元实函数的极限, z 要沿着从四面八方通向 z_0 的任何路径趋于 z_0, 与一元实函数 $y = f(x)$ 的极限有很大的不同.

(3) 复变函数 $w = f(z)$ 的极限定义与数学分析中一元实函数的极限定义类似, 因此一元实函数的极限的很多性质可以推广到复分析的极限, 如极限的唯一性、局部有界性, 极限的四则运算和复合运算等 (这些性质读者可类似写出).

下面讨论复变函数极限与实函数极限的关系.

定理 1.2　设 $f(z) = u(x, y) + \mathrm{i} v(x, y)$ 在点集 E 上有定义, $z_0 = x_0 + \mathrm{i} y_0$ 为 E 的聚点, $\alpha = a + \mathrm{i} b$, 则 $\lim\limits_{\substack{z \to z_0 \\ z \in E}} f(z) = \alpha$ 的充分条件为

$$\lim_{\substack{(x, y) \to (x_0, y_0) \\ (x, y) \in E}} u(x, y) = a, \qquad \lim_{\substack{(x, y) \to (x_0, y_0) \\ (x, y) \in E}} v(x, y) = b.$$

证　因为 $f(z) - \alpha = [u(x, y) - a] + \mathrm{i}[v(x, y) - b]$, 由三角不等式, 我们有

$$|u(x, y) - a| \leqslant |f(z) - \alpha|, \quad |v(x, y) - b| \leqslant |f(z) - \alpha|, \quad (1.17)$$

$$|f(z) - \alpha| \leqslant |u(x, y) - \alpha| + |v(x, y) - b|. \tag{1.18}$$

根据复函数极限的定义, 由式 (1.17) 可得必要性部分的证明, 由式 (1.18) 可得充分性部分的证明.

例 1.17　(1) 试证明: $\lim\limits_{z \to z_0} \alpha = \alpha$, $\lim\limits_{z \to z_0} z = z_0$, $\lim\limits_{z \to z_0} z^k = z_0^k$, 其中 α 为复常数, k 是一正整数.

(2) 设 $P(z) = a_0 z^n + a_1 z^{n-1} + \cdots + a_n$, 其中 $a_j \in \mathbb{C}$ $(j = 0, 1, \cdots, n)$, $a_0 \neq 0$, 试证明: $\lim\limits_{z \to z_0} P(z) = P(z_0)$.

证　(1) 令 $\alpha = a + \mathrm{i}b, z = x + \mathrm{i}y, z_0 = x_0 + \mathrm{i}y_0$，则由数学分析的知识可得

$$\lim_{(x,y)\to(x_0,y_0)} a = a, \quad \lim_{(x,y)\to(x_0,y_0)} b = b, \quad \lim_{(x,y)\to(x_0,y_0)} x = x_0, \quad \lim_{(x,y)\to(x_0,y_0)} y = y_0,$$

再由定理1.2，我们得到

$$\lim_{z\to z_0}\alpha = a + \mathrm{i}b = \alpha, \quad \lim_{z\to z_0}z = x_0 + \mathrm{i}y_0 = z_0.$$

根据极限的四则运算法则，我们容易得到 $\lim\limits_{z\to z_0}z^k = z_0^k$.

(2) 通过(1)和极限的四则运算法则，我们可得结论成立.

3. 复变函数的连续性

定义 1.15　设复函数 $w = f(z)$ 在复平面点集 E 上有定义，并且 $z_0 = x_0 + \mathrm{i}y_0$ $\in E$ 是 E 的聚点. 若

$$\lim_{\substack{z\to z_0 \\ z\in E}} f(z) = f(z_0), \tag{1.19}$$

则称复函数 $f(z)$ 沿 E 在点 z_0 连续.

注 1.3　若点 z_0 是 E 的一个孤立点，则我们也认为 z_0 是 $f(z)$ 的一个连续点.

如果 $f(z)$ 在 E 上的每一点都连续，则称 $f(z)$ 在点集 E 上连续.

复函数 $f(z)$ 在点 z_0 连续的 $\varepsilon - \delta$ 定义为：$\forall \varepsilon > 0, \exists \delta > 0$，使当 $z \in E \bigcap N(z_0, \delta)$ 时，我们有 $|f(z) - f(z_0)| < \varepsilon$.

复函数的四则运算和复合函数的连续性质类似于数学分析中函数的连续性.

例 1.18　设 $E = \{z \mid |z| < 2\} \bigcup \{3\}$，则易证复函数 $f(z) = z^2$ 在 E 上连续.

由定理1.2和定义1.15可得：

定理 1.3　设复函数 $f(z) = u(x,y) + \mathrm{i}v(x,y)$ 在 E 上有定义，$z_0 \in E$ 为 E 的一个聚点，则 $f(z)$ 沿 E 在 $z_0 = x_0 + \mathrm{i}y_0$ 连续的充分必要条件为 $u(x,y), v(x,y)$ 沿 E 在点 (x_0, y_0) 都连续.

例 1.19　设 $f(z) = \dfrac{1}{2\mathrm{i}}\left(\dfrac{z}{\bar{z}} - \dfrac{\bar{z}}{z}\right)(z \neq 0)$，试讨论 $f(z)$ 在原点的极限和连续性.

解　设动点 $z = r(\cos\theta + \mathrm{i}\sin\theta)$，则

$$f(z) = \frac{1}{2\mathrm{i}} \cdot \frac{z^2 - \overline{z^2}}{z\bar{z}} = \frac{1}{2\mathrm{i}r^2} \cdot 2r\cos\theta \cdot 2r\mathrm{i}\sin\theta$$

$$= \sin 2\theta,$$

从而有

$$\lim_{z\to 0} f(z) = 1 \quad (沿正实轴\ \theta = 0),$$

$$\lim_{z \to 0} f(z) = 1 \quad \left(沿第一象限的平分角线 \ \theta = \frac{\pi}{4} \right).$$

由极限定义,我们知道 $\lim\limits_{z \to 0} f(z)$ 不存在,从而 $f(z)$ 在原点不连续.

例 1.20　证明 $f(z) = \arg z\,(z \neq 0)$ 在整个复平面除去原点和负实轴的区域上连续,在原点和负实轴上的每一点都不连续.

证　在 $z = 0$ 处,$\arg z$ 没有意义. 当 $z = x$ 在负实轴上时,因为 $\lim\limits_{z \to x,\,\mathrm{Im}\,z \geqslant 0} \arg z = \pi$, $\lim\limits_{z \to x,\,\mathrm{Im}\,z < 0} \arg z = -\pi$,所以 $\lim\limits_{z \to x} \arg z$ 不存在,因此 $f(z) = \arg z$ 在负实轴上每一点都不连续.

设 G 是整个平面去掉负实轴(包括原点)后得到的区域. 任取 $z_0 \in G$,存在 $\varepsilon_0 \left(0 < \varepsilon_0 < \dfrac{\pi}{2} \right)$,使得角形区域 $\arg z_0 - \varepsilon_0 < \theta < \arg z_0 + \varepsilon_0$ 完全包含在 G 内. 任取 $\varepsilon \in (0, \varepsilon_0)$. 如图 1.8 所示,存在 $\delta = |z_0| \sin \varepsilon > 0$,使得此时 z_0 的邻域 $N(z_0, \delta)$ 包含在角域 $\arg z_0 - \varepsilon < \theta < \arg z_0 + \varepsilon$ 内,所以当 $z \in N(z_0, \delta)$ 时,有 $|\arg z - \arg z_0| < \varepsilon$,因此,$f(z)$ 在 z_0 处

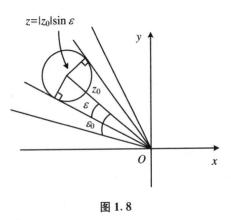

图 1.8

连续. 由于 z_0 的任意性,我们证明了 $f(z)$ 在 G 内连续.

例 1.20 也可以利用实的反三角函数的连续性来证明.

例 1.21　设 $f(z)$ 在 z_0 处连续且 $f(z_0) \neq 0$. 试证明:存在 $\delta > 0$,使对任意的 $z \in N(z_0, \delta)$ 有 $f(z) \neq 0$.

证　由于 $f(z)$ 在 z_0 处连续且 $f(z_0) \neq 0$,对于 $\varepsilon = \dfrac{1}{2} |f(z_0)| > 0$,存在 $\delta > 0$,使得当 $z \in N(z_0, \delta)$ 时,我们有 $|f(z) - f(z_0)| < \varepsilon = \dfrac{1}{2} |f(z_0)|$. 因此,当 $z \in N(z_0, \delta)$ 时,得

$$|f(z)| \geqslant |f(z_0)| - |f(z) - f(z_0)| > |f(z_0)| - \frac{1}{2} |f(z_0)| = \frac{1}{2} |f(z_0)| > 0,$$

故 $\forall z \in N(z_0, \delta)$,有 $f(z) \neq 0$.

4. 闭区域上连续复函数的性质

下面我们讨论有界闭集 E 上连续复函数的性质,为此先给出一致连续的定义.

定义 1.16　设复函数 $w = f(z)$ 在复平面点集 E 上有定义.若对任意的 $\varepsilon > 0$,存在一个与 ε 有关但与 z 无关的 $\delta = \delta(\varepsilon) > 0$,使得当 $z_1, z_2 \in E$ 且 $|z_1 - z_2| < \delta$ 时,都有 $|f(z_1) - f(z_2)| < \varepsilon$,那么我们称函数 $f(z)$ 在 E 上一致连续.

定理 1.4　复函数 $w = f(z) = u(x, y) + iv(x, y)$ 在 E 上一致连续的充分必要条件为 $u(x, y)$,$v(x, y)$ 都在 E 上一致连续.

定理 1.5　设复函数 $w = f(z)$ 在有界闭集 E 上连续,则它在 E 上一致连续.

证　设 $f(z) = u(x, y) + iv(x, y)$,而 $u(x, y)$,$v(x, y)$ 在有界闭集 E 上一致连续,从而由不等式

$$|f(z_1) - f(z_2)| \leqslant |u(x_1, y_1) - u(x_2, y_2)| + |v(x_1, y_1) - v(x_2, y_2)|$$

可得 $f(z)$ 在 E 上一致连续.

定理 1.6　设复函数 $f(z)$ 在有界闭集 E 上连续,则 $f(z)$ 在 E 上有界,即有 $|f(z)| \leqslant M$(M 是一正常数).

定理 1.7　设 $w = f(z)$ 在有界闭集 E 上连续,则 $|f(z)|$ 在 E 上能取得最大值和最小值.

证　因为 $w = f(z) = u(x, y) + iv(x, y)$ 在 E 上连续,则 $u(x, y)$,$v(x, y)$ 均在 E 上连续,从而 $|f(z)| = \sqrt{u^2(x, y) + v^2(x, y)}$ 在 E 上连续,由实分析的最大值和最小值定理可知,$|f(z)|$ 在 E 上能取得最大值和最小值.

下面三个定理经常用到,数学分析中已证明过.

定理 1.8[Bolzano-Weierstrass(波尔查诺-魏尔斯特拉斯)定理]　每一个有界无穷点集至少有一个聚点.

定理 1.9(闭集套定理)　设无穷闭集列 $\{\overline{F}_n\}$ 至少有一个为有界的且 $\overline{F}_n \supset \overline{F}_{n+1}$,$\lim\limits_{n \to \infty} d(F_n) = 0$,其中 $d(F_n)$ 是 $\overline{F}_n$ 的直径,则必有唯一的一点 $z_0 \in \overline{F}_n$($n = 1, 2, \cdots$).

定理 1.10[Heine-Borel(海涅-博雷尔)覆盖定理]　设有界闭集 E 上的每一点 z 都是圆 K_z 的圆心,则这些圆 $\{K_z\}$ 中必有有限个圆能把 E 盖住,换句话说,E 的每一点至少属于这些有限个圆中的一个.

***定义 1.17**　设 E 是复平面上的一个点集,若对任意两点 $z_1, z_2 \in E$,存在连续映射 $z = \varphi(t)$($0 \leqslant t \leqslant 1$),使得

$$\varphi(0) = z_1, \quad \varphi(1) = z_2, \quad \varphi(t) \in E \ (0 \leqslant t \leqslant 1),$$

则称 E 是道路连通的.

    *定理 1.11   设 $f(z)$ 在 E 上连续,而 E 是道路连通集,则 $f(E) = \{w \mid w = f(z)(z \in E)\}$ 是道路连通的.

    *证   对 $f(E)$ 内任意的两点 w_1, w_2,由定义 1.17 知,存在 $z_1, z_2 \in E$,使得 $f(z_1) = w_1, f(z_2) = w_2$.因为 E 是道路连通的,所以存在连续映射 $z = \varphi(t)(t \in [0,1])$,使得 $\varphi(0) = z_1, \varphi(1) = z_2, \varphi(t) \in E$.于是曲线 $f(\varphi(t))$ 满足

$$f(\varphi(0)) = f(z_1) = w_1, \quad f(\varphi(1)) = f(z_2) = w_2,$$
$$f(\varphi(t)) \in f(E) \quad (t \in [0,1]).$$

因此,由定义 1.17 知,$f(E)$ 是道路连通的.

1.4 复球面与无穷远点

    复数还有一种几何表示方法,这种方法是将球面上的点与复平面上的点对应起来,从中我们还可以较直观地引入无穷远点这个重要概念.

    在点坐标 (ξ, η, ζ) 的三维空间中,把 xOy 面看成是复平面 $\mathbb{C}$.考虑复球面(图 1.9):

$$S: \xi^2 + \eta^2 + \left(\zeta - \frac{1}{2}\right)^2 = \frac{1}{4}, \quad (1.20)$$

其中 $N = (0,0,1)$ 称为北极,原点 O 称为南极.我们现在来建立 $S - \{N\}$ 与复平面 $\mathbb{C}$ 之间的一一对应.

    任取 $z \in \mathbb{C}$,作一条连接 N, z 的直线,该直线与球面有唯一的异于 N 的交点

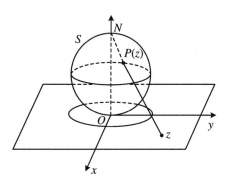

图 1.9

$P(z)$.反之,在球面上任取一异于 N 的点 $P(z)$,过 N 连接 $P(z)$ 的直线与复平面有唯一的交点 z.这样就建立起球面上的点(除去 N 点)与 $\mathbb{C}$ 之间的一一对应关系,我们称 $P(z)$ 为 z 在复球面 S 上的球极投影.

    设 $z = x + \mathrm{i}y, z$ 所对应的点 $P(z)$ 的坐标为 (ξ, η, ζ),由于三点 $(x, y, 0)$,$(\xi, \eta, \zeta), (0,0,1)$ 是共线的,因此容易得到

$$\xi = \frac{z + \bar{z}}{2(1 + |z|^2)}, \quad \eta = \frac{z - \bar{z}}{2i(1 + |z|^2)}, \quad \zeta = \frac{|z|^2}{1 + |z|^2}. \quad (1.21)$$

并且有

$$z = x + iy = \frac{\xi + i\eta}{1 - \zeta}. \quad (1.22)$$

复平面 $\mathbb{C}$ 上的任意一圆周 γ 在球面上球极射影的像是圆周 Γ, 圆周 γ 的半径越大, 圆周 Γ 就越趋于北极 N. 特别地, 复平面上的直线在球面上的球极射影的像是过北极 N(不含 N) 的圆周, 反之亦然.

我们知道 $z = \infty$ 的邻域 $N(\infty, R) = \{z \mid |z| > R\}$, 显然, 其在复球面 S 上的像是含北极 N 的一个球盖. 在式 (1.22) 中, 当 $|z| \to \infty$ 时, $\zeta \to 1$. 这就是说, 当 z 的模趋于 ∞ 时, 其像趋于北极 N. 为了对应于北极 N, 我们引入一个广义的复数无穷远点 ∞ 与它对应, 即规定 N 与 $z = \infty$ 对应, 整个复平面再加上无穷远点 ∞, 称为扩充复平面, 并记 $\mathbb{C}_\infty = \mathbb{C} \cup \{\infty\}$. 这时球面与 $\mathbb{C} \cup \{\infty\}$ 构成了一一对应.

为了给出扩充复平面的度量, 我们引入弦距的概念. 设 z_1, z_2 是扩充复平面上的两个点, 在球极映射下, 它们的像记为 $P_1(z), P_2(z)$, 称弦长 $\overline{P_1(z)P_2(z)}$ 为 z_1, z_2 的弦距, 记作

$$\rho(z_1, z_2) = |\overline{P_1(z)P_2(z)}|.$$

当 $z_1 \neq \infty, z_2 \neq \infty$ 时, 利用式 (1.21) 和式 (1.22), 通过计算容易得到

$$\rho(z_1, z_2) = \frac{|z_1 - z_2|}{\sqrt{1 + |z_1|^2}\sqrt{1 + |z_2|^2}}. \quad (1.23)$$

当 $z_2 = \infty$ 时,

$$\rho(z, \infty) = \rho(\infty, z) = \frac{1}{\sqrt{1 + |z|^2}}. \quad (1.24)$$

这样在扩充复平面 $\mathbb{C}_\infty$ 中的任意两点 z_1, z_2 的距离可用 $\rho(z_1, z_2)$ 来定义.

对于广义复数 ∞, 实部和虚部以及辐角都没有意义. 它的模规定为 $|\infty| = +\infty$. 对任意复数 $b \in \mathbb{C}$, 规定

$$b \pm \infty = \infty \pm b = \infty; \quad b \cdot \infty = \infty \cdot b = \infty \ (b \neq 0);$$

$$\frac{b}{0} = \infty \ (b \neq 0); \quad \frac{b}{\infty} = 0.$$

特别需要注意的是, 运算 $\infty \pm \infty, 0 \cdot \infty, \frac{0}{0}, \frac{\infty}{\infty}$ 均无意义. 复平面上每一条直线都通过 ∞, 同时, 没有一个半平面包含 ∞, 直线不是简单闭曲线.

最后,关于复平面上的某些点集的概念,如聚点、内点、边界点、孤立点、开集、闭集等均可以推广到 ∞.复平面以 ∞ 为其唯一的边界点,扩充复平面以 ∞ 为内点,且它是唯一的无边界的区域.

另外,单(复)连通区域以及 Jordan 定理都可做相应的推广.比如,在扩充复平面上,单(多)连通区域的概念可以叙述为:若区域 D 内任意简单闭曲线所围成的内区域或外区域(包括 ∞)仍全在 D 内,则称 D 为单连通区域;否则称为多连通区域.

例 1.22　在扩充复平面上,集合 $4 < |z| \leqslant +\infty$ 是一个单连通无界区域,其边界为圆周 $|z| = 4$;集合 $4 < |z| < +\infty$ 是一个复连通无界区域,其边界为 $|z| = 4$ 和 ∞.

注 1.4　以后涉及扩充复平面时,一定要强调"扩充"二字,凡是没有强调的地方,均指通常的复平面.

习题 1

1. 求下列复数的模、辐角以及共轭复数.

(1) $1 + i$;　　　　　　　　　　　　(2) $1 + \cos\theta - i\sin\theta$;

(3) $\dfrac{1+i}{1-i}$.

2. 将下列复数写成 $a + bi$ 的形式,其中 a, b 是实数.

(1) $\dfrac{1+i}{1-i}$;　　　　　　　　　　(2) $\dfrac{3+4i}{(1+i)(2-i)}$.

3. 将下列复数写成三角形式.

(1) $1 + \sqrt{3}i$;　　　　　　　　　　(2) $\dfrac{1}{(1+i)^{10}}$;

(3) $2 - 5i$;　　　　　　　　　　　(4) $\dfrac{1}{e^{\theta i} - 1}$,$\theta$ 为实数,且 $\theta \neq 2k\pi$.

4. 求复数 $\dfrac{z-1}{z+1}$ 的实部及虚部.

5. 设 $z = \dfrac{\sqrt{3} - i}{2}$.求 $|z|$,$\text{Arg }z$ 和 $\arg z$.

6. 设 $z_1 = \dfrac{1+i}{\sqrt{2}}$,$z_2 = \sqrt{3} - i$.试用三角形式表示 $z_1 \cdot z_2$ 及 $\dfrac{z_1}{z_2}$.

7. 解方程 $z^2 - 2iz - (2-i) = 0$.

8. 设 $|a|\neq1$. 求 $\left|\dfrac{\mathrm{e}^{\mathrm{i}\theta}-a}{1-\bar{a}\,\mathrm{e}^{\mathrm{i}\theta}}\right|$,其中 θ 为实数.

9. 设 $|z_0|\neq1,|z|=1$. 求 $\left|\dfrac{z-z_0}{1-\bar{z_0}z}\right|$ 的值.

10. 设 $z+z^{-1}=2\cos\theta$. 试证明: $z^n+z^{-n}=2\cos n\theta$,其中 $n\in\mathbb{Z}$.

11. 求证: $(1+\cos\theta+\mathrm{i}\sin\theta)^n=2^n\cos^n\dfrac{\theta}{2}\left(\cos\dfrac{n\theta}{2}+\mathrm{i}\sin\dfrac{n\theta}{2}\right)$.

12. 试证明:

(1) $|z_1+z_2|^2=|z_1|^2+|z_2|^2+2\mathrm{Re}\,(z_1\overline{z_2})$;

(2) $|z_1-z_2|^2=|z_1|^2+|z_2|^2-2\mathrm{Re}\,(z_1\overline{z_2})$;

(3) $|z_1+z_2|^2+|z_1-z_2|^2=2(|z_1|^2+|z_2|^2)$,并说明其几何意义;

(4) $|1-\overline{z_1}z_2|^2-|z_1-z_2|^2=(1-|z_1|^2)(1-|z_2|^2)$.

13. 设 $|z_0|<1,|z|<1$. 试证明:

(1) $\left|\dfrac{z-z_0}{1-\bar{z_0}z}\right|<1$;

(2) $1-\left|\dfrac{z-z_0}{1-\bar{z_0}z}\right|^2=\dfrac{(1-|z_0|^2)(1-|z|^2)}{|1-\bar{z_0}z|^2}$;

(3) $\dfrac{||z|-|z_0||}{1-|z_0||z|}\leqslant\left|\dfrac{z-z_0}{1-\bar{z_0}z}\right|\leqslant\dfrac{|z|+|z_0|}{1+|z_0||z|}$.

14. 设 $z=x+\mathrm{i}y$. 试证明: $\dfrac{|x|+|y|}{\sqrt{2}}\leqslant|z|\leqslant|x|+|y|$.

15. 试证明: z 平面上的直线方程可以写成 $A\bar{z}+\bar{A}z=c$,其中 A 为非零复常数,c 为实常数.

16. 求证:复平面上的圆周方程可以表示为下列形式:

$$A z\bar{z}+\bar{B}z+B\bar{z}+C=0 \quad (A\neq0),$$

其中 A,C 为实数,且 $|B^2|-AC>0$.

17. 满足下列条件的点 z 所组成的点集是什么? 如果是区域,是单连通区域还是多连通区域?

(1) $|z-2|+|z+2|=5$;　　　　　(2) $\arg\,(z-\mathrm{i})=\dfrac{\pi}{4}$;

(3) $\left|\dfrac{z-1}{z+\mathrm{i}}\right|<1$;　　　　　　　(4) $|z-\mathrm{i}|\leqslant|2+\mathrm{i}|$;

(5) $\mathrm{Re}\,(\mathrm{i}z)\geqslant1$;　　　　　　　　(6) $\mathrm{Re}\,z>\dfrac{1}{2}$;

(7) $0<\arg\dfrac{z+1}{z-1}<\dfrac{\pi}{4}$;

(8) $|z|<1,\mathrm{Re}\,z\leqslant\dfrac{1}{2}$;

(9) $0<\arg(z-1)<\dfrac{\pi}{4}, 2<\mathrm{Re}\,z<3$;

(10) $|z|<2$ 且 $0<\arg z<\dfrac{\pi}{4}$.

18. 求下列方程给出的曲线(t 为实参数).

(1) $z=(1+\mathrm{i})t$;

(2) $z=t+\dfrac{\mathrm{i}}{t}$;

(3) $z=t^2+\dfrac{\mathrm{i}}{t^2}$;

(4) $z=a\cos t+\mathrm{i}b\sin t\,(a>0,b>0)$.

19. 一个复数列 $z_n=x_n+\mathrm{i}y_n(n=1,2,\cdots)$ 以 $z_0=x_0+\mathrm{i}y_0$ 为极限的定义为:任给 $\varepsilon>0$, 存在一个正整数 $N=N(\varepsilon)$, 使当 $n>N$ 时,恒有 $|z_n-z_0|<\varepsilon$. 试证明:复数列 $\{z_n\}$ 以 $z_0=x_0+\mathrm{i}y_0$ 为极限的充分必要条件为实数列 $\{x_n\}$ 及 $\{y_n\}$ 分别以 x_0 及 y_0 为极限.

20. 设 $f(z)=u(x,y)+\mathrm{i}v(x,y)$ 在点 $z_0=x_0+\mathrm{i}y_0$ 连续. 试证明:$u(x,y),v(x,y)$ 在 (x_0,y_0) 也连续;反之亦然.

21. 证明:$\lim\limits_{n\to\infty}z_n=z_0(z_0\neq0)$ 的充分必要条件是 $\lim\limits_{n\to\infty}|z_n|=|z_0|$, $\lim\limits_{n\to\infty}\arg z_n=\arg z_0$(要在取定合适的辐角主值后).

22. 设 $f(z)=\dfrac{1}{1-z^2}$. 试证明:$f(z)$ 在 $|z|<1$ 内连续,但是不一致连续.

23. (1) 试证明:复函数 $f(z)=\bar{z}$ 在整个复平面上处处连续;

(2) 设复函数 $f(z)$ 在 z_0 处连续,试证明:$|f(z)|$ 也在 z_0 处连续. 反之如何?

24. 判断下列极限的存在性,若存在,求其极限.

(1) $\lim\limits_{z\to0}\dfrac{\sin z-1}{z}$;

(2) $\lim\limits_{z\to0}\dfrac{\mathrm{e}^z-1}{z}$;

(3) $\lim\limits_{z\to0}\dfrac{\cos z-1}{z^2}$;

(4) $\lim\limits_{z\to0}\dfrac{\tan z-1}{z}$.

25. 试证明:复平面上三个不同点 z_1,z_2,z_3 共线的充分必要条件为存在不全为零的实数 a,b,c,使得 $az_1+bz_2+cz_3=0, a+b+c=0$.

26. 设 z_1,z_2,z_3 三点适合条件 $z_1+z_2+z_3=0$ 及 $|z_1|=|z_2|=|z_3|=R(R>0)$. 试证明:z_1,z_2,z_3 为一个内接于圆周 $|z|=R$ 的正三角形的顶点.

27. 试证明:以 z_1,z_2,z_3 为顶点的三角形和以 w_1,w_2,w_3 为顶点的三角形相似的充分必要条件为

$$\begin{vmatrix} z_1 & w_1 & 1 \\ z_2 & w_2 & 1 \\ z_3 & w_3 & 1 \end{vmatrix}=0.$$

28. 如果 $|z_1| = |z_2| = |z_3| = |z_4| = 1, z_1 + z_2 + z_3 + z_4 = 0$ 且 z_1, z_2, z_3, z_4 不会两两重合. 试证明: z_1, z_2, z_3, z_4 是一矩形的 4 个顶点.

29. 设 A, B 是复平面 $\mathbb{C}$ 上的两个有界闭集, 定义 $d(A, B) = \inf\limits_{\substack{z_1 \in A \\ z_2 \in B}} |z_1 - z_2|$. 试证明: 存在 $z_1^* \in A, z_2^* \in B$, 使得 $d(A, B) = |z_1^* - z_2^*|$.

30. 设有限复数 z_1 及 z_2 在复球面上表示为 $P_1(z)$ 及 $P_2(z)$ 两点. 试证明: $P_1(z)$ 与 $P_2(z)$ 的距离为

$$\frac{|z_1 - z_2|}{\sqrt{(1 + |z_1|^2)(1 + |z_2|^2)}}.$$

第2章 解析函数

复变函数论的主要任务是研究解析函数的性质及其应用.解析函数是复变函数论研究的主要对象之一,它是一类具有某种特性的可微函数.在这一章中我们将研究函数可导的 Cauchy-Riemann(柯西-黎曼)方程和它的一般性质,并把我们在实数域上熟知的初等函数推广到复数域上来.因此,研究初等解析函数的特殊性质和如何把初等多值函数化为单值函数都是复变函数论中突出的难点.

2.1 解析函数的概念与 Cauchy-Riemann(柯西-黎曼)方程

1. 复变函数的导数与微分

定义2.1 设复函数 $w = f(z)$ 是在区域 D 内有定义的单值函数,并且 $z_0 \in D$. 若极限

$$\lim_{\substack{z \to z_0 \\ z \in D}} \frac{f(z) - f(z_0)}{z - z_0}$$

存在,则称 $f(z)$ 在 z_0 处可导,并称这个极限为 $f(z)$ 在 z_0 处的导数,记作 $f'(z_0)$,即

$$f'(z_0) = \lim_{\substack{z \to z_0 \\ z \in D}} \frac{f(z) - f(z_0)}{z - z_0}. \tag{2.1}$$

若令 $\eta = f'(z_0)$,则定义 2.1 也可以用 ε-δ 语言叙述如下:对任意的 ε>0,存在 δ>0,使当 $z \in D$ 且 $0 < |z - z_0| < \delta$ 时,我们有

$$\left| \frac{f(z) - f(z_0)}{z - z_0} - \eta \right| < \varepsilon.$$

从形式上看,复函数的导数定义与数学分析中的导数定义完全一致,因此几乎所有的导数计算公式都可推广到复函数上,后文我们将不加证明地引用.

注 2.1 当 $\Delta z \to 0$ 时(或 $z \to z_0$),要求 Δz 沿定义域内的各种路径趋于零.换

句话说,其极限值与 Δz 趋于零的路径无关,点 z 是从四面八方趋近于 z_0 的.实变函数的导数存在性的要求意味着:当点 $x_0 + \Delta x$ 由左($\Delta x < 0$)及右($\Delta x > 0$)两个方向趋于 x_0 时,比值 $\dfrac{\Delta y}{\Delta x}$ 的极限都存在且相等.

例 2.1　设 $f(z) = z^n$(n 是正整数).求 $f(z)$ 的导数.

解　任意取定 $z \in \mathbb{C}$,因为

$$\frac{f(z + \Delta z) - f(z)}{\Delta z} = \frac{(z + \Delta z)^n - z^n}{\Delta z}$$

$$= C_n^1 z^{n-1} + C_n^2 z^{n-2} \Delta z + \cdots + C_n^n (\Delta z)^{n-1},$$

所以

$$f'(z) = \lim_{\Delta z \to 0} \frac{f(z + \Delta z) - f(z)}{\Delta z}$$

$$= \lim_{\Delta z \to 0} (nz^{n-1} + C_n^2 z^{n-2} \Delta z + \cdots + C_n^n (\Delta z)^{n-1}) = nz^{n-1}.$$

例 2.2　证明 $f(z) = \bar{z}$ 在复平面上处处不可导.

证　易知 $\lim\limits_{\Delta z \to 0} \dfrac{f(z + \Delta z) - f(z)}{\Delta z} = \lim\limits_{\Delta z \to 0} \dfrac{\overline{z + \Delta z} - \bar{z}}{\Delta z} = \lim\limits_{\Delta z \to 0} \dfrac{\overline{\Delta z}}{\Delta z}$,若设 $\Delta z = re^{i\theta}$,则 $\overline{\Delta z} = re^{-i\theta}$,因此

$$\lim_{z \to 0} \frac{f(z + \Delta z) - f(z)}{\Delta z} = e^{-2i\theta}.$$

这就是说 Δz 沿着射线 $\arg z = \theta$ 趋于零时,极限值与 θ 有关,从而导数不存在.

与数学分析中的实函数一样,若 $f(z)$ 在点 z 处可导,则

$$f(z + \Delta z) - f(z) = f'(z)\Delta z + \eta \Delta z, \tag{2.2}$$

其中 $\lim\limits_{\Delta z \to 0} \eta = 0$.称式(2.2)为 $w = f(z)$ 在点 z 处的有限增量公式,$f'(z)\Delta z$ 为 $f(z)$ 在点 z 处的微分,记作

$$dw = f'(z)\Delta z.$$

因为 z 是自变量,$dz = \Delta z$,所以 $dw = f'(z)dz$,或者

$$\frac{dw}{dz} = f'(z). \tag{2.3}$$

这就是说,函数的导数等于函数的微分与自变量微分的商.

如果函数 $f(z)$ 在点 z 处可微,那么 $f(z)$ 在点 z 处连续.但 $f(z)$ 在点 z 处连续却不一定在点 z 处可微.而在复变函数中.处处连续又处处不可微的函数几乎随手可得,比如

$$f(z) = \bar{z}, \quad \text{Re}\, z, \quad \text{Im}\, z, \quad |z|,$$

等等. 而在实变函数中, 要找一个这种函数就不是件很容易的事.

2. 复变函数的求导法则

显然, 复函数 $w = f(z)$ 在 z_0 处可导的定义与实函数 $y = f(x)$ 在点 x_0 处可导的定义完全类似, 因此在点 z_0 处可导的复函数一定在 z_0 处连续, 并且复函数 $w = f(z)$ 的导数与实函数的导数有类似的求导法则. 设 $f(z), g(z)$ 在点 $z = z_0$ 处可导, 则

(1) 函数 $f(z) \pm g(z)$ 在 z_0 处可导, 且
$$(f(z) \pm g(z))'_{z=z_0} = f'(z_0) \pm g'(z_0).$$

(2) 函数 $f(z)g(z)$ 在 z_0 处可导, 且
$$(f(z)g(z))'_{z=z_0} = f'(z_0)g(z_0) + f(z_0)g'(z_0).$$

(3) 若 $g(z_0) \neq 0$, 则函数 $\dfrac{f(z)}{g(z)}$ 在 z_0 处可导, 且
$$\left(\frac{f(z)}{g(z)}\right)'_{z=z_0} = \frac{f'(z_0)g(z_0) - f(z_0)g'(z_0)}{g^2(z_0)}.$$

对于复合函数与反函数也有类似的性质.

(4) 设 $w = f(\xi)$ 在 ξ_0 处可微, $\xi = \varphi(z)$ 在 z_0 处可微, $\xi_0 = \varphi(z_0)$, 则 $w = f(\varphi(z))$ 在 z_0 处可微, 且 $\left. \dfrac{\mathrm{d}w}{\mathrm{d}z} \right|_{z=z_0} = f'(\xi_0)\varphi'(z_0).$

(5) 设 $w = f(z)$ 在 z_0 处可微, 且 $f'(z_0) \neq 0$, 则反函数 $z = g(w)$ 在 $w_0 = f(z_0)$ 处可微, 并且 $g'(w_0) = \dfrac{1}{f'(z_0)}.$

以上性质的证明均与实分析中方法相同, 这里就不再证明了.

前面介绍了复变函数在一点处的导数, 在复变函数理论中, 更重要的是研究在一个区域内可导的复函数的性质. 为此, 下面我们给出解析函数的定义与性质.

3. 解析函数的概念

定义 2.2　若 $f(z)$ 在区域 D 内每一点处都可微, 则称 $f(z)$ 在区域 D 内解析, 也称 $f(z)$ 是 D 内的一个解析函数. $f(z)$ 在一点 z 处解析, 是指 $f(z)$ 在 z 的某个邻域内每一点处都可微. 若存在区域 G 使得闭区域 $\bar{D} \subset G$, 并且 $f(z)$ 在区域 G 内解析, 则称 $f(z)$ 在 $\bar{D}$ 上解析.

现给出整函数的定义, 在整个复平面上解析的函数称为整函数. 例如, 多项式, $\mathrm{e}^z, \sin z, \cos z$ 都是整函数, 常数也是整函数.

显然,$f(z)$在区域 D 内解析的充分必要条件是 $f(z)$在 D 内每一点处都解析.

注 2.2　(1) 实函数 $y = f(x)$在区间 I 内可导意味着其导函数在 I 内存在,但推不出其二阶导函数在 I 内存在.复函数 $f(z)$在区域 D 内每一点处都可微(即在区域 D 内解析)隐含 $w = f(z)$在区域 D 内每一点处都有任意阶导数(下一章我们将借助于复积分证明这一结论),这正是 $f(z)$在区域 D 内解析的本质.

(2) 复函数 $f(z)$在区域内或一闭区域上解析等价于 $f(z)$在这区域内或这闭区域上每一点处都解析.

(3) 复函数的可微与可导是局部的,而解析是区域性的(整体的).

定义 2.3　若 $f(z)$在点 z_0 处不解析,但在 z_0 的任何邻域内总有解析点,则称 z_0 为 $f(z)$的奇点.

例如,$z = 0$ 是 $w = \dfrac{1}{z^2}$的奇点,而使 $Q(z) = 0$ 的点都是有理函数 $R(z) = \dfrac{P(z)}{Q(z)}$ 的奇点.

根据求导法则和解析函数的定义,易得解析函数的如下运算法则:

定理 2.1(四则运算)　设函数 $f(z)$与 $g(z)$都在区域 D 内解析,则 $f(z) \pm g(z), f(z)g(z)$都在区域 D 内解析;当 $g(z) \neq 0 (z \in D)$时,$\dfrac{f(z)}{g(z)}$也在区域 D 内解析.

定理 2.2(复合运算)　设 $\zeta = f(z)$在 z 平面上的区域 D 内解析,$w = F(\zeta)$在 ζ 平面上的区域 G 内解析且 $f(D) \subset G$,则复合函数 $w = F(f(z))$也在区域 D 内解析.

利用求导法则和以上定理、定义,容易得到常数,幂函数 $f(z) = z^n (n \geqslant 1)$在整个复平面 $\mathbb{C}$ 上解析.n 次多项式 $P(z) = \alpha_0 + \alpha_1 z + \cdots + \alpha_n z^n$ 在整个复平面 $\mathbb{C}$ 上解析,并且

$$P'(z) = \alpha_1 + 2\alpha_2 z + \cdots + n\alpha_n z^{n-1}.$$

有理分式函数

$$\frac{P(z)}{Q(z)} = \frac{a_n + a_{n-1}z + \cdots + a_0 z^n}{b_m + b_{m-1}z + \cdots + b_0 z^m} \quad (a_0 b_0 \neq 0),$$

除去使 $Q(z) = 0$ 的点外都是解析的.

例 2.3　讨论复函数 $f(z) = \dfrac{1}{z^n} (n \geqslant 1)$的解析性.

解　因为对于任意 $n \geqslant 1$,复函数 $w = z^n$ 在 z 平面上解析,所以 $f(z)$在 z 平面

上除去原点外都解析,$f(z)$ 在 $z = 0$ 处没有定义,不解析.

4. Cauchy-Riemann 方程(简称 C - R 方程)

在形式上,复函数的导数及其运算法则与实函数几乎没有什么不同,但是在本质上,两者之间有很大的差别.实函数可微这一条件易满足,复变函数可微则不仅其实部及虚部要可微,而且这两实函数之间必须要有特别的联系.

因此,如果函数 $f(z)$ 是可微的,它的实部 $u(x, y)$ 与虚部 $v(x, y)$ 应当不是互相独立的,而必须满足一定的条件,下面我们就来讨论函数 $f(z)$ 在一点 $z = x + iy$ 可导的必要条件.

设 $w = f(z) = u(x, y) + iv(x, y)$ 在点 $z_0 = x_0 + iy_0$ 处可微,则

$$f'(z_0) = \lim_{\Delta z \to 0} \frac{\Delta w}{\Delta z} = \lim_{\Delta z \to 0} \frac{\Delta u + i\Delta v}{\Delta x + i\Delta y}.$$

因为 $\Delta z = \Delta x + i\Delta y$ 无论按什么方式趋于零时(图 2.1),上式总是成立的,因此若是令 $\Delta y = 0, \Delta x \to 0$,那么可得 $\dfrac{\partial u}{\partial x}, \dfrac{\partial v}{\partial x}$ 必然存在,且有

$$f'(z_0) = u_x(x_0, y_0) + iv_x(x_0, y_0). \tag{2.4}$$

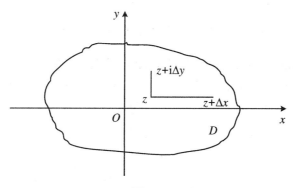

图 2.1

若令 $\Delta x = 0, \Delta y \to 0$,同样可得 $\dfrac{\partial u}{\partial y}, \dfrac{\partial v}{\partial y}$ 也存在,并有

$$f'(z_0) = v_y(x_0, y_0) - iu_y(x_0, y_0). \tag{2.5}$$

由式(2.4)和式(2.5),我们得到

$$\frac{\partial u}{\partial x}(x_0, y_0) = \frac{\partial v}{\partial y}(x_0, y_0), \quad \frac{\partial u}{\partial y}(x_0, y_0) = -\frac{\partial v}{\partial x}(x_0, y_0). \tag{2.6}$$

称偏微分方程(2.6)为 $f(z)$ 在 $z_0 = x_0 + iy_0$ 的 Cauchy-Riemann 方程(简称 C - R

方程). 显然, C - R 方程是 $f(z)$ 可微的必要条件.

总结以上探讨, 即得下述定理:

定理 2.3(可微的必要条件)　设函数 $w = f(z) = u(x,y) + iv(x,y)$ 在区域 D 内有定义, 且在 D 内一点 $z = x + iy$ 处可微, 则必有:

(1) 偏导数 u_x, u_y, v_x, v_y 在点 (x,y) 处存在;

(2) $u(x,y), v(x,y)$ 在点 (x,y) 处满足 C - R 方程.

下面的例子说明这个条件不是充分的.

例 2.4　设 $f(z) = \sqrt{|xy|}$. 试证明: $f(z)$ 在 $z_0 = 0$ 满足 C - R 方程, 但不可微.

证　因为 $u(x,y) = \sqrt{|xy|}, v(x,y) = 0$, 所以

$$u_x(0,0) = 0, \quad v_x(0,0) = 0, \quad u_y(0,0) = 0, \quad v_y(0,0) = 0. \quad (2.7)$$

即 C - R 方程成立, 但

$$\lim_{\Delta z \to 0} \frac{f(0 + \Delta z) - f(0)}{\Delta z} = \lim_{\substack{\Delta x \to 0 \\ \Delta y \to 0}} \frac{\sqrt{|\Delta x \Delta y|}}{\Delta x + i\Delta y},$$

在 $\Delta z \to 0$ 时无极限. 这只要让 $\Delta z = \Delta x + i\Delta y$ 沿射线 $\Delta y = k\Delta x (\Delta x > 0)$ 随 $\Delta x \to 0$ 趋向于零, 即知上述比值是一个与变数 k 有关的值 $\dfrac{\sqrt{|k|}}{1 + ki}$.

定理 2.4(复变函数可微的充分必要条件)　设复函数 $f(z) = u(x,y) + iv(x,y)$ 在区域 D 内有定义, 则 $f(z)$ 在点 $z_0 = x_0 + iy_0$ 可微的充分必要条件是:

(1) $u(x,y), v(x,y)$ 在点 (x_0, y_0) 处可微;

(2) $u(x,y), v(x,y)$ 在点 z_0 处满足 C - R 方程.

此时,

$$f'(z_0) = \left(\frac{\partial u}{\partial x} + i\frac{\partial v}{\partial x}\right)_{(x_0, y_0)} = \left(\frac{\partial v}{\partial y} - i\frac{\partial u}{\partial y}\right)_{(x_0, y_0)}. \quad (2.8)$$

证　必要性　若 $f(z)$ 在点 $z_0 = x_0 + iy_0 \in D$ 处可微, 设 $f'(z_0) = \eta$, 则由导数的定义知

$$\lim_{\substack{\Delta z \to 0 \\ z_0 + \Delta z \in D}} \frac{f(z_0 + \Delta z) - f(z_0)}{\Delta z} = \eta.$$

于是, 当 $z_0 + \Delta z \in D(\Delta z \neq 0)$ 时,

$$f(z_0 + \Delta z) - f(z_0) = \eta \cdot \Delta z + o(\Delta z). \quad (2.9)$$

令 $\alpha = a + ib, \Delta z = \Delta x + i\Delta y, o(\Delta z) = \sigma_1 + i\sigma_2$, 其中 $\sigma_1 = \text{Re } o(\Delta z), \sigma_2 =$

$\operatorname{Im} o(\Delta z)$.

$$\lim_{\Delta z \to 0} \frac{\sigma_j}{|\Delta z|} = 0 \quad (j = 1, 2).$$

则

$$f(z_0 + \Delta z) - f(z_0) = (a + ib)(\Delta x + i\Delta y) + \sigma_1 + i\sigma_2 \quad (\Delta z \to 0).$$

比较上式两边的实部与虚部得

$$u(x_0 + \Delta x, y_0 + \Delta y) - u(x_0, y_0) = a\Delta x - b\Delta y + \sigma_1 \quad (\Delta x \to 0, \Delta y \to 0),$$
$$\tag{2.10}$$

$$v(x_0 + \Delta x, y_0 + \Delta y) - v(x_0, y_0) = b\Delta x + a\Delta y + \sigma_2 \quad (\Delta x \to 0, \Delta y \to 0).$$
$$\tag{2.11}$$

所以在点 $z_0 = x_0 + iy_0$ 处 $u(x, y)$ 及 $v(x, y)$ 都可微且满足

$$\frac{\partial u}{\partial x} = a, \quad \frac{\partial u}{\partial y} = -b, \quad \frac{\partial v}{\partial x} = b, \quad \frac{\partial v}{\partial y} = a.$$

由此可推出式(2.8),即必要性得证.

充分性　因为 $u(x, y), v(x, y)$ 在点 (x_0, y_0) 处可微,则

$$\Delta u = u(x_0 + \Delta x, y_0 + \Delta y) - u(x_0, y_0)$$
$$= u_x(x_0, y_0)\Delta x + u_y(x_0, y_0)\Delta y + o(\rho), \tag{2.12}$$
$$\Delta v = v(x_0 + \Delta x, y_0 + \Delta y) - v(x_0, y_0)$$
$$= v_x(x_0, y_0)\Delta x + v_y(x_0, y_0)\Delta y + o(\rho), \tag{2.13}$$

其中 $\rho = \sqrt{(\Delta x)^2 + (\Delta y)^2}$. 由于 $f(z)$ 在点 z_0 处满足 C-R 方程,则

$$u_x(x_0, y_0) = v_y(x_0, y_0), \quad u_y(x_0, y_0) = -v_x(x_0, y_0). \tag{2.14}$$

根据式(2.12),式(2.13)和式(2.14),整理后得

$$\Delta w = \Delta u + i\Delta v = (u_x(x_0, y_0) + iv_x(x_0, y_0))\Delta z + o(\rho),$$

所以 $w = f(z)$ 在 z_0 点处可微.

实际上,我们也得到了

$$f'(z_0) = u_x(x_0, y_0) + iv_x(x_0, y_0) = v_y(x_0, y_0) - iu_y(x_0, y_0).$$

根据数学分析的有关结论知,二元函数的两个偏导数都连续可推其可微性,于是我们有:

推论 2.1(可微的充分条件)　设 $f(z) = u(x, y) + iv(x, y)$ 在区域 D 内有定义,则 $f(z)$ 在点 $z_0 = x_0 + iy_0 (z_0 \in D)$ 处可微的充分条件为:

(1) u_x, u_y, v_x, v_y 在点 (x_0, y_0) 处连续;

(2) $u(x,y),v(x,y)$ 在点 (x_0,y_0) 处满足 C-R 方程.

由定理 2.4 和定义 2.2 可以立即推出以下定理:

定理 2.5　设 $f(z)=u(x,y)+\mathrm{i}v(x,y)$ 在区域 D 内有定义,则 $f(z)$ 在区域 D 内解析的充分必要条件为 $u(x,y)$ 与 $v(x,y)$ 都在 D 内可微,并且在 D 内满足 C-R 方程.

在 $f(z)$ 存在导数的情况下,我们有

$$f'(z)=\frac{\partial u}{\partial x}+\mathrm{i}\frac{\partial v}{\partial x}=\frac{\partial v}{\partial y}-\mathrm{i}\frac{\partial u}{\partial y}.$$

由定义 2.1 和推论 2.1 可得:

推论 2.2　设 $f(z)=u(x,y)+\mathrm{i}v(x,y)$ 在区域 D 内解析的充分条件是 u_x, u_y,v_x,v_y 都在 D 内连续,且满足 C-R 方程.

注 2.3　推论 2.2 表明函数在区域内解析的充分条件,在本质上它还是充分必要条件,其必要性将在第 3 章证明.推论 2.2 是判断复变函数解析最方便的方法之一.

例 2.5　试证明: $f(z)=\mathrm{e}^x\cos y+\mathrm{i}\mathrm{e}^x\sin y$ 在 z 平面上解析,并且 $f'(z)=f(z)$.

证　令 $f(z)=u(x,y)+\mathrm{i}v(x,y)$,则 $u(x,y)=\mathrm{e}^x\cos y,v(x,y)=\mathrm{e}^x\sin y$. 于是有

$$u_x=\mathrm{e}^x\cos y,\quad u_y=-\mathrm{e}^x\sin y,\quad v_x=\mathrm{e}^x\sin y,\quad v_y=\mathrm{e}^x\cos y.$$

显然, u_x,u_y,v_x,v_y 在 z 平面上处处连续且满足 C-R 方程.根据推论 2.2 得 $f(z)$ 在平面上解析且

$$f'(z)=u_x+\mathrm{i}v_x=\mathrm{e}^x\cos y+\mathrm{i}\mathrm{e}^x\sin y=f(z).$$

例 2.6　设 $f(z)=x^2+ay^2+2xy\mathrm{i}$.试确定实常数 a 的值,使 $f(z)$ 处处解析.

解　令 $f(z)=u(x,y)+\mathrm{i}v(x,y)$,则 $u(x,y)=x^2+ay^2,v(x,y)=2xy$. 于是

$$u_x=2x,\quad u_y=2ay,\quad v_x=2y,\quad v_y=2x.$$

显然, u_x,u_y,v_x,v_y 在 z 平面上处处连续,且 $u_x=v_y=2x$.

但是当 $u_y=-v_x$ 时,得 $(a+1)y=0$,因此我们有 $a=-1$ 或 $a\neq-1,y=0$.

当 $a=-1$ 时, $u(x,y),v(x,y)$ 处处满足 C-R 方程.由推论 2.1 和推论 2.2 知, $f(z)$ 在 z 平面上处处可微、处处解析.

当 $a\neq-1$ 时, $u(x,y),v(x,y)$ 仅在直线 $y=0$ 上满足 C-R 方程,故 $f(z)$ 仅

在直线 $y = 0$ 上可微,因而 $f(z)$ 在 z 平面上处处不解析.

例 2.7 试证明:$f(z) = \bar{z} = x - \mathrm{i}y$ 在 z 平面上处处不解析.

证 设 $f(z) = u(x, y) + \mathrm{i}v(x, y)$,则 $u(x, y) = x$,$v(x, y) = -y$,于是

$$u_x = 1, \quad u_y = 0 = v_x, \quad v_y = -1,$$

所以 $u(x, y)$,$v(x, y)$ 处处不满足 C-R 方程,因此,由定理 2.3 得 $f(z) = \bar{z}$ 在 z 平面上处处不可微,当然也处处不解析.

我们已经在例 2.2 中通过导数的定义,直接验证了 $f(z) = \bar{z}$ 处处不可导(当然也处处不解析).

例 2.8 设 $f(z)$ 在区域 D 内解析且 $f'(z) \equiv 0$,则 $f(z) \equiv c$($\forall z \in D$).

证 令 $f(z) = u(x, y) + \mathrm{i}v(x, y)$,则由题设,我们有

$$f'(z) = u_x + \mathrm{i}v_x = v_y - \mathrm{i}u_y = 0,$$

所以 $u_x = v_x = u_y = v_y \equiv 0$.利用数学分析的结论可知 $u(x, y)$,$v(x, y)$ 在 D 内都恒为常数,故

$$f(z) = u(x, y) + \mathrm{i}v(x, y) \equiv c \quad (z \in D).$$

例 2.9 设 $f(z)$,$\overline{f(z)}$ 均在区域 D 内解析,则 $f(z)$ 恒为常数.

证 设 $f(z) = u(x, y) + \mathrm{i}v(x, y)$,则 $\overline{f(z)} = u(x, y) - \mathrm{i}v(x, y)$,因为 $f(z)$ 与 $\overline{f(z)}$ 同时在区域 D 内解析,故这两个函数均满足 C-R 方程,所以

$$u_x(x, y) = v_y(x, y), \quad u_y(x, y) = -v_x(x, y),$$

及

$$u_x(x, y) = -v_y(x, y), \quad u_y(x, y) = v_x(x, y),$$

从而在区域 D 内恒有

$$u_x(x, y) = u_y(x, y) = v_x(x, y) = v_y(x, y) \equiv 0.$$

因此 $u(x, y) = C_1$,$v(x, y) = C_2$,即 $f(z) = C_1 + \mathrm{i}C_2 = C$(复常数).

5. 实可微与复可微的关系

由定理 2.3 知,若 $f(z) = u(x, y) + \mathrm{i}v(x, y)$ 在点 (x_0, y_0) 处可微,则 $u(x, y)$,$v(x, y)$ 不仅在 (x_0, y_0) 处可微,而且还要满足 C-R 方程.

为了讨论方便,我们引进算符

$$\frac{\partial}{\partial z} = \frac{1}{2}\left(\frac{\partial}{\partial x} - \mathrm{i}\frac{\partial}{\partial y}\right), \quad \frac{\partial}{\partial \bar{z}} = \frac{1}{2}\left(\frac{\partial}{\partial x} + \mathrm{i}\frac{\partial}{\partial y}\right). \tag{2.15}$$

定理 2.6 设 $f(z) = u(x, y) + \mathrm{i}v(x, y)$.若 $u(x, y)$,$v(x, y)$ 在 (x_0, y_0) 处可微,则

$$\Delta f = \frac{\partial f}{\partial z}\Delta z + \frac{\partial f}{\partial \bar{z}}\Delta \bar{z} + o(\Delta z). \tag{2.16}$$

证　由条件和二元函数可微的定义,得

$$\Delta u = u_x\Delta x + u_y\Delta y + o(|\Delta z|), \quad \Delta v = v_x\Delta x + v_y\Delta y + o(|\Delta z|).$$

又因为 $\Delta x = \dfrac{\Delta z + \Delta \bar{z}}{2}, \Delta y = \dfrac{\Delta z - \Delta \bar{z}}{2i}$,所以

$$\Delta f = \Delta u + i\Delta v = (u_x + iv_x)\Delta x + (u_y + iv_y)\Delta y + o(|\Delta z|)$$

$$= \frac{\partial f}{\partial x}\Delta x + \frac{\partial f}{\partial y}\Delta y + o(|\Delta z|) = \frac{1}{2}\left(\frac{\partial f}{\partial x} - i\frac{\partial f}{\partial y}\right)\Delta z + \frac{1}{2}\left(\frac{\partial f}{\partial x} + i\frac{\partial f}{\partial y}\right)\Delta \bar{z} + o(\Delta z)$$

$$= \frac{\partial f}{\partial z}\Delta z + \frac{\partial f}{\partial \bar{z}}\Delta \bar{z} + o(\Delta z).$$

这与有限增量公式(2.2)比较,多出了 $\dfrac{\partial f}{\partial \bar{z}}\Delta \bar{z}$ 这一项,而 $\dfrac{\partial f}{\partial \bar{z}} = 0$ 恰好是 C-R 方程,由此可以得到:

推论 2.3　设 $u(x,y), v(x,y)$ 在点 $z_0 = x_0 + iy_0$ 处可微,则函数 $f(z) = u(x,y) + iv(x,y)$ 在 $z = z_0$ 处可微的充分必要条件是 $\dfrac{\partial f}{\partial \bar{z}}\Big|_{z=z_0} = 0$.

推论 2.4　设 $u(x,y), v(x,y)$ 在区域 D 内可微,则 $f(z) = u(x,y) + iv(x, y)$ 在 D 内解析的充分必要条件是 $\dfrac{\partial f}{\partial \bar{z}} \equiv 0$.

2.2　初等解析函数

我们着重介绍几个初等解析函数,它们均是实函数在复平面上的推广.特别要注意一些有别于相应的实函数性质的概念.

1. 指数函数

定义 2.4　对于任何复数 $z = x + iy$,我们用关系式

$$w = e^z = e^{x+iy} = e^x(\cos y + i\sin y) \tag{2.17}$$

来定义指数函数 e^z.

特别地,当 $x = 0$ 时得 Euler 公式

$$e^{iy} = \cos y + i\sin y.$$

由此可得复数的指数形式 $z = re^{i\theta}$,其中 $r = |z|$,θ 为 z 的任一辐角.

对于复指数函数 $w = e^z$ 有下列性质:

(1) e^z 是单值函数,并且对任意的 $x \in \mathbb{R}$,$e^z = e^x$,即复指数函数 e^z 是实指数函数 e^x 在复平面上的推广.

(2) e^z 在整个复平面上是解析函数,且 $(e^z)' = e^z$.

(3) 对任意的 $z \in \mathbb{C}$,$|e^z| = e^x = e^{\text{Re}\,z} > 0$,$\text{Arg}\,e^z = \text{Im}\,z + 2k\pi(k \in \mathbb{Z})$,在 z 平面上 $e^z \neq 0$.

(4) 对于任意的 z_1, z_2,我们有 $e^{z_1 + z_2} = e^{z_1} \cdot e^{z_2}$.

事实上,令 $z_1 = x_1 + iy_1$,$z_2 = x_2 + iy_2$,则

$$
\begin{aligned}
e^{z_1} \cdot e^{z_2} &= e^{x_1}(\cos y_1 + i \sin y_1) \cdot e^{x_2}(\cos y_2 + i \sin y_2) \\
&= e^{x_1} \cdot e^{x_2}(\cos y_1 + i \sin y_1) \cdot (\cos y_2 + i \sin y_2) \\
&= e^{x_1 + x_2}\left[\cos(y_1 + y_2) + i \sin(y_1 + y_2)\right] = e^{z_1 + z_2}.
\end{aligned}
$$

(5) $f(z) = e^z$ 是以 $2\pi i$ 为周期的周期函数,即对任意的 $z \in \mathbb{C}$,有 $e^{z+2\pi i} = e^z$. 同样地,对任意的 $k \in \mathbb{Z}$ 和 $z \in \mathbb{C}$,我们有 $e^{z+2k\pi i} = e^z$.

(6) 我们有 $e^{z_1} = e^{z_2} \Leftrightarrow z_1 = z_2 + 2k\pi i$(对某个 $k \in \mathbb{Z}$).

事实上,令 $z_1 = x_1 + iy_1$,$z_2 = x_2 + iy_2$,则有

$$
\begin{aligned}
e^{z_1} = e^{z_2} \quad &\Leftrightarrow \quad e^{x_1}(\cos y_1 + i \sin y_1) = e^{x_2}(\cos y_2 + i \sin y_2) \\
&\Leftrightarrow \quad x_1 = x_2, y_1 = y_2 + 2k\pi(\text{对某个 } k \in \mathbb{Z}). \\
&\Leftrightarrow \quad z_1 = z_2 + 2k\pi i(\text{对某个 } k \in \mathbb{Z}).
\end{aligned}
$$

(7) 在 z 平面上,我们有 $e^{z+2k\pi i} = e^z(k = \pm 1, \pm 2, \cdots)$,但

$$(e^z)' = e^z \neq 0,$$

即不满足 Rolle(罗尔)定理,因此数学分析中的微分中值定理不能直接推广到复平面上来. 但是,L'Hospital(洛必达)法则在复平面上却是成立的(见本章习题的第 12 题).

例 2.10 对任意复数 $z \in \mathbb{C}$,若 $e^{z+\omega} = e^z$,则必有 $\omega = 2k\pi i(k = 0, \pm 1, \pm 2, \cdots)$.

证 由假设,对 $z = 0$,$\omega = a + ib$,就有

$$e^a(\cos b + i \sin b) = 1,$$

于是

$$e^a = 1, \quad \cos b + i \sin b = 1,$$

因此我们得到

$$a = 0, \quad \cos b = 1, \quad \sin b = 0,$$

即

$$a = 0, \quad b = 2k\pi \quad (k = 0, \pm 1, \pm 2, \cdots),$$

故必有

$$\omega = a + ib = 2k\pi i \quad (k = 0, \pm 1, \pm 2, \cdots).$$

实际上本题说明方程 $e^z = 1$ 的全部解为 $z_k = 2k\pi i (k = 0, \pm 1, \pm 2, \cdots)$.

2. 三角函数

根据 Euler 公式,对任何实数 x 有

$$e^{ix} = \cos x + i\sin x, \quad e^{-ix} = \cos x - i\sin x,$$

所以

$$\cos x = \frac{e^{ix} + e^{-ix}}{2}, \quad \sin x = \frac{e^{ix} - e^{-ix}}{2i}.$$

因此,对任何复数 z,定义余弦函数和正弦函数如下:

$$\cos z = \frac{e^{iz} + e^{-iz}}{2}, \quad \sin z = \frac{e^{iz} - e^{-iz}}{2i},$$

则对任何复数 z,Euler 公式也成立,

$$e^{iz} = \cos z + i\sin z.$$

定义 2.5 定义

$$\sin z = \frac{e^{iz} - e^{-iz}}{2i}, \quad \cos z = \frac{e^{iz} + e^{-iz}}{2},$$

并分别称为 z 的正弦函数和余弦函数.

接下来我们讨论正弦函数和余弦函数的性质:

(1) $\sin z, \cos z$ 在整个复平面上是解析的,即

$$(\sin z)' = \cos z, \quad (\cos z)' = -\sin z.$$

事实上,

$$\frac{d\cos z}{dz} = \frac{d}{dz}\frac{e^{iz} + e^{-iz}}{2} = \frac{ie^{iz} - ie^{-iz}}{2} = -\frac{e^{iz} - e^{-iz}}{2i} = -\sin z,$$

$$\frac{d\sin z}{dz} = \frac{d}{dz}\frac{e^{iz} - e^{-iz}}{2i} = \frac{ie^{iz} - ie^{-iz}}{2i} = \frac{e^{iz} - e^{-iz}}{2} = \cos z.$$

(2) 若 $z = x$ 时,上述三角函数与相应的实三角函数是一致的,它们都是单值函数.特别对任意的 $x \in \mathbb{R}$,有 $\cos z|_{z=x} = \cos x$,$\sin z|_{z=x} = \sin x$.

(3) $\sin z, \cos z$ 是以 2π 为周期的周期函数,$\sin z$ 是奇函数,$\cos z$ 是偶函数.

并遵从通常的三角恒等式.

(4) $\sin\left(\dfrac{\pi}{2}-z\right)=\cos z$ 等诱导公式成立.

(5) $\sin(z_1\pm z_2)=\sin z_1\cos z_2\pm\sin z_2\cos z_1$，$\cos(z_1\pm z_2)=\cos z_1\cos z_2\mp\sin z_1\sin z_2$，$\sin^2 z+\cos^2 z=1$，等等.

(6) 在整个复平面上不能再断言 $\sin z$，$\cos z$ 是有界的，即 $\cos z$ 和 $\sin z$ 在复平面上是无界函数.例如，当 $z=2n\mathrm{i}$ 时(n 是正整数)，我们有

$$\cos 2n\mathrm{i}=\frac{\mathrm{e}^{-2n}+\mathrm{e}^{2n}}{2}>\frac{\mathrm{e}^{2n}}{2},\quad |\sin 2n\mathrm{i}|=\left|\frac{\mathrm{e}^{-2n}-\mathrm{e}^{2n}}{2\mathrm{i}}\right|>\frac{\mathrm{e}^{2n}}{2},$$

并且当 $n\to+\infty$ 时，有 $\cos 2n\mathrm{i}\to+\infty$，$|\sin 2n\mathrm{i}|\to+\infty$.

(7) $\cos z$ 在复平面的所有零点为 $z_k=k\pi+\dfrac{\pi}{2}(k\in\mathbb{Z})$，$\sin z$ 在复平面的所有零点为 $z_k=k\pi(k\in\mathbb{Z})$.

事实上，由 $\cos z=\dfrac{\mathrm{e}^{\mathrm{i}z}+\mathrm{e}^{-\mathrm{i}z}}{2}=0$，得 $\mathrm{e}^{2\mathrm{i}z}=-1$，于是由指数函数的性质(6)得 $2\mathrm{i}z=2k\pi\mathrm{i}+\pi\mathrm{i}(k\in\mathbb{Z})$，也即

$$z=k\pi+\frac{\pi}{2}\quad(k\in\mathbb{Z}),$$

因此，$\cos z$ 在复平面的所有零点为

$$z_k=k\pi+\frac{\pi}{2}\quad(k\in\mathbb{Z}).$$

同理，可证 $\sin z$ 在复平面的所有零点为

$$z_k=k\pi\quad(k\in\mathbb{Z}).$$

例 2.11　求 $\cos(1+\mathrm{i})$ 的值.

解　$\cos(1+\mathrm{i})=\cos 1\cos\mathrm{i}-\sin 1\sin\mathrm{i}$

$$=\frac{1}{4}(\mathrm{e}^{\mathrm{i}}+\mathrm{e}^{-\mathrm{i}})(\mathrm{e}^{-1}+\mathrm{e})+\frac{1}{4}(\mathrm{e}^{\mathrm{i}}-\mathrm{e}^{-\mathrm{i}})(\mathrm{e}^{-1}-\mathrm{e})$$

$$=\frac{1}{4}(\mathrm{e}+\mathrm{e}^{-1})(2\cos 1)+\frac{1}{4}(\mathrm{e}^{-1}-\mathrm{e})(2\mathrm{i}\sin 1)$$

$$=\frac{\cos 1}{2}(\mathrm{e}+\mathrm{e}^{-1})-\frac{\sin 1}{2}(\mathrm{e}-\mathrm{e}^{-1})\mathrm{i}.$$

利用复数的余弦函数和正弦函数，可以按如下方式定义其他复三角函数：

定义 2.6　定义

$$\tan z = \frac{\sin z}{\cos z}, \quad \cot z = \frac{\cos z}{\sin z},$$

$$\sec z = \frac{1}{\cos z}, \quad \csc z = \frac{1}{\sin z},$$

分别称为 z 的正切函数、余切函数、正割函数、余割函数.

这四个函数都在复平面上使分母不为零的点处解析,正切函数和余切函数的周期为 π,正割函数和余割函数的周期为 2π,并且

$$\tan z, \sec z \text{ 在} \mathbb{C} - \left\{ k\pi - \frac{\pi}{2}(k = 0, \pm 1, \cdots) \right\} \text{上解析};$$

$$\cot z, \csc z \text{ 在} \mathbb{C} - \{ k\pi(k = 0, \pm 1, \cdots) \} \text{上解析}.$$

它们的导数和 z 取实数时的求法一致,比如

$$(\tan z)' = \frac{1}{\cos^2 z}, \quad (\cot z)' = - \frac{1}{\sin^2 z}.$$

请读者验证这些性质.

2.3　初等多值函数

初等多值函数是复变函数论中初等函数部分的一个主要内容,但它的连续性、解析性研究起来比较复杂.在复数域中对于多值函数的研究具有重要意义,因为只有在这样的研究中才能看出函数多值性的本质.本节的主要内容是介绍幂函数与根式函数、指数函数与对数函数的映射性质.我们研究多值函数最根本的方法是把多值函数转化为单值函数,主要是采用限制辐角或割破平面的方法,分出某些多值函数的单值解析分支,进而研究其性质.

首先我们引入单叶函数与单叶性区域的概念.

定义 2.7　假设 $w = f(z)$ 在区域 D 内解析,若对不同的两点 $z_1, z_2 \in D$,有 $f(z_1) \neq f(z_2)$,那么称 $f(z)$ 为 D 内的单叶解析函数,D 为 $f(z)$ 的一个单叶性区域.

1. 根式函数

定义 2.8　我们规定根式函数 $w = \sqrt[n]{z}$ 为幂函数 $z = w^n$(n 为正整数)的反函数.

幂函数

$$z = w^n \tag{2.18}$$

在 w 平面上单值解析,它把扩充 w 平面变成扩充 z 平面.

(1) 若 $z = 0$,记 $w_0 = \sqrt[n]{0}$,可得 $w_0 = 0$,即 $w(0) = \sqrt[n]{0} = 0$;

(2) 若 $z \neq 0$,令 $z = re^{i\theta}$,$w = \rho e^{i\varphi}$,则 $\rho^n e^{in\varphi} = re^{i\theta}$.

因为左、右两端均是复数的指数表达式,所以

$$\rho = \sqrt[n]{r}, \quad \varphi = \frac{\theta + 2k\pi}{n} \quad (k = 0,1,\cdots,n-1).$$

即 $\sqrt[n]{z}$ 恰有 n 个值

$$w_k = \sqrt[n]{r}\, e^{i\frac{\theta + 2k\pi}{n}} \quad (k = 0,1,\cdots,n-1).$$

由此我们知道,每一个不为零或 ∞ 的 z,在 w 平面上有 n 个原像,且此 n 个点分布在以原点为中心的正 n 角形的顶点上,于是 $w = \sqrt[n]{z}$ 是一个 n 值的复变函数.

为了研究变换(2.10)的映射性质,我们还是做定义 2.8(2)中的变换,这时式(2.18)成为

$$r = \rho^n, \quad \theta = n\varphi. \tag{2.19}$$

由式(2.19)知,变换(2.10)把从原点出发的射线 $\varphi = \varphi_0$ 变成从原点出发的射线 $\theta = n\varphi_0$,并把圆周 $\rho = \rho_0$ 变成圆周 $r = \rho_0^n$(图 2.2).

当 w 平面上的动射线从射线 $\varphi = 0$ 扫动到射线 $\varphi = \varphi_0$ 时,在变换 $z = w^n$ 下的像,就在 z 平面上从射线 $\theta = 0$ 扫动到射线 $\theta = n\varphi_0$. 从而,w 平面上的角形就被变成 z 平面上的角形 $0 < \theta < n\varphi_0$(图 2.2).

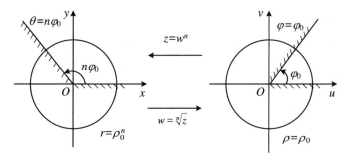

图 2.2

下面主要来分析将 $w = \sqrt[n]{z}$ 分解成多个单值连续分支(实际上还是解析分支)的方法.

当 $z = re^{i\theta}$ 时,函数

$$w_k = \sqrt[n]{r}\,\mathrm{e}^{\mathrm{i}\frac{\theta+2k\pi}{n}} \quad (k = 0,1,\cdots,n-1)$$

出现多值性的原因是由于 z 确定后,其辐角 $\mathrm{Arg}\,z$ 并不唯一确定(可以相差 2π 的整数倍).我们知道 $\mathrm{Arg}\,z$ 的主值 $\arg z$ 在整个平面去掉负实轴后所得的区域内是一个单值连续函数,而在负实轴及 $z=0$ 处都不连续.在复平面上,取连接点 0 和 ∞ 的一条无界简单连续曲线(或一条射线)L 作为支割线,割开 z 平面,所得的区域记为 G(同时我们也用 G 表示包含在割破了的 z 平面内的某一子区域),其边界就是曲线 L.则在区域 G 内可以将 $\sqrt[n]{z}$ 分解成有限多个单值连续分支,每个单值连续分支由一个初值(或起点)唯一确定.在 G 内随意指定一点 z_0,并指定 z_0 的一个辐角值,则在 G 内任意的点 z,皆可根据 z_0 的辐角,依连续变化而唯一确定 z 的辐角.

不难验证幂函数 $z = w^n$ 在区域

$$D_k = \left\{ w \,\middle|\, \frac{-\pi+2k\pi}{n} < \arg w < \frac{\pi+2k\pi}{n} \right\} \quad (k = 0,1,2,\cdots,n-1)$$

上单叶,其值域是 G(整个平面去掉负实轴和原点).从而幂函数 $z = w^n$ 存在反函数 $w = f_k(z)$,

$$f_k : G \to D_k, \quad f_k(z) = \sqrt[n]{|z|}\,\mathrm{e}^{\mathrm{i}\frac{\arg z+2k\pi}{n}}.$$

我们记 n 个分支是 $f_k(z) = (\sqrt[n]{z})_k\,(k=0,1,\cdots,n-1)$.因为 $z = w^n$ 在 D_k 上单叶解析,那么我们可证明 $f_k(z) = (\sqrt[n]{z})_k$ 在 G 上解析,并且

$$(\sqrt[n]{z})'_k = \frac{1}{(w^n)'} = \frac{1}{nw^{n-1}} = \frac{1}{n}\frac{(\sqrt[k]{z})_k}{z} \quad (k = 0,1,2,\cdots,n-1). \quad (2.20)$$

下面,我们根据列入本章习题第 8 题的那个定理,来验证这 n 个单值连续分支函数式(2.20)都是解析函数,我们仅仅对 $w_k = (\sqrt[n]{z})_k$ 的某一单值连续分支函数,比如第 k 支来验证.显然 $w = \sqrt[n]{z}$ 的实部及虚部分别为

$$u(r,\theta) = \sqrt[n]{r}\cos\frac{\theta+2k\pi}{n}, \quad v(r,\theta) = \sqrt[n]{r}\sin\frac{\theta+2k\pi}{n},$$

它们在 G 内皆为 r,θ 的可微函数,并且

$$u_r = \frac{1}{n}r^{\frac{1}{n}-1}\cos\frac{\theta+2k\pi}{n}, \quad u_\theta = -\frac{1}{n}r^{\frac{1}{n}}\sin\frac{\theta+2k\pi}{n},$$

$$v_r = \frac{1}{n}r^{\frac{1}{n}-1}\sin\frac{\theta+2k\pi}{n}, \quad v_\theta = \frac{1}{n}r^{\frac{1}{n}}\cos\frac{\theta+2k\pi}{n}.$$

在 G 内满足极坐标的 C - R 方程为

$$u_r = \frac{1}{r}v_\theta, \quad v_r = -\frac{1}{r}u_\theta,$$

故 $w_k = (\sqrt[n]{z})_k$ 在 G 内解析,且

$$\frac{\mathrm{d}}{\mathrm{d}z}(\sqrt[n]{z})_k = \frac{r}{z}(u_r + \mathrm{i}v_r) = \frac{r}{z}\Big(\frac{1}{n}r^{\frac{1}{n}-1}\cos\frac{\theta+2k\pi}{n} + \mathrm{i}\,\frac{1}{n}r^{\frac{1}{n}-1}\sin\frac{\theta+2k\pi}{n}\Big)$$

$$= \frac{1}{n}\cdot\frac{1}{z}r^{\frac{1}{n}}\Big(\cos\frac{\theta+2k\pi}{n} + \mathrm{i}\sin\frac{\theta+2k\pi}{n}\Big)$$

$$= \frac{1}{n}\frac{(\sqrt[n]{z})_k}{z} \quad (k = 0,1,2,\cdots,n-1).$$

接下来我们讨论 $w = \sqrt[n]{z}$ 的支点与支割线.

首先考虑 $w = \sqrt[n]{z}$ 在 $\mathbb{C}-\{0\}$ 内任意两点的值之间的联系. 任取 $z_1, z_2 \in \mathbb{C}-\{0\}$,取定 $\sqrt[n]{z}$ 在 $z_1 = r_1 e^{\mathrm{i}\theta_1}$ 的一个值 $\sqrt[n]{z_1} = \sqrt[n]{r_1}\,e^{\mathrm{i}\frac{\theta_1}{n}}$,当 z 从 z_1 开始沿着 $\mathbb{C}-\{0\}$ 内的一条简单曲线 L_1 连续变动到 $z_2 = r_2 e^{\mathrm{i}\theta_2}$ 时,$\sqrt[n]{z_2} = \sqrt[n]{r_2}\,e^{\mathrm{i}\frac{\theta_2}{n}}$,其中 $\theta_2 = \theta_1 + \Delta_{L_1}\arg z$,且 $\Delta_{L_1}\arg z$ 为 z 沿 L_1 由 z_1 连续变动到 z_2 时辐角的改变量(图 2.3).

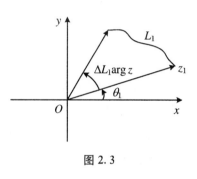

图 2.3

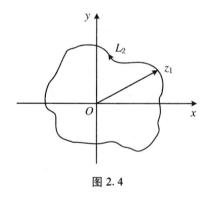

图 2.4

前面沿负实轴(包括原点)割开复平面得区域 D,可将 $\sqrt[n]{z}$ 在 D 内分解为若干单值连续函数,为什么要剪开? 主要是因为点 $z=0$ 和点 $z=\infty$ 是两个特殊的点,它们有如下特殊性质:当 z 从 z_1 开始按照逆时针方向沿着 $\mathbb{C}-\{0\}$ 内的一条围绕原点的简单闭曲线 L_2 连续变动一周回到 z_1 时,辐角由 θ_1 变为 $\theta_1 + 2\pi$;连续变动 k 周回到 z_1 时,辐角由 θ_1 变为 $\theta_1 + 2k\pi$(图 2.4).

当 z 从 z_1 开始按照逆时针方向沿着 $\mathbb{C}-\{0\}$ 内的一条围绕点 $z_0(\neq 0,\infty)$(不围绕原点)的简单闭曲线 L_3 连续变动一周回到 z_1 时,$\sqrt[n]{z}$ 的函数值不变(图 2.5).

如图 2.6 所示,当 z 从 z_1 开始沿着围绕原点的简单闭曲线 L_4 按照顺时针方向连续变动一周,也就是沿着 $\mathbb{C}-\{0\}$ 内的一条围绕 ∞ 的简单闭曲线 L_4 按照顺时

针方向连续变动一周回到 z_1 时,辐角减少了 2π,即由 θ_1 变为 $\theta_1 - 2\pi$.类似地,连续变动两周回到 z_1 时,辐角减少了 4π,即由 θ_1 变为 $\theta_1 - 4\pi$;连续变动 k 周回到 z_1 时,辐角减少了 $2k\pi$,即由 θ_1 变为 $\theta_1 - 2k\pi$.

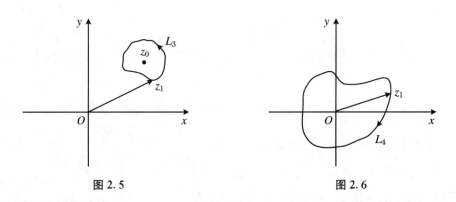

图 2.5　　　　　　　　　　　　　　　图 2.6

因此,对于根式函数 $\sqrt[n]{z}$ 而言,点 0 和 ∞ 与其他点不同,绕其一周,函数值改变,我们称之为 $\sqrt[n]{z}$ 的支点,而其他点($z \neq 0, \infty$)则没有这种情况发生.

根式函数 $w = \sqrt[n]{z}$ 在沿负实轴(包括原点)割开复平面所得的区域 D 内可分解成有限多个单值连续分支

$$(\sqrt[n]{z})_k = \sqrt[n]{|z|}\, \mathrm{e}^{\mathrm{i}\frac{\arg z + 2k\pi}{n}} \quad (k = 0,1,\cdots,n-1,\ -\pi < \arg z < \pi).$$

对每个固定的 k,$(\sqrt[n]{z})_k$ 是 D 内的单值连续函数,它们都是 $w = \sqrt[n]{z}$ 在 D 内的单指连续分支.k 确定了根式函数在 D 内每点的取值,若 k 未知,则 k 可由初始值 z_1 在 D 内任一点的值来确定.

负实轴是区域 D 的边界,是一条支割线.将这条支割线看成有不同的上沿与下沿.函数 $\sqrt[n]{z}$ 的每个单值连续分支可以扩充成为直到负实轴的上沿与下沿连续的函数.显然,同一单值连续分支在负半轴的上沿与下沿所取的值不同.如果沿着正(或负)虚轴剪开,类似地,正(或负)虚轴就有左沿与右沿.如果支割线接近于实轴或虚轴时,我们也说上下沿或左右沿.

前面我们看到,多值函数 $\sqrt[n]{z}$ 的支点是 $z = 0, \infty$,下面我们简明扼要地来归纳一下.

设 $\Gamma_\rho: |z| = \rho$,其中 ρ 充分小,在 Γ_ρ 上取定一点 z_0,我们约定

$$\sqrt[n]{z_0} = (\sqrt[n]{z_0})_0 = \sqrt[n]{|z_0|}\, \mathrm{e}^{\mathrm{i}\frac{\arg z_0}{n}},$$

当 z 沿 Γ_ρ 的逆时针方向从 z_0 运动一周至 z_0 时,$\sqrt[n]{z_0}$ 就从 $(\sqrt[n]{z_0})_0$ 连续变化到

$$(\sqrt[n]{z_0})_1 = \sqrt[n]{|z_0|}\,\mathrm{e}^{\mathrm{i}\frac{\arg z_0+2\pi}{n}},$$

而连续变化 n 周后又返回初始值 $(\sqrt[n]{z_0})_0$，显然有

$$(\sqrt[n]{z_0})_k = (\sqrt[n]{z_0})_0\,\mathrm{e}^{\mathrm{i}\frac{\arg z_0+2k\pi}{n}},$$

因此 $z=0$ 是一个特殊的点，这个点也就是 $w=\sqrt[n]{z}$ 的支点；类似地可以得出 $z=\infty$ 也具有同样的性质，它也称为 $w=\sqrt[n]{z}$ 的支点，而任意连接 0 与 ∞ 的简单曲线皆为 $\sqrt[n]{z}$ 的支割线（特别负实轴为支割线），在复平面挖掉支割线后，$w=\sqrt[n]{z}$ 能分出 n 个单值的连续分支，这 n 个分支还是解析的.

特别地，取负实轴为支割线而得出的 n 个不同的分支，其中有一支在正实轴上取正实值的，称之为 $\sqrt[n]{z}$ 的主值支，它可以记为

$$(\sqrt[n]{z})_0 = \sqrt[n]{r}\,\mathrm{e}^{\mathrm{i}\frac{\theta}{n}} \quad (-\pi<\theta<\pi).$$

注 2.4　从上述的讨论，我们可以得到 $\sqrt[n]{f(z)}$ 的支点一般产生于使 $f(z)=0$ 或 $f(z)=\infty$ 的点中. 特别当 $f(z)$ 是 n 次多项式时，我们把它分解成一次因式的乘积，即

$$f(z) = A\,(z-a_1)^{\alpha_1}\,(z-a_2)^{\alpha_2}\cdots(z-a_m)^{\alpha_m},$$

$a_1,a_2,\cdots,a_m$ 是 $f(z)$ 的一切相宜零点，$\alpha_1,\alpha_2,\cdots,\alpha_m$ 是它们的重数，并且

$$\alpha_1 + \alpha_2 + \cdots + \alpha_m = n.$$

那么我们可以得出：$\sqrt[n]{f(z)}$ 的可能支点是 $a_1,a_2,\cdots,a_m,\infty$；当且仅当 n 不能整除 α_i 时，a_i 是 $\sqrt[n]{f(z)}$ 的支点；当且仅当 n 不能整除 N 时，∞ 是 $\sqrt[n]{f(z)}$ 的支点.

请读者验证这些结果或参考文献[1,2].

例 2.12　把复平面割破负实轴后所得到的区域记为 G，求 $\sqrt[3]{z}$ 在 $z=1$ 取正值的那一支在 $z=8\mathrm{i}$ 的值.

解　因为

$$1 = \sqrt[3]{1} = 1\cdot\mathrm{e}^{\mathrm{i}\frac{\arg 1+2k\pi}{3}} = \mathrm{e}^{\frac{2k\pi}{3}\mathrm{i}},$$

所以 $k=0$，因而

$$\sqrt[3]{8\mathrm{i}} = 2\sqrt[3]{\mathrm{i}} = 2\mathrm{e}^{\mathrm{i}\frac{1}{3}\frac{\pi}{2}} = 2\mathrm{e}^{\frac{\pi}{6}\mathrm{i}}.$$

这里已取定 $\arg 1=0$. 若取 $\arg 1=2\pi$，则 $\arg 8\mathrm{i}=2\pi+\dfrac{\pi}{2}$，可得同样的结果.

思考题　若例题中的条件改为"复平面沿射线 $\arg z=\dfrac{\pi}{2}$ 割破"，你将得到什么

结论？

例 2.13 设 $w=\sqrt[3]{z}$ 确定在从原点 $z=0$ 起沿负实轴割开 z 平面所得的区域 D 上且 $w(\mathrm{i})=-\mathrm{i}$. 求 $w(-\mathrm{i})$ 的值.

解 在 D 上，$w=\sqrt[3]{z}$ 的三个单值解析分支为

$$w_k = \sqrt[3]{|z|}\,\mathrm{e}^{\mathrm{i}\frac{\arg z+2k\pi}{3}} \quad (k=0,1,2),$$

其中 $z\in D=\{z\,|-\pi<\arg z<\pi\}$.

(1) 由已知条件确定 k. 当 $z=\mathrm{i}\in D$ 时，$|z|=1$，$\arg \mathrm{i}=\dfrac{\pi}{2}$，于是由

$$-\mathrm{i} = w(\mathrm{i}) = \mathrm{e}^{\mathrm{i}\frac{\frac{\pi}{2}+2k\pi}{3}} = \mathrm{e}^{\mathrm{i}\frac{(4k+1)\pi}{6}} \quad (k=0,1,2),$$

得 $k=2$，所以所求的单值解析分支为 $w_2(z)=\sqrt[3]{|z|}\,\mathrm{e}^{\mathrm{i}\frac{\arg z+4\pi}{3}}$，其中 $z\in D$.

(2) 求 $w_2(-\mathrm{i})$ 之值. 当 $z=-\mathrm{i}\in D$ 时，$|z|=1$，$\arg z=-\dfrac{\pi}{2}$. 于是

$$w_2(-\mathrm{i}) = \mathrm{e}^{\mathrm{i}\frac{-\frac{\pi}{2}+4\pi}{3}} = \mathrm{e}^{\mathrm{i}\frac{7\pi}{6}} = -\mathrm{e}^{\mathrm{i}\frac{\pi}{6}}.$$

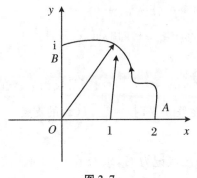

图 2.7

例 2.14 设 $f(z)=\sqrt{z(z-1)}$. 求 $f(z)$ 的支点和支割线. 若取 $f(2)>0$，当 $z=2$ 由 A 沿着 AB 弧（图 2.7）连续变化到 $z=\mathrm{i}$ 时，求 $f(\mathrm{i})$ 的值.

解 以 $z=0$ 为圆心，充分小的正数 ρ 为半径作小圆周 Γ_ρ，从 Γ_ρ 上的一点出发，沿 Γ_ρ 的逆时针方向运动一周返回起点，复向量 z 的辐角增加了 2π，即 $\Delta_{\Gamma_\rho}\arg z=2\pi$；而复向量 $z-1$ 的辐角无增减，即 $\Delta_{\Gamma_\rho}\arg(z-1)=0$. 从而 $\Delta_{\Gamma_\rho}\arg f(z)=\pi$，即 $f(z)$ 在起点值与终点值不同，从而 $z=0$ 是支点.

类似地，可证 $z=1$ 也是支点，而 $z=\infty$ 不是支点，从而支割线可选连接点 0 与点 1 的任一条光滑弧段（特别是直线段）.

当 z 从 A 点沿 AB 变化至 B 时，$\Delta_{AB}\arg z=\dfrac{\pi}{2}$，$\Delta_{AB}\arg(z-1)=\dfrac{3}{4}\pi$，故

$$\Delta_{AB}\arg f(z) = \frac{5}{8}\pi,$$

所以

$$f(\mathrm{i}) = \mathrm{e}^{\mathrm{i}\frac{5}{8}\pi}\sqrt{\lceil\mathrm{i}(\mathrm{i}-1)\rceil} = \sqrt[4]{2}\mathrm{e}^{\mathrm{i}\frac{5}{8}\pi}.$$

由已给单值解析分支的初值 $f(z_1)$，计算终值 $f(z_2)$ 可通过下面两种方法进行求解.

(1) 借助每一单值解析分支 $f(z)$ 的连续性，先计算当 z 从 z_1 沿曲线 C（不穿过支割线）到终点 z_2 时，$f(z)$ 的辐角的连续改变量 $\Delta_C \arg f(z)$，再利用下面的公式计算终值 $f(z_2)$（例 2.14）：

$$f(z_2) = |f(z_2)|\mathrm{e}^{\mathrm{i}\Delta_C \arg f(z)} \cdot \mathrm{e}^{\mathrm{i}\arg f(z_1)},$$

其中 $\Delta_C \arg f(z)$ 与 $\arg f(z_1)$ 可以相差 2π 的整数倍，$f(z)$ 在 $z = z_2$ 的值与 $\arg f(z_1)$ 的选取无关.

(2) 先由单值解析分支的初值 $f(z_1)$ 确定单值解析分支的解析表达式（也就是先求出 k），然后再求出终值 $f(z_2)$（例 2.12 和 2.13）.

2. 对数函数

定义 2.9 我们规定对数函数是指数函数的反函数. 即若

$$\mathrm{e}^w = z \quad (z \neq 0, \infty), \tag{2.21}$$

则复数 w 称为复数 z 的对数函数，记为 $w = \mathrm{Ln}\,z$.

很显然，$z = \mathrm{e}^w$ 是一个整函数，值域为整个平面去掉原点，因此它的反函数记为 $w = \mathrm{Ln}\,z$，它是定义在 $\mathbb{C} - \{0\}$ 上的一个多值函数. 由于对数函数是指数函数的反函数，而指数函数是周期为 $2\pi\mathrm{i}$ 的周期函数，所以对数函数必然是多值函数.

我们现在给出 $\mathrm{Ln}\,z$ 的表达式，设 $z = r\mathrm{e}^{\mathrm{i}\theta}$，$w = u + \mathrm{i}v$，则

$$r\mathrm{e}^{\mathrm{i}\theta} = \mathrm{e}^{u+\mathrm{i}v} = \mathrm{e}^u \cdot \mathrm{e}^{\mathrm{i}v},$$

所以

$$u = \ln r = \ln|z|, \quad v = \theta + 2k\pi.$$

易见，$u = \ln r$ 是单值的，而由辐角函数 $\mathrm{Arg}\,z$ 的多值性知 v 是多值的. 因为 θ 是 z 的辐角，所以 $v = \arg z + 2k\pi = \mathrm{Arg}\,z$，因此

$$w = \mathrm{Ln}\,z = \ln|z| + \mathrm{i}\,\mathrm{Arg}\,z \quad (z \neq 0).$$

相应于辐角函数的主值，定义对数函数 $\mathrm{Ln}\,z$ 的主值 $\ln z$ 为

$$w = \ln z = \ln|z| + \mathrm{i}\arg z \quad (z \neq 0).$$

这样有

$$w = \mathrm{Ln}\,z = \ln|z| + \mathrm{i}\arg z + 2k\pi\mathrm{i} \quad (k = 0, \pm 1, \pm 2, \cdots). \tag{2.22}$$

这就说明了一个复数 $z(z \neq 0, \infty)$ 的对数仍是复数，它的实部是 z 的模的通常实自然对数，它的虚部是 z 的辐角的一般值，即虚部可以取无穷多个值，任两相异

值之差为 2π 的一个整数倍. 也就是说, $w = \text{Ln } z$ 是 z 的无穷多值函数.

式(2.22)中 $\ln z = \ln |z| + \text{i arg } z$ 表示 $\text{Ln } z$ 的某一个特定值, 其中 $\text{arg } z$ 表示 $\text{Arg } z$ 的一个特定值. 当限定 $\text{arg } z$ 取主值时, 即 $-\pi < \text{arg } z \leqslant \pi$ 时, 称 $\ln z$ 为 $\text{Ln } z$ 的主值(主值支). 于是, 主值为

$$\ln z = \ln |z| + \text{i arg } z \quad (-\pi < \text{arg } z \leqslant \pi). \tag{2.23}$$

例2.15 我们把整个平面割破负实轴后所得到的区域记为 G, 求 $\text{Ln } z$ 在 $z = 1$ 时取值 $2\pi\text{i}$ 的那一支在 $z = 2\text{i}$ 的值.

解 因为

$$\text{Ln } z = \ln |z| + (\text{arg } z + 2k\pi)\text{i};$$
$$2\pi\text{i} = \ln 1 + 2k\pi\text{i}.$$

于是 $k = 1$, 所以

$$\text{Ln } 2\text{i} = \ln |2\text{i}| + \left(\frac{\pi}{2} + 2\pi\right)\text{i} = \ln 2 + \frac{5}{2}\pi\text{i}.$$

例2.16 计算 $\text{Ln }(-1)$ 和 $\text{Ln } 1$ 的值.

解 $\text{Ln }(-1) = \ln 1 + \text{i}(\text{arg }(-1) + 2k\pi) = (2k + 1)\pi\text{i},$

$\text{Ln } 1 = \ln 1 + \text{i}(\text{arg } 1 + 2k\pi) = 2k\pi\text{i},$

其主值分别为 πi 和 0.

注2.5 例2.16说明"负数无对数"的说法在复数域内不成立.

例2.17 假设 $-\pi < \text{arg } z < \pi$, 计算 $\text{Ln }(2 - 3\text{i})$ 和 $\ln (2 - 3\text{i})$ 的值.

解 因为 $|2 - 3\text{i}| = \sqrt{13}$, $\text{arg }(2 - 3\text{i}) = -\arctan \frac{3}{2}$, 所以

$$\text{Ln }(2 - 3\text{i}) = \ln |2 - 3\text{i}| + \text{i}[\text{arg }(2 - 3\text{i}) + 2k\pi]$$
$$= \frac{1}{2}\ln 13 + \text{i}\left(-\arctan \frac{3}{2} + 2k\pi\right) \quad (k \in \mathbb{Z}),$$

其主值为 $\ln (2 - 3\text{i}) = \frac{1}{2}\ln 13 - \text{i} \arctan \frac{3}{2}$.

对数函数的基本性质如下:

(1) 对数函数是定义在 $\mathbb{C} - \{0\}$ 上的多值函数;

(2) $\text{Ln }(z_1 z_2) = \text{Ln } z_1 + \text{Ln } z_2$;

$$\text{Ln } \frac{z_1}{z_2} = \text{Ln } z_1 - \text{Ln } z_2.$$

这两个等式应该理解为集合相等.

为了研究对数函数的性质,我们先对指数函数的单叶性区域进行讨论.

(1) 指数函数 $z = e^w$ 的单叶性区域.

如果 $e^{w_1} = e^{w_2}$,那么由指数函数的性质,我们可得 $w_1 = w_2 + 2k\pi i$,不难验证 $z = e^w$ 在区域

$$D = \{w \mid \alpha < \mathrm{Im}\, w < \beta (\beta - \alpha < 2\pi)\}$$

上是单叶解析的.

(2) D 的像区域. 设 $w = u + iv \in D$,则

$$e^w = e^u e^{iv},$$

所以 D 中的直线 $\mathrm{Im}\, w = v$ 的像为 z 平面的射线:$\arg z = v$.

D 可看成直线 $\mathrm{Im}\, w = v$ 从 $v = \alpha$ 至 $v = \beta$ 扫动的轨迹(当然 $v = \alpha$,$v = \beta$ 不在其内). 从而得到,w 平面上的带形区域 D:$\{w \mid \alpha < \mathrm{Im}\, w < \beta, \beta - \alpha < 2\pi\}$ 在 $z = e^w$ 下的像区域为 z 平面上的角形区域:

$$T : \{z \mid \alpha < \arg z < \beta (\beta - \alpha < 2\pi)\}.$$

特别是宽度为 2π 的带形区域:

$$D_k = \{w \mid -\pi + 2k\pi < \mathrm{Im}\, w < \pi + 2k\pi\} \quad (k = 0, \pm 1, \pm 2, \cdots),$$

在 $z = e^w$ 的映射下变成整个平面去掉负实轴的区域,如图 2.8 所示.

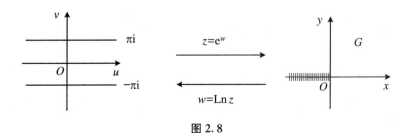

图 2.8

总之,指数函数 $z = e^w$ 的单叶性区域是 w 平面上平行于实轴,宽不超过 2π 的带形区域.

因此,$z = e^w$ 存在反函数 $w = f_k(z) : G \to D_k$,记

$$f_k(z) = (\mathrm{Ln}\, z)_k \quad (k = 0, \pm 1, \pm 2, \cdots). \tag{2.24}$$

这样在 G 上,$w = \mathrm{Ln}\, z$ 有无限多个单值连续分支 $w = (\mathrm{Ln}\, z)_k (k = 0, 1, \cdots)$.

设 $C_\rho = \{z \mid |z| = \rho (\rho > 0)\}$,其中 ρ 充分小. 在 C_ρ 上取定一点 z_0,并取定 $\mathrm{Ln}\, z_0 = (\mathrm{Ln}\, z_0)_k$,当 z_0 沿 C_ρ 的逆时针方向变化一周至 z_0 时,即绕 $z = 0$ 一周,$\mathrm{Ln}\, z_0$ 从 $(\mathrm{Ln}\, z_0)_k$ 连续变化至 $(\mathrm{Ln}\, z_0)_{k+1}$,也就是说,函数从一个分支变化到另一

个分支.因此我们称 $z = 0$ 是 $w = \mathrm{Ln}\, z$ 的一个支点,同理 $z = \infty$ 也是支点.

设 γ 是连接点 0 与点 ∞ 的任意一条或若干条简单连续曲线,则 $\mathrm{Ln}\, z$ 在区域 $\mathbb{C} - \{\gamma\}$ 上可分解成无穷个单值的解析分支,我们称 γ 是 $\mathrm{Ln}\, z$ 的一条支割线,如负实轴是一条支割线.

对数函数还具有下列解析性质:对数函数在任何沿连接 0 与 ∞ 的简单曲线剪开所得区域 G 内的单值连续分支都是解析的.也就是说,如果 $f(z)$ 是 $\mathrm{Ln}\, z$ 在区域 G 内的一个单值连续分支,则 $f(z)$ 在区域 G 内解析.

我们仍可根据列入本章习题第 8 题的那个定理,来验证

$$f_k(z) = (\mathrm{Ln}\, z)_k \quad (k = 0, \pm 1, \pm 2, \cdots)$$

中的这无穷个单值连续分支在 G 上还是解析分支,并且

$$f'_k(z) = \frac{1}{(\mathrm{e}^w)'} = \frac{1}{\mathrm{e}^w} = \frac{1}{z} \quad (z \in G),$$

称 $f_k(z)$ 为 $z = \mathrm{e}^w$ 的反函数 $\mathrm{Ln}\, z$ 的单值解析分支,一般我们称 $(\mathrm{Ln}\, z)_0$ 为 $\mathrm{Ln}\, z$ 的主支,记为 $\ln z$.

同样可证明,$\mathrm{Ln}\,(z - a)$ 的支点为 $z = a$,$z = \infty$.连接点 a 与点 ∞ 的任意一条简单曲线都可以作为支割线,在割开平面后所得的区域 G 内,对数函数 $\mathrm{Ln}\,(z - a)$ 能分出无穷个单值解析分支.

例 2.18　求 $w = \mathrm{Ln}\, \dfrac{z - a}{z - b}\,(a \neq b)$ 的支点和支割线.

解　函数 w 可能的支点为 $\dfrac{z - a}{z - b} = 0$,$\dfrac{z - a}{z - b} = \infty$,即 $z = a$,$z = b$.我们可验证 a,b 的确是支点,从而支割线可取为连接点 a 与点 b 的直线段(或其他光滑弧段).在 z 平面适当割破后(例如,沿着点 a 与点 b 的直线段把 z 平面割破),$w = \mathrm{Ln}\, \dfrac{z - a}{z - b}\,(a \neq b)$ 可以分解成无穷个单值解析分支.

例 2.19　试问如下推理是否正确? 如果不对的话,错在何处?

"令 $w = 2\mathrm{Ln}\, z$,则 $\mathrm{e}^w = \mathrm{e}^{2\mathrm{Ln}\, z} = z^2$,于是 $w = \mathrm{Ln}\, z^2$,所以 $2\mathrm{Ln}\, z = \mathrm{Ln}\, z^2$."

解　上述推理显然是错误的,错误的原因是对定义 2.9 理解得不透彻.对数函数是一个无穷多值函数,是满足方程 $\mathrm{e}^w = z\,(z \neq 0)$ 的全体 w 的集合.所以上述推理后两步的正确结果是 $\mathrm{Ln}\, z^2 \not\subset w$,因此,$\mathrm{Ln}\, z^2 \not\subset 2\mathrm{Ln}\, z$,其中使用了

$$\mathrm{Ln}\, z^2 = \mathrm{Ln}\, z + \mathrm{Ln}\, z$$
$$= \{2\ln |z| + 2\mathrm{i}\arg z + 2k_1 \pi \mathrm{i} + 2k_2 \pi \mathrm{i} : k_1, k_2 \in \mathbb{Z}\} \not\subset 2\mathrm{Ln}\, z,$$

而

$$2\mathrm{Ln}\ z = \{2\ln|z| + 2\mathrm{i}\arg z + 4k\pi\mathrm{i}\ |\ k \in \mathbb{Z}\}.$$

3. 一般幂函数与一般指数函数

利用对数函数可定义一般幂函数与一般指数函数.

定义 2.10 设 α 是一复常数,定义 $z(z \neq 0, \infty)$ 的 α 次幂函数为

$$w = z^{\alpha} = \mathrm{e}^{\alpha \mathrm{Ln}\ z} \quad (z \neq 0, \infty). \tag{2.25}$$

当 α 为正实数且 $z = 0$ 时,规定 $z^{\alpha} = 0$;当 α 不为正实数且 $z = 0$ 时,z^{α} 没有定义.

由于 $\mathrm{Ln}\ z = \ln z + 2k\pi\mathrm{i} = \ln|z| + \mathrm{i}\arg z + 2k\pi\mathrm{i}$,所以

$$w = z^{\alpha} = \mathrm{e}^{\alpha \ln z} \cdot \mathrm{e}^{\alpha 2k\pi\mathrm{i}} = \mathrm{e}^{\alpha(\ln|z| + \mathrm{i}\arg z)} \cdot \mathrm{e}^{\alpha 2k\pi\mathrm{i}} \quad (-\pi < \arg z \leqslant \pi).$$

因此,同一个 $z \neq 0$,不同数值的个数等于不同数值的因子 $\mathrm{e}^{\alpha 2k\pi\mathrm{i}}(k \in \mathbb{Z})$ 的个数.

下面我们给出幂函数的基本性质.

(1) 由于对数函数的多值性,当 $\alpha \notin \mathbb{Z}$ 时,幂函数是多值函数.

(2) 当 α 是整数 n 时,$w = z^n = \mathrm{e}^{n[\ln|z| + \mathrm{i}(\arg z + 2k\pi)]} = |z|^n \mathrm{e}^{\mathrm{i}n\arg z}$ 是单值函数.

(3) 当 $\alpha = 0, z \neq 0$ 时,有 $z^0 = \mathrm{e}^{0\mathrm{Ln}\ z} = \mathrm{e}^0 = 1$.

(4) 当 $\alpha = \dfrac{1}{n}$(n 为正整数)时,

$$w = z^{\frac{1}{n}} = \mathrm{e}^{\frac{1}{n}\mathrm{Ln}\ z} = \mathrm{e}^{\frac{\ln|z| + \mathrm{i}(\arg z + 2k\pi)}{n}} = |z|^{\frac{1}{n}}\mathrm{e}^{\mathrm{i}\frac{\arg z + 2k\pi}{n}} \quad (k = 0, 1, \cdots, n-1)$$

是一个 n 值函数(根式函数).

(5) 当 $\alpha = \dfrac{p}{q}$(p, q 为互素整数且 $q > 0$)为有理数时,

$$w = z^{\frac{p}{q}} = \mathrm{e}^{\frac{p}{q}\mathrm{Ln}\ z} = \mathrm{e}^{\frac{p}{q}[\ln|z| + \mathrm{i}(\arg z + 2k\pi)]} = \mathrm{e}^{\frac{p}{q}\ln z} \cdot \mathrm{e}^{\frac{\mathrm{i}2pk\pi}{q}},$$

由于 p, q 互素,所以不难看出,当 $k = 0, 1, 2, \cdots, q-1$ 时得到 q 个不同的值,即这时幂函数是一个 q 值函数.

(6) 当 α 是无理数或虚数时,幂函数是无穷多值函数.

事实上,当 α 是无理数时有

$$z^{\alpha} = \mathrm{e}^{\alpha \mathrm{Ln}\ z} = \mathrm{e}^{\alpha \ln z} \cdot \mathrm{e}^{\alpha 2k\pi\mathrm{i}} \quad (k = 0, \pm 1, \pm 2, \cdots).$$

这时幂函数是一个无穷多值函数.

类似地,当 α 是虚数时,幂函数也得到无穷个不同的值,即这时幂函数也是一个无穷多值函数.

(7) 在沿连接点 0 与点 ∞ 的简单连续曲线割开所得区域 G 内,幂函数可分解

出若干个单值解析分支.

设在区域 G 内,可以把 $\mathrm{Ln}\,z$ 分解成无穷多个单值解析分支,对于 $\mathrm{Ln}\,z$ 的一个解析分支,相应地,z^α 有一个单值连续分支.根据复合函数的求导法则,$w = z^\alpha$ 的这个单值连续分支在 G 内还是解析的,并且有

$$\frac{\mathrm{d}w}{\mathrm{d}z} = \alpha \cdot \frac{1}{z} \mathrm{e}^{\alpha \ln z} = \alpha \cdot \frac{z^\alpha}{z} = \alpha z^{\alpha-1}, \tag{2.26}$$

其中 z^α 应当理解为对它求导数的那个单值解析分支,$\ln z$ 应当理解为对数函数的相应分支,并且 z^α 与 $\mathrm{Ln}\,z$ 用相同的方式沿连接点 0 与点 ∞ 的简单曲线割开,分出单值解析分支.

对应于 $\mathrm{Ln}\,z$ 在 G 内任一个解析分支,当 α 是整数时,z^α 在 G 内是同一解析函数;当 $\alpha = \dfrac{p}{q}$(p,q 互素且 $q>1$)时,z^α 在 G 内有 q 个解析分支;当 α 是无理数或虚数时,z^α 在 G 内有无穷个解析分支.

当 α 不是整数时,0 及 ∞ 是 $w = z^\alpha$ 的支点,所以任取连接这两个支点的一条简单连续曲线作为支割线,可得一个区域 D.在 D 内,可把 $w = z^\alpha$ 分解成一些解析分支.特别地,可取从原点出发的任何射线作为支割线.

定义 2.11　$w = \alpha^z = \mathrm{e}^{z \mathrm{Ln}\,\alpha}$($\alpha$ 是一复常数且 $\alpha \neq 0, \infty$)称为一般指数函数.

它是无穷多个独立的、在 z 平面上单值解析的函数.当 $\alpha = \mathrm{e}$,$\mathrm{Ln}\,\mathrm{e}$ 取主值时,便可得到通常的指数函数 e^z.

一般幂函数与一般指数函数都可以看作复合函数,它们的性质可由其他函数的性质推导出来.

例 2.20　计算 $2^{1+\mathrm{i}}$ 的值.

解　利用幂函数的定义和对数函数的性质可得

$$2^{1+\mathrm{i}} = \mathrm{e}^{(1+\mathrm{i})\mathrm{Ln}\,2} = \mathrm{e}^{(1+\mathrm{i})[\ln 2 + \mathrm{i}(\arg 2 + 2k\pi)]} = \mathrm{e}^{\ln 2 - 2k\pi} \cdot \mathrm{e}^{\mathrm{i}(\ln 2 + 2k\pi)}$$

$$= 2\mathrm{e}^{-2k\pi} \cdot (\cos \ln 2 + \mathrm{i} \sin \ln 2),$$

且 $2^{1+\mathrm{i}}$ 的主值为 $2(\cos \ln 2 + \mathrm{i} \sin \ln 2)$.

*4. 反三角函数

反三角函数是三角函数的反函数,由于三角函数是周期函数,所以反三角函数也是多值函数.

定义 2.12　(1) 由方程 $z = \sin w$ 所定义的函数 w 称为 z 的反正弦函数,记作 $w = \mathrm{Arcsin}\,z$;

（2）由方程 $z = \cos w$ 所定义的函数 w 称为 z 的反余弦函数，记作 $w =$ Arccos z；

（3）由方程 $z = \tan w$ 所定义的函数 w 称为 z 的反正切函数，记作 $w =$ Arctan z；

（4）由方程 $z = \cot w$ 所定义的函数 w 称为 z 的反余切函数，记作 $w =$ Arccot z，它们皆为多值函数，其主值分别记为 arcsin z, arccos z, arctan z, arccot z.

反三角函数也可以用对数函数表示. 由于

$$z = \sin w = \frac{e^{iw} - e^{-iw}}{2i} = \frac{e^{2iw} - 1}{2ie^{iw}},$$

所以 $e^{2iw} - 2ize^{iw} - 1 = 0$，因此 $e^{iw} = iz + \sqrt{1 - z^2}$，故

$$w = \text{Arcsin } z = \frac{1}{i} \text{Ln} (iz + \sqrt{1 - z^2}),$$

类似地，可得

$$w = \text{Arccos } z = \frac{1}{i} \text{Ln} (z + i\sqrt{1 - z^2});$$

$$w = \text{Arctan } z = \frac{1}{2i} \text{Ln} \frac{i - z}{z + i};$$

$$w = \text{Arccot } z = \frac{1}{2i} \text{Ln} \frac{z + i}{z - i}.$$

反三角函数都是多值函数，在通过适当割开 z 平面所得的区域内，每个反三角函数都可以分出若干单值解析分支.

例如，反正切函数的支点是 $z = \pm i$，而 $z = \infty$ 不是它的支点. 在 z 平面上取连接点 $z = i$ 与点 $z = -i$ 的任意一条简单连续曲线作支割线，在割开 z 平面所得的区域 G 内，反正切函数 $w = $ Arctan z 可分解为无穷多个单值解析分支.

当对数函数都取主值时，可得反正切函数的主值为

$$w = \arctan z = \frac{1}{2i} [\ln (z - i) - \ln (z + i) + i\pi], \tag{2.27}$$

于是 w 在点 z 的其他值为

$$w = \frac{1}{2i} [\ln (z - i) + 2k_1\pi i - \ln (z + i) - 2k_2\pi i + i\pi] \quad (k_1, k_2 \in \mathbb{Z}),$$

$$\tag{2.28}$$

即

$$w = \text{Arctan } z = \arctan z + k\pi \quad (k \in \mathbb{Z}), \tag{2.29}$$

因此我们可得 $w = \text{Arctan } z$ 的任何解析分支的导数是

$$\frac{\mathrm{d}w}{\mathrm{d}z} = \frac{1}{2\mathrm{i}}\left(\frac{1}{z-\mathrm{i}} - \frac{1}{z+\mathrm{i}}\right) = \frac{1}{z^2+1}, \tag{2.30}$$

由于 $\pm\mathrm{i}$ 是反正切函数的支点,因此在式(2.27)~式(2.30)中,z 取复平面上除去 $\pm\mathrm{i}$ 的所有复数.

习题 2

1. 判断下列函数的可微性与解析性.

(1) $f(z) = x^2 + y^2$;

(2) $f(z) = x^2 + \mathrm{i}y^2$;

(3) $f(z) = x^2 + \mathrm{i}y^3$;

(4) $f(z) = x^3 - 3xy^2 + \mathrm{i}(ax^2y - y^3)$,其中 a 为实常数;

(5) $f(z) = ax^2 - y^2 + 2xy\mathrm{i}$,其中 a 为实常数.

2. 设 $f(z) = ax^2 - by^2 + xy\mathrm{i}$ 在原点解析.求实常数 a 与 b.

3. 设 $f(z) = \begin{cases} \dfrac{x^3 - y^3 + \mathrm{i}(x^3 + y^3)}{x^2 + y^2} & (z \neq 0), \\ 0 & (z = 0). \end{cases}$

求证:(1) $f(z)$ 在 $z = 0$ 连续;

(2) $f(z)$ 在 $z = 0$ 满足 C - R 方程;

(3) $f'(0)$ 不存在.

4. 设 $f(z) = u(x,y) + \mathrm{i}v(x,y)$ 在区域 D 内解析,并且在 D 内满足下列条件之一.试证明:$f(z)$ 在 D 内恒为常数.

(1) 在 D 内 $f'(z) = 0$;

(2) $|f(z)|$ 在 D 内为常数;

(3) $v = u^2$;

(4) $u = \sin v$.

5. 设复函数 $w = f(z)$ 在点 z_0 可导.试证明:复函数 $w = f(z)$ 在点 z_0 连续.

6. 试证明:下列复函数在 z 平面上处处不可微.

(1) $f(z) = \text{Re } z$; 　　　　　 (2) $f(z) = \dfrac{1}{z}$;

(3) $f(z) = \text{Im } z$; 　　　　　 (4) $f(z) = |z|$.

7. 设 D 是上半平面上的一个区域,复函数 $f(z)$ 在 D 内解析,D_* 是 D 关于实轴的对称区域.试证明 $f(\bar{z})$ 在 D_* 内解析.

8. 试证明下面的定理：

设复函数 $w = u(r,\theta) + iv(r,\theta)$, $z = re^{i\theta}$, 若 $u(r,\theta)$, $v(r,\theta)$ 在点 (r,θ) 处是可微的, 且满足极坐标的 C‑R 方程

$$\frac{\partial u}{\partial r} = \frac{1}{r}\frac{\partial v}{\partial \theta}, \quad \frac{\partial u}{\partial \theta} = -r\frac{\partial v}{\partial r} \quad (r > 0).$$

则 $f(z)$ 在点 z 处是可微的, 并且

$$f'(z) = (\cos\theta - \sin\theta)\left(\frac{\partial u}{\partial r} + i\frac{\partial v}{\partial r}\right) = \frac{r}{z}\left(\frac{\partial u}{\partial r} + i\frac{\partial v}{\partial r}\right).$$

这里要适当割开复平面, 使得 $\theta(z)$ 是单值函数.

9. 试证明: $f(z) = e^x(x\cos y - y\sin y) + ie^x(y\cos y - x\sin y)$ 在复平面上解析, 并求 $f'(z)$.

10. 试设函数 $f(z) = z^2 + \alpha z + 3$ 在单位圆域上单叶解析. 求 α 的范围.

11. 试证明: 函数 $f(z) = e^{\sin(z^2+z)}$ 在 $\mathbb{C}$ 上处处不解析.

12. 设复函数 $f(z)$ 与 $g(z)$ 都在 z_0 处可导, 且 $f(z_0) = g(z_0) = 0$, $g'(z_0) \neq 0$. 试证明:

$$\lim_{z \to z_0} \frac{f(z)}{g(z)} = \frac{f'(z_0)}{g'(z_0)}.$$

注 2.6 此题说明洛必达法则在复平面上是成立的.

13. 设 $f(z) = u(x,y) + iv(x,y)$ 在整个复平面内解析, 并且满足 $f'(z) = f(z)$, $f(0) = 1$. 试证明: $f(z) = e^z$.

14. 将下列函数值写成 $a + bi$ 形式.

(1) $\sin i$;   (2) e^{1+i};

(3) $\ln(1+\sqrt{3}i)$;   (4) $e^{\sin im}$.

15. 求 $(1+i)^i$ 的所有值.

16. 计算 5^i 和 $(1+i)^{\sqrt{3}}$ 的值.

17. 解方程:

(1) $e^z = 1 + i$;   (2) $\ln z = \pi i$;   (3) $\sin z - \cos z = 0$.

18. 证明: 方程 $\tan z = \pm i$ 无解.

19. 设 $z = a + ib$. 求下列函数的实部, 虚部和模.

(1) $f(z) = e^{2z+3i}$;   (2) $f(z) = e^{z^2}$;   (3) $f(z) = e^{\frac{1}{z}}$.

20. 试证明:

(1) $\overline{e^z} = e^{\bar{z}}$;   (2) $\overline{\sin z} = \sin\bar{z}$;   (3) $\overline{\cos z} = \cos\bar{z}$.

21. 设 $w = z^i$ 确定在从原点起沿负虚轴割破了的 z 平面上, 并且 $w(1) = e^{-2\pi}$. 求 $w(-1)$

的值.

22. 在复平面上取上半虚轴作割线,试在所得区域内分别取定函数 $z^{\frac{1}{2}}$ 与 $\mathrm{Ln}\, z$ 在正实轴,取正实值与实值的一个解析分支,并求它们在上半虚轴左沿的点及右沿的点处的值.

23. 设 D 是 z 平面沿正虚轴割开所得的区域.取 $\mathrm{Ln}\, z$ 在 D 内的一个单值连续分支

$$f(z) = \ln z, \quad \ln 1 = 2\pi\mathrm{i}.$$

求 $f(-1)$ 的值.

24. 设 $w = z^{\frac{1}{3}}$ 确定在从原点 $z = 0$ 起沿正实轴剪开 z 平面所得的区域 D 上,并且 $w(\mathrm{i}) = -\mathrm{i}$.求 $w(-\mathrm{i})$ 的值.

25. 求 $f(z) = \sqrt[3]{z(z^2-1)}$ 的支点和支割线.设 $f(2) > 0$,当 z 从 $z = 2$ 沿曲线 C_i $(i=1,2,3)$ 变化至 $z = i$ 时,如图 2.9 所示.求 $f(i)$.

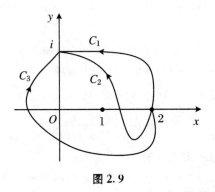

图 2.9

26. 试证明:在 z 平面适当割开后,函数 $f(z) = \sqrt[3]{(1-z)z^2}$ 能分出三个单值解析分支.在去掉割线 $[0,1]$ 后,求在点 $z = 2$ 取负值的那个分支在 $z = \mathrm{i}$ 的值.

第 3 章　解析函数的积分表示

复变函数的积分是研究解析函数的一个重要工具.解析函数的许多重要性质要利用复积分来证明.本章将介绍复变函数的积分概念、性质以及复积分的计算,特别是建立的 Cauchy 积分定理和 Cauchy 积分公式尤其重要,它们是复变函数论的基本定理和基本公式,也是研究解析函数性质的理论基础,以后各章都直接或间接地和它们有关,例如,解析函数的导函数连续,解析函数的各阶高阶导数存在,并且解析函数可以展开为幂级数等,这些在表面上看来只与微分学有关的命题,一般均要用到复积分,所以我们要透彻理解并熟练掌握复积分的概念与性质.

3.1　复积分的基本概念和简单性质

1. 复积分的定义与性质

为了叙述方便,后文提到的曲线(除特别声明外)都是指简单光滑曲线或分段光滑的简单曲线,也可以是逐段光滑的简单闭曲线(周线),因而它们都是可求长的.

定义 3.1　设在复平面 $\mathbb{C}$ 上有一条连接点 z_0 与点 z 的简单有向曲线 $C: z = z(t)$,它以 $z_0 = z(\alpha)$ 为起点,$z = z(\beta)$ 为终点 $(\alpha \leqslant t \leqslant \beta)$,$f(z)$ 沿曲线 C 有定义.顺着曲线 C 从 z_0 到 z 的方向上取分点,$z(\alpha) = z_0, z_1, z_2, \cdots, z_n = z(\beta)$,将曲线 C 分成 n 个小段(图 3.1),第 k 段记作 $C_k (k = 0, 1, 2, \cdots, n-1)$.在 C_k 上任取一点 $\zeta_k = \alpha_k + \mathrm{i}\eta_k$,其中 $\alpha_k = \mathrm{Re}\ \zeta_k, \eta_k = \mathrm{Im}\ \zeta_k$.

做和数

$$s_n = \sum_{k=0}^{n-1} f(\zeta_k)(z_{k+1} - z_k), \tag{3.1}$$

若当 $\lambda = \max\limits_{0 \leqslant k \leqslant n-1} \Delta s_k$($\Delta s_k$ 为 C_k 的弧长)趋于零时,不管分点 z_k 和介点 ζ_k 如何选取,和数 s_n 都趋于一确定值 J,则称 $f(z)$ 沿 C(从 z_0 到 z)可积,而称 J 为 $f(z)$ 沿

C（从 z_0 到 z）的积分，记作 $J = \int_C f(z)\mathrm{d}z$，即

$$\int_C f(z)\mathrm{d}z = \lim_{\lambda \to 0} \sum_{k=0}^{n-1} f(\zeta_k)(z_{k+1} - z_k), \tag{3.2}$$

C 称为积分路径，$f(z)$ 称为被积函数．通过定义，我们知道，若 C^- 是 C 的负方向，那么

$$\int_{C^-} f(z)\mathrm{d}z = -\int_C f(z)\mathrm{d}z.$$

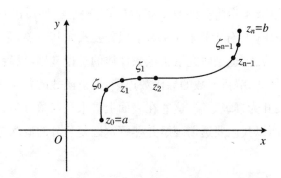

图 3.1

注 3.1 若积分 J 存在，一般不能写成 $\int_a^b f(z)\mathrm{d}z$，因为积分值 J 不仅与 a，b 有关，而且与路径 C 也有关．

复积分存在的必要条件显然是被积函数 $f(z)$ 在积分曲线 C 上有界．下面的定理给出了复积分存在的充分条件．

定理 3.1 若复函数 $f(z) = u(x, y) + \mathrm{i}v(x, y)$ 沿简单有向曲线 C 连续，则 $f(z)$ 沿 C 可积，且

$$\int_C f(z)\mathrm{d}z = \int_C u\mathrm{d}x - v\mathrm{d}y + \mathrm{i}\int_C v\mathrm{d}x + u\mathrm{d}y. \tag{3.3}$$

证 设 $z_k = x_k + \mathrm{i}y_k$，$f(\zeta_k) = u(\alpha_k, \eta_k) + \mathrm{i}v(\alpha_k, \eta_k)$，则

$$\begin{aligned}
s_n &= \sum_{k=0}^{n-1} f(\zeta_k)(z_{k+1} - z_k) \\
&= \sum_{k=0}^{n-1} \left[u_k(x_{k+1} - x_k) - v_k(y_{k+1} - y_k) \right] \\
&\quad + \mathrm{i}\sum_{k=0}^{n-1} \left[u_k(x_{k+1} - x_k) + v_k(y_{k+1} - y_k) \right],
\end{aligned}$$

上式右端的两个和数是对应的两个曲线积分的积分和数.

由于 $f(z)$ 沿曲线 C 连续,所以 $u(x,y),v(x,y)$ 沿 C 连续,因此,根据第二型曲线积分的性质知,当 $\lambda = \max\{\Delta s_k\} \to 0$ 时, $s_n \to \int_C u\mathrm{d}x - v\mathrm{d}y + \mathrm{i}\int_C v\mathrm{d}x + u\mathrm{d}y$,故 $\int_C f(z)\mathrm{d}z$ 存在且有式(3.3).

2. 计算复积分的参数方程法

定理 3.2　设 $f(z)$ 在光滑曲线 $C: z = z(t)(\alpha \leqslant t \leqslant \beta)$ 上连续,则

$$\int_C f(z)\mathrm{d}z = \int_\alpha^\beta f(z(t))z'(t)\mathrm{d}t. \tag{3.4}$$

证　因为

$$\int_C u\mathrm{d}x - v\mathrm{d}y = \int_\alpha^\beta (u(x(t),y(t))x'(t) - v(x(t),y(t))y'(t))\mathrm{d}t,$$

$$\int_C u\mathrm{d}y + v\mathrm{d}x = \int_\alpha^\beta (u(x(t),y(t))y'(t) + v(x(t),y(t))x'(t))\mathrm{d}t.$$

根据定理 3.1 得

$$\int_C f(z)\mathrm{d}z = \int_C u\mathrm{d}x - v\mathrm{d}y + \mathrm{i}\int_C u\mathrm{d}y + v\mathrm{d}x$$

$$= \int_\alpha^\beta f(z(t))z'(t)\mathrm{d}t.$$

例 3.1　设 C 为连接 z_0 到 Z 两点的简单有向曲线,则

$$\int_C z\mathrm{d}z = \frac{1}{2}(Z^2 - z_0^2), \qquad \int_C \mathrm{d}z = Z - z_0. \tag{3.5}$$

证　设 $C: z = z(t) = x(t) + \mathrm{i}y(t), z_0 = z(\alpha), Z = z(\beta)(\alpha \leqslant t \leqslant \beta)$,则根据定理 3.2 可得

$$\int_C z\mathrm{d}z = \int_\alpha^\beta z(t)z'(t)\mathrm{d}t$$

$$= \int_\alpha^\beta [x(t)x'(t) - y(t)y'(t)]\mathrm{d}t + \mathrm{i}\int_\alpha^\beta [x(t)y'(t) + y(t)x'(t)]\mathrm{d}t$$

$$= \frac{1}{2}[x^2(t) - y^2(t) + \mathrm{i}2x(t)y(t)]\Big|_\alpha^\beta$$

$$= \frac{1}{2}z^2(t)\Big|_\alpha^\beta = \frac{1}{2}[z^2(\beta) - z^2(\alpha)]$$

$$= \frac{1}{2}(Z^2 - z_0^2)$$

和

$$\int_C \mathrm{d}z = \int_\alpha^\beta z'(t)\mathrm{d}t = \int_\alpha^\beta x'(t)\mathrm{d}t + \mathrm{i}\int_\alpha^\beta y'(t)\mathrm{d}t$$

$$= [x(t) + \mathrm{i}y(t)]\big|_\alpha^\beta = z(t)\big|_\alpha^\beta = Z - z_0.$$

特别地,若 C 为闭曲线时,即 $Z = z_0$,于是有 $\int_C z\mathrm{d}z = \int_C \mathrm{d}z = 0$.

例 3.2 求复积分 $\int_C \dfrac{\mathrm{d}z}{(z-a)^n}$,其中 $C: |z - a| = \rho$(n 为整数).

解 我们把曲线化为 $C: z = a + \rho\mathrm{e}^{\mathrm{i}\theta}$($0 \leqslant \theta \leqslant 2\pi$),则

$$\int_C \frac{\mathrm{d}z}{(z-a)^n} = \int_0^{2\pi} \frac{\rho\mathrm{e}^{\mathrm{i}\theta}\mathrm{i}}{\rho^n\mathrm{e}^{\mathrm{i}n\theta}}\mathrm{d}\theta = \frac{\mathrm{i}}{\rho^{n-1}}\int_0^{2\pi} \mathrm{e}^{\mathrm{i}(n-1)\theta}\mathrm{d}\theta$$

$$= \begin{cases} 2\pi\mathrm{i} & (n = 1), \\ 0 & (n \neq 1). \end{cases}$$

这就是计算复积分的参数方程法.若是分段光滑简单曲线,则可将它分成几段光滑的弧来考虑,这样可得类似的结果.

3. 复积分的基本性质

既然复积分与实函数的定积分或曲线积分有类似的基本性质,从而下列关于复积分的性质也就不难理解了.

(1) 设 $f(z), g(z)$ 均在有向曲线 C 上连续可积,并且 α, β 是复常数,那么 $\alpha f(z) + \beta g(z)$ 在 C 上也连续可积,并且有

$$\int_C (\alpha f(z) + \beta g(z))\mathrm{d}z = \alpha\int_C f(z)\mathrm{d}z + \beta\int_C g(z)\mathrm{d}z.$$

(2) 设有向曲线 C 是由有向曲线 C_1, C_2 衔接而成的,$f(z)$ 分别在 C_1, C_2 上连续可积,则 $f(z)$ 在 C 上连续可积,并且

$$\int_C f(z)\mathrm{d}z = \int_{C_1} f(z)\mathrm{d}z + \int_{C_2} f(z)\mathrm{d}z.$$

这个性质也可推广到有限个情况:

$$\int_C f(z)\mathrm{d}z = \int_{C_1} f(z)\mathrm{d}z + \int_{C_2} f(z)\mathrm{d}z + \cdots + \int_{C_n} f(z)\mathrm{d}z,$$

其中曲线 C 由光滑的曲线 $C_1, C_2, \cdots, C_n$ 衔接而成.

(3) $\int_{C^-} f(z)\mathrm{d}z = -\int_C f(z)\mathrm{d}z$,其中 $\int_{C^-} f(z)\mathrm{d}z$ 表示沿 C 的反向的积分;

(4) 设 $f(z)$ 在有向曲线 C 上可积,L 是 C 的长度,M 是 $|f(z)|$ 在 C 上的上界,则

$$\left| \int_C f(z)\mathrm{d}z \right| \leqslant \int_C |f(z)||\mathrm{d}z| = \int_C |f(z)|\mathrm{d}s \leqslant ML,$$

其中 $|\mathrm{d}z| = \sqrt{(\mathrm{d}x)^2 + (\mathrm{d}y)^2} = \mathrm{d}s$ 是弧微分.

我们首先证明性质(3). 在曲线 C 上取分点: $z_0,z_1,z_2,\cdots,z_n$, 将曲线 C 分成 n 个小段(图 3.1), 第 k 段记作 C_k. 在 C_k 上任取一点 ζ_k, 则曲线 C^{-1} 的分点: z_n, $z_{n-1},z_{n-2},\cdots,z_0$ 是曲线 C^{-1} 的分割, 于是按定义 3.1 得

$$\int_{C^{-1}} f(z)\mathrm{d}z = \lim_{\lambda\to 0}\sum_{k=0}^{n-1} f(\zeta_k)(z_k - z_{k+1}) = -\lim_{\lambda\to 0}\sum_{k=0}^{n-1} f(\zeta_k)(z_{k+1} - z_k)$$

$$= -\int_C f(z)\mathrm{d}z.$$

接下来证明性质(4), 根据复积分的定义和三角不等式得

$$\left| \sum_{k=0}^{n-1} f(\zeta_k)(z_{k+1} - z_k) \right| \leqslant \sum_{k=0}^{n-1} |f(\zeta_k)||(z_{k+1} - z_k)| \leqslant \sum_{k=0}^{n-1} |f(\zeta_k)| \cdot \Delta S_k,$$

令 $\lambda = \max\{\Delta s_k\}\to 0$, 取极限便得

$$\left| \int_C f(z)\mathrm{d}z \right| \leqslant \int_C |f(z)||\mathrm{d}z| = \int_C |f(z)|\mathrm{d}s \leqslant ML.$$

例 3.3　试证 $\left| \int_C \dfrac{1}{\mathrm{Re}\,z}\mathrm{d}z \right| \leqslant 3$, 其中 C 为连接点 $1+\mathrm{i}$ 到点 $4+\mathrm{i}$ 的直线段.

证　C 的参数方程为

$$z = 1 + \mathrm{i} + t(4 + \mathrm{i} - 1 - \mathrm{i}) = 1 + 3t + \mathrm{i} \quad (0 \leqslant t \leqslant 1).$$

显然, $f(z) = \dfrac{1}{\mathrm{Re}\,z}$ 沿曲线 C 连续且当 $z \in C$ 时, $|f(z)| = \dfrac{1}{\mathrm{Re}\,z} = \dfrac{1}{1+3t} \leqslant 1$. 而 C 的长为 3, 于是我们得到 $\left| \int_L \dfrac{\mathrm{d}z}{\mathrm{Re}\,z} \right| \leqslant 1 \cdot 3 = 3$.

例 3.4　设 C 为连接 z_0 到 z 两点的有向直线段, 记作 $\overline{z_0 z}$, 求积分 $\int_{\overline{z_0 z}} |\mathrm{d}z|$ 的值.

解　直线段 $\overline{z_0 z}$ 的参数方程为 $z = z_0 + t(z - z_0)(0 \leqslant t \leqslant 1)$, 于是由式(3.4)得

$$\int_{\overline{z_0 z}} |\mathrm{d}z| = \int_0^1 |z - z_0||\mathrm{d}t| = |z - z_0| \int_0^1 \mathrm{d}t = |z - z_0|.$$

例 3.5　计算积分 $\int_C \mathrm{Re}(z^2)\mathrm{d}z$, 其中积分路径 C 为:

(1) 从原点到点 $1+\mathrm{i}$ 的直线段;

(2) 从原点到点 i 的直线段, 再由点 i 到点 $1+\mathrm{i}$ 的直线段.

解　(1) 积分路径 C 的线段方程为 $z = t + \mathrm{i}t = t(1+\mathrm{i})(0 \leqslant t \leqslant 1)$. 故

$$\int_C \mathrm{Re}\,(z^2)\mathrm{d}z = \int_0^1 \mathrm{Re}\,((1+\mathrm{i})^2 t^2) \cdot (1+\mathrm{i})\mathrm{d}t = 0.$$

(2) 点 0 到点 i 的直线段方程为

$$z = \mathrm{i}t \quad (0 \leqslant t \leqslant 1),$$

点 i 至点 1 + i 的直线段方程为

$$z = t + \mathrm{i} \quad (0 \leqslant t \leqslant 1).$$

所以

$$\int_C \mathrm{Re}\,(z^2)\mathrm{d}z = \int_0^1 \mathrm{Re}\,(\mathrm{i}t)^2 \cdot \mathrm{i}\mathrm{d}t + \int_0^1 \mathrm{Re}\,(t+\mathrm{i})^2\mathrm{d}t$$

$$= -\mathrm{i}\int_0^1 t^2\mathrm{d}t + \int_0^1 (t^2-1)\mathrm{d}t = -\frac{2}{3} - \frac{\mathrm{i}}{3}.$$

由例 3.5 可以看出,积分路径不同,积分结果可以不同.

3.2　Cauchy(柯西)积分定理

1. 单连通区域的 Cauchy 积分定理

由例 3.5 知,复积分 $\int_C f(z)\mathrm{d}z$ 的值一般与积分路径 C 有关. 又由例 3.1 知,在有些情况下,复积分 $\int_C f(z)\mathrm{d}z$ 只与积分路径 C 的起点和终点有关,而与积分路径 C 本身无关. 这里我们需要找出 $f(z)$ 沿任一简单闭曲线的积分为零的条件,下面将要介绍的 Cauchy 积分定理回答了这个问题.

下面给出 Cauchy 积分定理的最开始的叙述.

定理 3.3(Cauchy 积分定理)　设 $f(z)$ 是单连通区域 D 内的解析函数,并且 $f'(z)$ 在 D 内连续. 若 C 是 D 内的任意一条周线,则 $\int_C f(z)\mathrm{d}z = 0$,积分取逆时针方向.

1851 年,Riemann(黎曼)给出了如下的证明:

证　记 C 所围成的区域为 G. 由于 $f(z) = u(x,y) + \mathrm{i}v(x,y)$ 在单连通区域 D 内解析,并且 $f'(z)$ 在 D 内连续,所以在闭区域 $\overline{G}$ 上,u_x, u_y, v_x, v_y 都连续. u, v 满足 C‐R 方程 $u_x = v_y, u_y = -v_x$,由式(3.3)与 Green(格林)公式,我们有

$$\int_C u\mathrm{d}x - v\mathrm{d}y = \iint_G (-v_x - u_y)\mathrm{d}x\mathrm{d}y = 0;$$

$$\int_C v\mathrm{d}x + u\mathrm{d}y = \iint_G (u_x - v_y)\mathrm{d}x\mathrm{d}y = 0,$$

故根据定理 3.1,得

$$\int_C f(z)\mathrm{d}z = \int_C u\mathrm{d}x - v\mathrm{d}y + \mathrm{i}\int_C v\mathrm{d}x + u\mathrm{d}y = 0.$$

定理 3.3 就是 Cauchy 于 1825 年建立的积分定理. 在此定理中,除假定 $f(z)$ 在 D 内解析外,还要假定 $f'(z)$ 在 D 内连续,在这一条件下,证明就变得非常简单. 古尔萨(Goursat)于 1900 年改进了 Riemann 的证明,去掉了 $f'(z)$ 在 D 内连续的假设,因此定理 3.3 也得到了改进,其叙述如下:

定理 3.4(Cauchy-Goursat 积分定理)　设 D 是单连通区域,函数 $f(z)$ 在 D 内解析,C 是 D 内的任一条周线,则 $\int_C f(z) = 0$.

定理 3.4 有多种证明方法,但均较为复杂. 古尔萨在 1900 年也给出了定理 3.4 的证明,证明比较冗长,故本书略去此证明,可参考文献[1,2].

从另一方面来看,定理 3.4 也说明了积分与路径无关.

定理 3.4 中的周线 C 可以改为任一闭曲线,则有下列推广的情况.

定理 3.5　设函数 $f(z)$ 是单连通区域 D 内的解析函数,若 C 是 D 内任一条闭曲线(不必是简单的),取逆时针方向,则

$$\int_C f(z)\mathrm{d}z = 0. \tag{3.6}$$

证　因为 C 总可以看作是区域 D 内由有限条周线衔接而成的,如图 3.2 所示. 再根据复积分的基本性质(2)及柯西积分定理 3.4,即可证明.

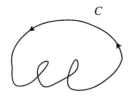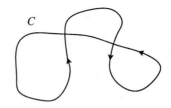

图 3.2

推论 3.1　设 $f(z)$ 在单连通区域 D 内解析,C 是在 D 内连接 z_0 及 z 两点的任一条曲线,则沿 C 从 z_0 到 z 的积分值由 z_0 及 z 所决定,而不依赖于曲线 C,这时积分也可记作 $\int_{z_0}^{z} f(\xi)\mathrm{d}\xi$.

证　设 C_1 与 C_2 是 D 内连接起点 z_0 与终点 z 的任意两条曲线(图 3.3),则正

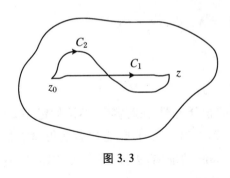

图 3.3

方向曲线 C_1 与负方向曲线 C_2^- 就衔接成 D 内的一条闭曲线 C. 于是,由定理 3.5 与复积分的基本性质(2),有

$$0 = \int_C f(z)\,\mathrm{d}z$$

$$= \int_{C_1} f(z)\,\mathrm{d}z + \int_{C_2^-} f(z)\,\mathrm{d}z,$$

因而

$$\int_{C_1} f(z)\,\mathrm{d}z = \int_{C_2} f(z)\,\mathrm{d}z.$$

注 3.2 设 E 和 F 是平面上两个点集,称下确界

$$\inf\{\,|z_1 - z_2|\,|\,z_1 \in E, z_2 \in F\,\}$$

为点集 E 和 F 的距离,记为 $\rho(E, F)$. 下面给出一个重要性质,在很多问题的证明中都要用到:当 E 和 F 是不相交的闭集,且它们至少有一个有界时,$\rho(E,F) > 0$.

2. 解析函数的 Newton-Leibniz(牛顿-莱布尼茨)公式

设 D 是单连通区域,$f(z)$ 在 D 内解析,$z_0 \in D$,则变上限函数

$$\Phi(z) = \int_{z_0}^{z} f(\xi)\,\mathrm{d}\xi \tag{3.7}$$

在 D 内与积分路径无关,所以在 D 内可视为 z 的函数. 我们首先给出原函数的定义.

定义 3.2 设 $f(z)$ 及 $F(z)$ 是区域 D 内确定的函数,$F(z)$ 是 D 内的解析函数,并且在 D 内有 $F'(z) = f(z)$,则称 $F(z)$ 为 $f(z)$ 在区域 D 内的一个原函数.

注 3.3 (1) 除去可能相差一个常数外,原函数是唯一确定的,即 $f(z)$ 的任何两个原函数的差是一个常数. 事实上,设 $\Phi(z)$,$F(z)$ 都为 $f(z)$ 在 D 内的原函数,则

$$[\Phi(z) - F(z)]' = \Phi'(z) - F'(z) = f(z) - f(z) = 0,$$

而 $\Phi(z) - F(z)$ 显然在 D 内解析,所以 $\Phi(z) - F(z) \equiv \eta$,故 $\Phi(z) = F(z) + \eta$(η 为一常数).

(2) $f(z)$ 当满足什么条件时具有原函数? 当 $f(z)$ 为单连通区域 D 内的解析函数时,$f(z)$ 在 D 内具有原函数(见定理 3.6).

定理 3.6 设 $f(z)$ 在单连通区域 D 内解析,则由式(3.7)定义的函数 $\Phi(z)$ 在 D 内解析,且 $\Phi'(z) = f(z)$,即 $\Phi(z)$ 是 $f(z)$ 在 D 内的一个原函数.

证　我们只要对 D 内任一点 z,证明 $F'(z) = f(z)$ 就行了. 以 z 为中心作一个含于 D 内的小圆,在小圆内取动点 $z + \Delta z(\Delta z \neq 0)$. 我们考虑下式在 $\Delta z \to 0$ 时的极限:

$$\frac{F(z + \Delta z) - F(z)}{\Delta z} = \frac{1}{\Delta z}\left(\int_{z_0}^{z+\Delta z} f(\zeta)\mathrm{d}\zeta - \int_{z_0}^{z} f(\zeta)\mathrm{d}\zeta\right).$$

（1）由于积分与路径无关,因此 $\int_{z_0}^{z+\Delta z} f(\zeta)\mathrm{d}\zeta$ 的积分路径可以取为由 z_0 到 z,再从 z 沿直线段到 $z + \Delta z$(图 3.4),那么有

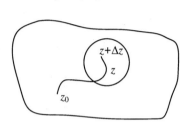

图 3.4

$$\frac{F(z + \Delta z) - F(z)}{\Delta z} = \frac{1}{\Delta z}\int_{z}^{z+\Delta z} f(\zeta)\mathrm{d}\zeta,$$

注意到 $f(z)$ 是与积分变量 ζ 无关的定值,所以由例 3.1 又有

$$f(z) = \frac{1}{\Delta z}\int_{z}^{z+\Delta z} f(z)\mathrm{d}\zeta,$$

以上两式相减,我们即得

$$\frac{F(z + \Delta z) - F(z)}{\Delta z} - f(z) = \frac{1}{\Delta z}\int_{z}^{z+\Delta z} (f(\zeta) - f(z))\mathrm{d}\zeta.$$

（2）由于 $f(z)$ 在 D 内是连续的,对于任给的 $\varepsilon > 0$,只要开始取的那个小圆足够小,则小圆内一切点 ζ 均有

$$|f(\zeta) - f(z)| < \varepsilon,$$

这样一来,由复变积分的性质（4）,可以得到

$$\left|\frac{F(z + \Delta z) - F(z)}{\Delta z} - f(z)\right| = \left|\frac{1}{\Delta z}\int_{z}^{z+\Delta z} (f(\zeta) - f(z))\mathrm{d}\zeta\right| \leqslant \varepsilon\frac{|\Delta z|}{|\Delta z|} = \varepsilon,$$

即

$$\lim_{\Delta z \to 0}\frac{F(z + \Delta z) - F(z)}{\Delta z} = f(z),$$

也就是

$$F'(z) = f(z) \quad (z \in D).$$

分析以上的证明,我们实际上已经证明了一个更一般的定理.

定理 3.7　设 $f(z)$ 在区域 D 内连续,并且对 D 内任意简单闭曲线 C 有 $\int_C f(z)\mathrm{d}z = 0$, 则 $F(z) = \int_{z_0}^{z} f(\xi)\mathrm{d}\xi$ 是 $f(z)$ 在 D 内的原函数,即 $F(z)$ 在 D 内

解析且 $F'(z) = f(z)$,其中 $z_0, z \in D$.

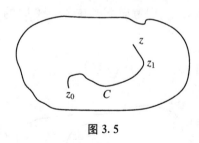

图 3.5

*证　这个定理的证明实际上已由定理 3.6 的证明完成,在这里我们采用下面的方法:

取定 $z_0 \in D$,任取 $z \in D$. 根据定义 3.2 知,$F(z) = \int_{z_0}^{z} f(\xi)\mathrm{d}\xi$ 是在 D 内确定的一个函数,下面证明 $F'(z) = f(z)\,(\forall z \in D)$.任意取 $z_1 \in D$,令 C 为 D 内连接 z_0 与 z_1 的一条简单曲线,取 $z \in D$ 与 z_1 充分接近(图 3.5),记 $C_1 = C + \overline{z_1 z}$.

由于积分和路径无关,因此我们有

$$F(z) - F(z_1) = \int_{z_0}^{z} f(\xi)\mathrm{d}\xi - \int_{z_0}^{z_1} f(\xi)\mathrm{d}\xi$$

$$= \int_{C_1} f(\xi)\mathrm{d}\xi - \int_{C} f(\xi)\mathrm{d}\xi = \int_{\overline{z_1 z}} f(\xi)\mathrm{d}\xi,$$

于是

$$F(z) - F(z_1) - (z - z_1)f(z_1) = \int_{\overline{z_1 z}} (f(\xi) - f(z_1))\mathrm{d}\xi.$$

因为 $f(z)$ 在区域 D 内的连续,则 $f(z)$ 在 z_1 处连续,所以对 $\forall \varepsilon > 0, \exists \delta > 0$,使当 $z \in D$ 且 $|z - z_1| < \delta$ 时,我们有 $|f(\xi) - f(z_1)| < \varepsilon$,因此,当 $z \in D$ 且 $|z - z_1| < \delta$ 时,由上式和例 3.1 得

$$\left| F(z) - F(z_1) - (z - z_1)f(z_1) \right| = \left| \int_{\overline{z_1 z}} (f(\xi) - f(z_1))\mathrm{d}\xi \right|$$

$$\leqslant \int_{\overline{z_1 z}} |f(\xi) - f(z_1)|\,|\mathrm{d}\xi|$$

$$< \int_{\overline{z_1 z}} \varepsilon\,|\mathrm{d}\xi| = \varepsilon\,|z - z_1|,$$

即当 $z \in D$ 且 $|z - z_1| < \delta$ 时,我们有

$$\left| \frac{F(z) - F(z_1)}{z - z_1} - f(z_1) \right| < \varepsilon,$$

故 $F'(z_1) = \lim_{z \to z_0} \dfrac{F(z) - F(z_1)}{z - z_1} = f(z_1)$.

而 z_1 是 D 内任意的点,则得 $F(z)$ 为 $f(z)$ 在 D 内的一个原函数.

根据定理 3.6 或定理 3.7,可得如下推论:

推论 3.2　设 $f(z)$ 在单连通区域 D 内解析,则 $f(z)$ 在 D 内有原函数.

定理 3.8(Newton-Leibniz 公式)　设 $f(z)$ 在单连通区域 D 内解析, $F(z)$ 是 $f(z)$ 在 D 内的一个原函数,若 $z_0, z \in D$, 且 C 是 D 内连接 z_0 及 z 的一条简单曲线或分段简单曲线,则 $\int_C f(\zeta) \mathrm{d}\zeta = F(z) - F(z_0)$, 即

$$\int_{z_0}^{z} f(\zeta) \mathrm{d}\zeta = F(z) - F(z_0). \tag{3.8}$$

证　由假设,根据定义 3.2 和定理 3.6, 函数 $\Phi(z)$ 是 $f(z)$ 在 D 内的一个原函数,其中 $z_0, z \in D$. 而 $F(z)$ 也是 $f(z)$ 在 D 内的一个原函数,于是

$$F(z) = \Phi(z) + c \quad (\forall z \in D),$$

在上式中令 $z = z_0$, 则 $c = F(z_0)$, 于是 $F(z) = \int_{z_0}^{z} f(\xi)\mathrm{d}\xi + F(z_0)$.

所以在上式中令 $z = z_0$, 并取积分线路为 C 得

$$\int_C f(\zeta)\mathrm{d}\zeta = F(z) - F(z_0),$$

即

$$\int_{z_0}^{z} f(\zeta)\mathrm{d}\zeta = F(z) - F(z_0).$$

注 3.4　(1) 由定理 3.8 知,可用原函数求解析函数的积分. 但应当注意到这里仅仅是对单连通区域证明了解析函数的 Newton-Leibniz 公式;

(2) 换元法和分部积分法对复积分也成立.

例 3.6　计算下列积分:

(1) $\displaystyle\int_{|z-1|=1} \sqrt{z}\,\mathrm{d}z$;

(2) $\displaystyle\int_0^{\mathrm{i}\pi} \cos z\,\mathrm{d}z$.

解　(1) 因为 $f(z) = \sqrt{z}$ 的支点为 $0, \infty$, 支割线可取负实轴, $f(z) = \sqrt{z}$ 在复平面割破负实轴后可分解成两个单值的解析分支,从而在单连通区域 D: $|z-1| \leqslant 1$ 上连续,所以由 Cauchy 积分定理,有 $\displaystyle\int_{|z-1|=1} \sqrt{z}\,\mathrm{d}z = 0$.

(2) 因为 $\cos z$ 在复平面上解析,由定理 3.8 得

$$\int_0^{\mathrm{i}\pi} \cos z\,\mathrm{d}z = \sin z\,\big|_0^{\mathrm{i}\pi} = \sin \mathrm{i}\pi = \frac{1}{2\mathrm{i}}(\mathrm{e}^{-\pi} - \mathrm{e}^{\pi}) = \frac{\mathrm{i}}{2}(\mathrm{e}^{\pi} - \mathrm{e}^{-\pi}).$$

例 3.7　设曲线 $L: |z| = 1, y \geqslant 0$. 求积分 $\displaystyle\int_{-1}^{1} \frac{\mathrm{d}z}{z}$, 其中积分路径是 L.

解　设单连通区域 D 为复平面割破复虚轴,则 $F(z) = \mathrm{Ln}\, z$ 在 D 内可分成若干个单值解析分支. 设 $F(z) = \ln z$ 为任意取定的一支,又因 $f(z) = \dfrac{1}{z}$ 在单连通区域 D 内解析,所以积分与路径无关,则由定理 3.8 得

$$\int_{-1}^{1} \frac{\mathrm{d}z}{z} = \ln 1 - \ln(-1) = -\mathrm{i}\pi.$$

本题也可以这样求解:因为 $L: z = \mathrm{e}^{\mathrm{i}\theta}\,(0 \leqslant \theta \leqslant \pi)$,所以

$$\int_{-1}^{1} \frac{\mathrm{d}z}{z} = \int_{L} \frac{\mathrm{d}z}{z} = -\int_{L^{-}} \frac{\mathrm{d}z}{z} = -\int_{0}^{\pi} \frac{\mathrm{i}\mathrm{e}^{\mathrm{i}\theta}}{\mathrm{e}^{\mathrm{i}\theta}} \mathrm{d}\theta = -\mathrm{i}\pi.$$

3. Cauchy 积分定理的推广

首先,我们来证明柯西积分定理 3.4 与下面的定理是等价的.

定理 3.9　设 C 是一条周线,D 为 C 的内部,函数 $f(z)$ 在闭域 $\overline{D} = D + C$ 上解析,则 $\displaystyle\int_{C} f(z)\mathrm{d}z = 0$.

证　由定理 3.4 推证定理 3.9.

根据定理 3.9 的假设,函数 $f(z)$ 在 z 平面上某一含 $\overline{D}$ 的单连通区域 G 内解析,于是由定理 3.4,就有

$$\int_{C} f(z)\mathrm{d}z = 0.$$

由定理 3.9 推证定理 3.4.

根据定理 3.4 的假设:"函数 $f(z)$ 在单连通区域 D 内解析,C 为 D 内任一条周线",我们设 G 为 C 的内部,则 $f(z)$ 必在闭域 $\overline{G} = G + C$ 上解析. 于是由定理 3.9,就有

$$\int_{C} f(z)\mathrm{d}z = 0.$$

下面的定理要比定理 3.4 更一般,用起来非常方便,它从一个方面推广了 Cauchy 积分定理.

定理 3.10　设 D 是由(复)周线 C 所围成的有界区域,$f(z)$ 在 D 内解析,并在 $\overline{D} = D + C$ 上连续,则 $\displaystyle\int_{C} f(z) = 0$.

因为 $f(z)$ 沿 C 连续,则积分 $\displaystyle\int_{C} f(z)\mathrm{d}z$ 存在,我们在 C 的内部作周线 C_n 逼近于 C,由定理 3.9 知 $\displaystyle\int_{C_n} f(z)\mathrm{d}z = 0$. 我们考虑取极限得出所要的结论,这种想法提

供了证明本定理的一个线索,但严格的证明都比较麻烦,在这里从略不证,可参考文献[1,2].

注 3.5　对于非单连通区域,定理 3.8 和定理 3.10 不一定成立.例如,虽然 $f(z) = \dfrac{1}{z}$ 在区域 $D = \{z:0<|z|<1\}$ 内解析,但是由例 3.2 知

$$\int_{|z|=r} \frac{1}{z}\mathrm{d}z = 2\pi\mathrm{i} \neq 0 \quad (0 < r < 1).$$

定理 3.10 可进一步推广到多连通区域的情形.

4. 多连通区域上的 Cauchy 积分定理

定义 3.3　设有 $n+1$ 条简单闭曲线 $C_0, C_1, \cdots, C_n$,其中曲线 $C_1, C_2, \cdots, C_n$ 中每一条都在其余曲线的外部,并且所有这些曲线都在 C_0 的内部,曲线 C_0 及 $C_1, C_2, \cdots, C_n$ 围成一个有界的 $n+1$ 连通区域 D.此时记区域 D 的边界为 $C = C_0 + C_1^{-1} + C_2^{-1} + \cdots + C_n^{-1}$,边界 C 关于 D 的正向是指沿 C_0 按逆时针方向,沿 $C_1, C_2, \cdots, C_n$ 按顺时针方向,亦即当点沿着 C 按所选定的方向运动时,区域 D 附近总在它的左侧.若区域 D 是由满足上述性质的围线所围成的区域,则 $C = C_0 + C_1^- + \cdots + C_n^-$ 称为 D 的正向边界.

注意:逆时针方向为围线的正向.后文若不特别说明,均指正向边界.这里,若 $n \geqslant 1$,则称 C 是一条复周线.

定理 3.11(多连通区域上的 Cauchy 积分定理)　设区域 D 是由复周线

$$C = C_0 + C_1^- + \cdots + C_n^-$$

围成的,若 $f(z)$ 在有界多连通区域 D 内解析,在 $\bar{D}$ 上连续,则

$$\int_C f(z)\mathrm{d}z = 0,$$

或写成

$$\int_{C_0} f(z)\mathrm{d}z + \int_{C_1^-} f(z)\mathrm{d}z + \int_{C_2^-} f(z)\mathrm{d}z + \cdots + \int_{C_n^-} f(z)\mathrm{d}z = 0, \quad (3.9)$$

也可写成

$$\int_{C_0} f(z)\mathrm{d}z = \sum_{j=1}^{n} \int_{C_j} f(z)\mathrm{d}z(\text{沿外边界积分等于沿内边界积分之和}). \quad (3.10)$$

其中 C 为 D 的全部边界,积分是沿 C 的正向取的.

证　取 $n+1$ 条互不相交且全在 D 内(端点除外)的光滑弧段 $L_0, L_1, L_2, \cdots, L_n$ 作为割线,用它们顺次地与 $C_0, C_1, C_2, \cdots, C_n$ 连接,这样就将 D 沿割线割破,

于是 D 就被分成两个单连通区域(图 3.6 是 $n=2$ 的情形),其边界各是一条周线,分别记为 Γ_1 和 Γ_2. 通过定理 3.4,我们有

$$\int_{\Gamma_1} f(z)\mathrm{d}z = 0, \quad \int_{\Gamma_2} f(z)\mathrm{d}z = 0,$$

将这两个等式相加,并注意到沿着 $L_0, L_1, L_2, \cdots, L_n$ 的积分,各从相反的两个方向取了一次,在相加的过程中互相抵消. 因此,由复积分的基本性质,我们得到

$$\int_C f(z)\mathrm{d}z = 0,$$

从而也有式(3.9)和式(3.10).

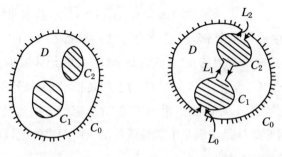

图 3.6

例 3.8 计算 $\displaystyle\int_{-3}^{-3+\mathrm{i}} (z+3)^2 \mathrm{d}z$.

解 因为 $(z+3)^2$ 在复平面 $\mathbb{C}$ 上解析,并且有原函数 $\dfrac{1}{3}(z+3)^3$,所以由定理 3.8 得

$$原式 = \frac{1}{3}(z+3)^3 \Big|_{-3}^{-3+\mathrm{i}} = \frac{1}{3}\mathrm{i}^3 - 0 = -\frac{\mathrm{i}}{3}.$$

例 3.9 计算 $\displaystyle\int_{|z|=1} \frac{z\mathrm{e}^z}{z^2+2}\mathrm{d}z$.

解 因为 $\dfrac{z\mathrm{e}^z}{z^2+2}$ 在单连通区域 $|z|<\sqrt{2}$ 内解析,所以根据 Cauchy 积分定理得

$$\int_{|z|=1} \frac{z\mathrm{e}^z}{z^2+2}\mathrm{d}z = 0.$$

例 3.10 设 a 为复周线所围成的多连通区域 D 内的一点,C 为 D 的边界,则

$$\int_C \frac{\mathrm{d}z}{(z-a)^n} = \begin{cases} 2\pi\mathrm{i} & (n=1), \\ 0 & (n\neq 1) \end{cases} \quad (n\ \text{是整数}).$$

证 以 a 为圆心，充分小的 r 为半径作圆周 C'，使 C' 全含于 C 的内部，则由式(3.10)和例 3.2 可得

$$\int_C \frac{\mathrm{d}z}{(z-a)^n} = \int_{C'} \frac{\mathrm{d}z}{(z-a)^n} = \begin{cases} 2\pi\mathrm{i} & (n=1), \\ 0 & (n \in z, n \neq 1). \end{cases}$$

特别地，我们有

$$\int_C \frac{\mathrm{d}z}{z-a} = 2\pi\mathrm{i}.$$

3.3 Cauchy 积分公式及其推论

1. 解析函数的 Cauchy 积分公式

本节介绍 Cauchy 积分公式，它是 Cauchy 积分定理最重要的推广之一，是解析函数的一种积分表示，利用这种表示，可以证明解析函数有任意阶导数，并且可以展开为幂级数等. 为此，我们建立解析函数的 Cauchy 积分公式.

定理 3.12 设 D 是由（复）围线 C 所围成的区域，$f(z)$ 在 D 上解析，在 $\overline{D} = D + C$ 上连续，则对任意的 $z \in D$，

$$f(z) = \frac{1}{2\pi\mathrm{i}} \int_C \frac{f(\xi)}{\xi - z} \mathrm{d}\xi. \tag{3.11}$$

证 任意固定的 $z \in D$，设 $F(z) = \dfrac{f(\xi)}{\xi - z}$. 显然，除了点 $\xi = z$ 外，$F(\xi)$ 在 D 内解析. 今以 z 为中心，充分小的正数 ρ 为半径作圆周 γ_ρ，使 γ_ρ 及其内部均属于 D. 记 $\Gamma = C + \gamma_\rho^-$，则 $F(\xi)$ 在 Γ 所围的区域 D_* 上解析，在 $\overline{D_*} = D_* + \Gamma$ 上连续，由 Cauchy 积分定理得

$$\int_C \frac{f(\xi)}{\xi - z} \mathrm{d}\xi = \int_{\gamma_\rho} \frac{f(\xi)}{\xi - z} \mathrm{d}\xi. \tag{3.12}$$

注意到 $\displaystyle\int_{\gamma_\rho} \frac{f(\xi)}{\xi - z} \mathrm{d}\xi$ 与充分小的 ρ 无关，又因为

$$\int_{\gamma_\rho} \frac{f(z)}{\xi - z} \mathrm{d}\xi = f(z) \int_{\gamma_\rho} \frac{1}{\xi - z} \mathrm{d}\xi = 2\pi\mathrm{i}f(z), \tag{3.13}$$

则

$$\left| \int_{\gamma_\rho} \frac{f(\xi) - f(z)}{\xi - z} \mathrm{d}\xi \right| \leqslant \frac{M(\rho)}{\rho} \cdot 2\pi\rho = 2\pi M(\rho), \tag{3.14}$$

其中 $M(\rho) = \max\limits_{\xi \in \gamma_\rho} |f(\xi) - f(z)|$.

因为 $f(\xi)$ 在 z 处连续,所以对 $\forall \varepsilon > 0, \exists \delta > 0 (\delta \leqslant \rho)$,使当 $|\zeta - z| < \delta$ 时,我们得到

$$|f(\zeta) - f(z)| < \frac{\varepsilon}{2\pi}.$$

于是当 $\delta < \rho$ 时,由式(3.14),我们有

$$\left| \int_{\gamma_\rho} \frac{f(\zeta)}{\zeta - z} \mathrm{d}\zeta - 2\pi \mathrm{i} f(z) \right| \leqslant \int_{\gamma_\rho} \frac{|f(\zeta) - f(z)|}{|\zeta - z|} |\mathrm{d}\zeta|$$

$$\leqslant \int_0^{2\pi} \frac{\frac{\varepsilon}{2\pi}}{\rho} \cdot \rho \mathrm{d}\theta = \varepsilon,$$

所以

$$\lim_{\rho \to 0} \int_{\gamma_\rho} \frac{f(\zeta)}{\zeta - z} \mathrm{d}\zeta = 2\pi \mathrm{i} f(z),$$

因此,由式(3.12)及上式便得式(3.11).

例 3.11 求下列积分:

(1) $\displaystyle\int_{|z|=2} \frac{3z - 1}{(z + 1)(z - 3)} \mathrm{d}z$;

(2) $\displaystyle\int_{|z|=4} \frac{3z - 1}{(z + 1)(z - 3)} \mathrm{d}z$.

解 (1) 虽然 $f(z) = \dfrac{3z - 1}{(z + 1)(z - 3)}$ 只有一个奇点 $z = -1$ 在 $|z| < 2$ 内,并且复函数 $g(z) = \dfrac{3z - 1}{z - 3}$ 在 $|z| < 2$ 内解析,在 $|z| \leqslant 2$ 上连续,于是根据定理 3.12 得

$$原式 = \int_{|z|=2} \frac{\frac{3z - 1}{z - 3}}{z - (-1)} \mathrm{d}z = 2\pi \mathrm{i} \cdot \left. \frac{3z - 1}{z - 3} \right|_{z=-1} = 2\pi \mathrm{i}.$$

(2) 因为 $\dfrac{3z - 1}{(z + 1)(z - 3)} = \dfrac{1}{z + 1} + \dfrac{2}{z - 3}$,所以

$$原式 = \int_{|z|=4} \frac{1}{z + 1} \mathrm{d}z + 2 \int_{|z|=4} \frac{1}{z - 3} \mathrm{d}z = 2\pi \mathrm{i} + 2\pi \mathrm{i} \cdot 2 = 6\pi \mathrm{i}.$$

例 3.12 计算积分 $\displaystyle\int_C \frac{\mathrm{d}z}{z^2 + 1}$,其中 C 为:

(1) $|z+i|=1$；

(2) $|z-i|=1$；

(3) $|z|=4$．

解　(1) 首先将积分化为

$$\int_C \frac{dz}{z^2+1} = \frac{1}{2i}\int_C \left(\frac{1}{z-i} - \frac{1}{z+i}\right)dz = \frac{1}{2i}\int_C \frac{dz}{z-i} - \frac{1}{2i}\int_C \frac{1}{z+i}dz.$$

因为 $\dfrac{1}{z-i}$ 在 $|z+i|\leqslant 1$ 上解析，所以 $\displaystyle\int_C \frac{dz}{z-i} = 0$.

应用 Cauchy 积分公式 $(f(z)\equiv 1)$，有 $\displaystyle\int_C \frac{dz}{z+i} = 2\pi i$，由此得 $\displaystyle\int_C \frac{dz}{z^2+1} = -\pi$.

(2) 同理，可证 $\displaystyle\int_{|z-i|=1} \frac{dz}{z^2+1} = \pi$.

(3) 分别以 $z=i,z=-i$ 为中心作小圆周

$$C_1: |z-i| = \varepsilon, \quad C_2: |z+i| = \varepsilon,$$

使得 C_1,C_2 互不相交和互不包含，并且均在 $C: |z|=4$ 的内部，由 Cauchy 积分公式得

$$\int_C \frac{dz}{z^2+1} = \int_{C_1} \frac{dz}{z^2+1} + \int_{C_2} \frac{dz}{z^2+1} = \int_{C_1} \frac{\dfrac{1}{z+i}}{z-i}dz + \int_{C_2} \frac{\dfrac{1}{z-i}}{z+i}dz$$

$$= 2\pi i \cdot \frac{1}{2i} + 2\pi i\left(-\frac{1}{2i}\right) = 0.$$

例 3.13　计算积分 $\displaystyle\int_{|z|=1} \frac{e^z}{z}dz$，并由此证明 $\displaystyle\int_0^{2\pi} e^{\cos\theta}\cos(\sin\theta)d\theta = 2\pi$.

解　在整个平面上 e^z 是解析的，故

$$\int_{|z|=1} \frac{e^z}{z}dz = \int_{|z|=1} \frac{e^z}{z-0}dz = 2\pi i.$$

由于 $|z|=1$ 的参数方程为 $z=e^{i\theta}(0\leqslant\theta\leqslant 2\pi)$. 故

$$\int_{|z|=1} \frac{e^z}{z}dz = \int_0^{2\pi} ie^{\cos\theta+i\sin\theta}d\theta$$

$$= i\int_0^{2\pi} e^{\cos\theta}(\cos(\sin\theta) + i\sin(\sin\theta))d\theta = 2\pi i.$$

比较两边的实部与虚部得

$$2\pi i = i\int_0^{2\pi} e^{\cos\theta}\cos(\sin\theta)d\theta,$$

从而得到所需公式.

定理 3.12 的特殊情形,有如下的解析函数平均值定理. 在下一章,我们将应用它来证明解析函数的最大模原理.

设 $f(z)$ 在区域 $D:|z-a|<R$ 内解析,并连续到边界上,由 Cauchy 积分公式得

$$f(a) = \frac{1}{2\pi i} \int_{|z-a|=R} \frac{f(z)}{z-a} dz,$$

我们把边界 $|z-a|=R$ 写为参数方程为 $z-a=Re^{i\theta}$,将其带入上式,我们得到下述定理:

定理 3.13(解析函数平均值定理)　设 $f(z)$ 在区域 $D:|z-a|<R$ 上解析,并且连续到边界 $|z-a|=R$ 上,则

$$f(a) = \frac{1}{2\pi} \int_0^{2\pi} f(a+Re^{i\theta}) d\theta. \tag{3.15}$$

即 $f(z)$ 在圆心 a 的值等于它在圆周上的值的算术平均数.

若设 $f(z) = u(z) + iv(z)$,则 $u(a) = \frac{1}{2\pi} \int_0^{2\pi} u(a+Re^{i\theta}) d\theta$.

2. 解析函数的无穷可微性

我们将 Cauchy 公式(3.11)在积分号下对 z 导数,可推测出如下结果:

定理 3.14　设 D 是由(复)围线 C 所围成的区域,$f(z)$ 在 D 上解析,在 $\bar{D} = D+C$ 上连续,则对任意正数 n 和 $z \in D$,有

$$f^{(n)}(z) = \frac{n!}{2\pi i} \int_C \frac{f(\xi)}{(\xi-z)^{n+1}} d\xi. \tag{3.16}$$

这个公式最直接的意义是,解析函数具有任意阶导数,这个公式称为 Cauchy 高阶导数公式.

证　在这里我们只对 $n=1$ 进行证明,一般情形可由数学归纳法完成.

对任意 $z \in D$,取 Δz 充分小,使 $z + \Delta z \in D$,则

$$f(z+\Delta z) - f(z) = \frac{1}{2\pi i} \int_C \left(\frac{1}{\xi-z-\Delta z} - \frac{1}{\xi-z} \right) f(\xi) d\xi$$

$$= \frac{\Delta z}{2\pi i} \int_C \frac{f(\xi)}{(\xi-z-\Delta z)(\xi-z)} d\xi,$$

所以

$$\frac{f(z + \Delta z) - f(z)}{\Delta z} - \frac{1}{2\pi i} \int_C \frac{f(\xi)}{(\xi - z)^2} d\xi = \frac{1}{2\pi i} \int_C \frac{\Delta z f(\xi)}{(\xi - z - \Delta z)(\xi - z)^2} d\xi.$$

$$(3.17)$$

设 $d = d(z, C)$，则 $d > 0$，不妨设 $|\Delta z| < \dfrac{d}{2}$，则差数 (3.17) 的模

$$\left| \frac{f(z + \Delta z) - f(z)}{\Delta z} - \frac{1}{2\pi i} \int_C \frac{f(\xi)}{(\xi - z)^2} d\xi \right| \leqslant \frac{1}{2\pi} \frac{M |\Delta z|}{d^2 \cdot \dfrac{d}{2}} l,$$

其中 M 为 $|f(z)|$ 在 C 上的一个上界，l 是周线 C 的长度，显然 M 与 l 有限. 为使

上式不超过任给的正数 ε，只要取 $|\Delta z| < \delta = \min\left(\dfrac{d}{2}, \dfrac{\pi d^3 \varepsilon}{Ml}\right)$ 即可. 由此，我们有

$$f'(z) = \lim_{\Delta z \to 0} \frac{f(z + \Delta z) - f(z)}{\Delta z} = \frac{1}{2\pi i} \int_C \frac{f(\xi)}{(\xi - z)^2} d\xi \quad (z \in D).$$

推论 3.3　设 $f(z)$ 在区域 D 内解析，则 $f(z)$ 在 D 内有任意阶导数.

证　任取 $z_0 \in D$，则存在 $\delta > 0$，使得 $\overline{N(z_0, \delta)} \subset D$. $f(z)$ 在 $\overline{N(z_0, \delta)}$ 上应用定理 3.14，我们得到 $f(z)$ 在 $N(z_0, \delta)$ 内有任意阶导数，特别在 z_0 处有任意阶导数. 由于 z_0 的任意性，故 $f(z)$ 在 D 内有任意阶导数.

借助解析函数的无穷可微性，由推论 3.3，我们可得推论 2.2 的充分条件实际上也是必要的，因此有下列定理：

定理 3.15　函数 $f(z) = u(x, y) + iv(x, y)$ 在区域 D 内解析的充分必要条件为：

(1) u_x, u_y, v_x, v_y 在 D 内连续；

(2) $u(x, y), v(x, y)$ 在 D 内满足 C-R 方程.

例 3.14　求 $\displaystyle\int_{|z|=1} \left(z + \frac{1}{z}\right)^3 dz$ 的值.

解　$\displaystyle\int_{|z|=1} \left(z + \frac{1}{z}\right)^3 dz = \int_{|z|=1} \frac{(z^2 + 1)^3}{(z - 0)^{2+1}} dz = \frac{2\pi i}{2!} ((z^2 + 1)^3)'' \big|_{z=0} = 6\pi i.$

例 3.15　求下列积分：

(1) $\displaystyle\int_{|z-1|=1} \frac{\sin z}{(z - 1)^3} dz$；

(2) $\displaystyle\int_{|z|=3} \frac{1}{z(1 - z)^3} dz$.

解　(1) 由定理 3.14 得，原式 $= \dfrac{2\pi i}{2!} \cdot (\sin z)'' \Big|_{z=1} = \pi i(-\sin z) \big|_{z=1} =$

$-\pi\mathrm{i}\sin 1.$

(2) 由式(3.10)和定理 3.14 得,

$$原式 = \int_{|z|=\frac{1}{2}} \frac{\dfrac{1}{(1-z)^3}}{z}\mathrm{d}z + \int_{|z-1|=\frac{1}{3}} \frac{-\dfrac{1}{z}}{(z-1)^3}\mathrm{d}z$$

$$= 2\pi\mathrm{i}\cdot\frac{1}{(1-z)^3}\bigg|_{z=0} + \frac{2\pi\mathrm{i}}{2!}\cdot\left(-\frac{1}{z}\right)''\bigg|_{z=1}$$

$$= 2\pi\mathrm{i} - \pi\mathrm{i}\cdot\frac{2}{z^3}\bigg|_{z=1} = 0.$$

3. Cauchy 不等式与 Liouville(刘维尔)定理

利用定理 3.14,可以建立如下的 Cauchy 不等式,并进一步得到 Liouville 定理.

定理 3.16(Cauchy 不等式)　设 $f(z)$ 在以 $L: |z-z_0|=\rho_0, 0<\rho_0<+\infty$ 为边界的闭区域上连续,在 $|z-z_0|<\rho_0$ 内解析,则

$$|f^{(n)}(z_0)| \leqslant \frac{n!M(\rho)}{\rho^n} \quad (n=0,1,2,\cdots), \tag{3.18}$$

其中 $M(\rho) = \max\limits_{|z-z_0|=\rho} |f(z)| \ (0<\rho\leqslant\rho_0)$.

证　应用定理 3.14 于闭区域 $\overline{K}: |z-z_0|\leqslant\rho, 0<\rho\leqslant\rho_0$ 上,我们有

$$|f^{(n)}(z_0)| = \left|\frac{n!}{2\pi\mathrm{i}}\int_{|z-z_0|=\rho} \frac{f(z)\mathrm{d}z}{(z-z_0)^{n+1}}\right| \leqslant \frac{n!}{|2\pi\mathrm{i}|}\int_{|z-z_0|=\rho} \frac{|f(z)||\mathrm{d}z|}{|z-z_0|^{n+1}}$$

$$\leqslant \frac{n!}{2\pi}\int_{|z-z_0|=\rho} \frac{M(\rho)}{\rho^{n+1}}\cdot|\mathrm{d}z| = \frac{n!M(\rho)}{2\pi\rho^{n+1}}\cdot 2\pi\rho = \frac{n!M(\rho)}{\rho^n}.$$

注 3.6　Cauchy 不等式说明在定理 3.14 的条件下,$f(z)$ 在 $z=z_0$ 处的各阶导数之模,可用 $f(z)$ 在 $|z-z_0|=\rho(0<\rho\leqslant\rho_0)$ 上的最大值来估计.

由 Cauchy 不等式,我们可以证明下面的 Liouville 定理成立.

定理 3.17(Liouville 定理)　有界整函数必定恒等于常数.

证　设 $f(z)$ 是一有界整函数,则 $f(z)$ 在整个复平面 $\mathbb{C}$ 上解析且存在 $M>0$,使得 $|f(z)|<M$.要证明 $f(z)\equiv$ 常数,只需证明 $f'(z)\equiv 0$.

任取 $z_0\in\mathbb{C}$,对 $\forall R>0$,显然 $f(z)$ 在 $\{z \mid |z-z_0|\leqslant R\}$ 上解析,于是由 Cauchy 不等式得

$$|f'(z_0)| \leqslant \frac{M}{R}.$$

令 $R \to +\infty$ 得 $f'(z_0) = 0$,而由 z_0 的任意性,在整个平面上 $f'(z) \equiv 0$,故 $f(z)$ 在 $\mathbb{C}$ 上恒等于常数.

例 3.16　设 $f(z) = u(x,y) + \mathrm{i}v(x,y)$ 为一整函数且存在 $M \in \mathbb{R}$,使对任意 $z \in \mathbb{C}$,有

$$\operatorname{Re} f(z) < M,$$

试证明:$f(z)$ 恒为常数.

证　令 $F(z) = \mathrm{e}^{f(z)}$,则 $F(z)$ 也为整函数且

$$|F(z)| = \mathrm{e}^{\operatorname{Re} f(z)} < \mathrm{e}^M,$$

于是由 Liouville 定理得 $F(z) \equiv$ 常数,所以 $F'(z) = f'(z)\mathrm{e}^{f(z)} \equiv 0$,因此 $f'(z) \equiv 0$,故 $f(z)$ 恒为常数.

注 3.7　可将条件 $\operatorname{Re} f(z) < M$ 换为 $\operatorname{Re} f(z) > M$,或 $\operatorname{Im} f(z) > M$,或 $\operatorname{Im} f(z) < M$,结论仍成立.也可将 $\operatorname{Re} f(z) < M$ 换为 $u(x,y) + v(x,y) < M$,或存在实常数 c,d 满足 $c^2 + d^2 \neq 0$,使得 $cu(x,y) + dv(x,y) > M$,结论也成立.请读者自证.

例 3.17　设 $f(z)$ 为整函数,$M(R) = \max\limits_{|z|=R} |f(z)|$,若 $\lim\limits_{R \to +\infty} \dfrac{M(R)}{R^n} = 0$,则 $f(z)$ 至多是 $n-1$ 次多项式.

证　对复平面内的任意一点 z,存在充分大的正数 R,使当 $|z| < R$ 时,由定理 3.16,我们有

$$|f^{(n)}(z)| = \left| \frac{n!}{2\pi\mathrm{i}} \int_{|\xi|=R} \frac{f(\xi)}{(\xi - z)^{n+1}} \mathrm{d}\xi \right| \leqslant M(R) \cdot \frac{n!}{2\pi} \frac{2\pi R}{(R - |z|)^{n+1}}$$

$$= \frac{M(R)}{R^n} \cdot \frac{n!}{\left(1 - \dfrac{|z|}{R}\right)^{n+1}}.$$

因为 $\lim\limits_{R \to \infty} \dfrac{M(R)}{R^n} = 0$,所以对于任何一点 z,都有 $f^{(n)}(z) = 0$.这就是说,$f(z)$ 至多是一个次数不超过 $n-1$ 的多项式.

例 3.18　设 $f(z)$ 在 $|z| < 1$ 上解析,且 $|f(z)| < \dfrac{1}{1-|z|}$.证明:

$$|f^{(n)}(0)| < (n+1)! \left(1 + \frac{1}{n}\right)^n < \mathrm{e}(n+1)!.$$

证　对任何正整数 n,设周线 $C_n : |z| = \dfrac{n}{n+1}$.由定理 3.15,我们有

$$\left| f^{(n)}(0) \right| = \left| \frac{n!}{2\pi i} \int_{C_n} \frac{f(z)}{z^{n+1}} \mathrm{d}z \right| \leqslant \frac{n!}{2\pi \left(\dfrac{n}{n+1} \right)^{n+1}} \cdot \frac{1}{1 - \dfrac{n}{n+1}} \cdot 2\pi \left(\frac{n}{n+1} \right)$$

$$= (n+1)! \left(1 + \frac{1}{n} \right) n < \mathrm{e}(n+1)!,$$

最后一步用到了数列 $\left\{ \left(1 + \dfrac{1}{n} \right)^n \right\}$ 严格上升趋向于 e.

4. Morera(莫雷拉)定理

定理 3.18 设 $f(z)$ 在单连通区域 D 内连续,若对 D 中的任何周线 C,$\int_C f(z)\mathrm{d}z = 0$,则 $f(z)$ 在 D 内解析.

证 由条件知,积分 $\Phi(z) = \int_{z_0}^{z} f(\xi)\mathrm{d}\xi$ 在 D 内与积分路径无关,即 $\Phi(z)$ 是一个单值函数,则

$$\frac{\Phi(z + \Delta z) - \Phi(z)}{\Delta z} = \frac{1}{\Delta z} \int_{z}^{z+\Delta z} f(\xi)\mathrm{d}\xi,$$

从而

$$\left| \frac{\Phi(z + \Delta z) - \Phi(z)}{\Delta z} - f(z) \right| \leqslant \left| \frac{1}{\Delta z} \int_{z}^{z+\Delta z} (f(\xi) - f(z))\mathrm{d}\xi \right|. \quad (3.19)$$

因为 $f(\xi)$ 在 $\xi = z$ 处连续,所以对于任意的正数 ε,存在正数 δ,当 $|\xi - z| \leqslant |\Delta z| < \delta$ 时,有

$$|f(\xi) - f(z)| < \varepsilon. \quad (3.20)$$

由式(3.19)和式(3.20)得

$$\left| \frac{\Phi(z + \Delta z) - \Phi(z)}{\Delta z} - f(z) \right| < \varepsilon.$$

所以 $\Phi(z)$ 在 z 处可导,且 $\Phi'(z) = f(z)$($\forall z \in D$).由推论 3.3 知,$\Phi(z)$ 有任何阶的导数,而且各阶导数都是解析的,故 $f(z)$ 在 D 内解析.

定理 3.18 也可由定理 3.6 和推论 3.3 直接证明.

3.4 解析函数与调和函数的关系

定义 3.4 设二元实函数 $H(x, y)$ 在区域 D 内有二阶连续偏导数.如果

$H(x,y)$ 在区域 D 内满足 Laplace(拉普拉斯)方程

$$\Delta H = 0,$$

那么称 $H = H(x,y)$ 是区域 D 内的调和函数,其中 $\Delta = \dfrac{\partial^2}{\partial x^2} + \dfrac{\partial^2}{\partial y^2} = 4\dfrac{\partial^2}{\partial z \partial \bar{z}}$ 是 Laplace 算子.

例 3.19　证明: $u(z) = \ln|z|$ 是 $z \in \mathbb{C} - \{0\}$ 上的调和函数.

证　因为 $u(z) = \dfrac{1}{2}\ln z\bar{z}$,则 $\dfrac{\partial^2}{\partial z \partial \bar{z}}u(z) = \dfrac{\partial}{\partial z}\left(\dfrac{1}{2\bar{z}}\right) = 0$,因此 $u(z) = \ln|z|$ 是 $\mathbb{C} - \{0\}$ 上的调和函数. 我们也可以直接用定义验证.

定义 3.5　设 $u(x,y), v(x,y)$ 为区域 D 内的调和函数,如果在区域 D 内

$$u_x = v_y, \quad u_y = -v_x \tag{3.21}$$

成立,称 $v(x,y)$ 是 $u(x,y)$ 的一个共轭调和函数.

如果 $f(z) = u(x,y) + \mathrm{i}v(x,y)$ 在区域 D 内解析,则其实部 $u(x,y)$ 和虚部 $v(x,y)$ 都是区域 D 内的调和函数. 事实上,由于 $u(x,y)$ 和 $v(x,y)$ 在 D 内满足 C-R 方程且具有任意阶连续偏导数

$$\frac{\partial u}{\partial x} = \frac{\partial v}{\partial y}, \quad \frac{\partial u}{\partial y} = -\frac{\partial v}{\partial x},$$

所以

$$\frac{\partial^2 u}{\partial x^2} = \frac{\partial^2 v}{\partial y \partial x}, \quad \frac{\partial^2 u}{\partial y^2} = -\frac{\partial^2 v}{\partial x \partial y} = -\frac{\partial^2 v}{\partial y \partial x}.$$

利用数学分析中的结论:如果 $\dfrac{\partial^2 v}{\partial x \partial y}$ 与 $\dfrac{\partial^2 v}{\partial y \partial x}$ 在 D 内连续,那么它们相等. 因此

$$\Delta u = \frac{\partial^2 u}{\partial x^2} + \frac{\partial^2 u}{\partial y^2} = 0,$$

即实部 $u(x,y)$ 是区域 D 内的调和函数. 类似可证明虚部 $v(x,y)$ 也是区域 D 内的调和函数.

显然,定义在区域 D 内的任何两个调和函数 $u(x,y)$ 和 $v(x,y)$ 构成的复变函数 $f(z) = u(x,y) + \mathrm{i}v(x,y)$ 不一定在区域 D 内解析,因为它们不一定满足 C-R 方程. 如果区域 D 内的两个调和函数 $u(x,y)$ 和 $v(x,y)$ 满足 C-R 方程(3.21),则 $u(x,y) + \mathrm{i}v(x,y)$ 一定在区域 D 内解析,此时 $v(x,y)$ 为 $u(x,y)$ 在区域 D 内的共轭调和函数.

综上所述,我们已经证明了如下定理:

定理 3.19　若复函数 $f(z) = u(x,y) + \mathrm{i}v(x,y)$ 在区域 D 内解析,则 $u(x,y)$ 和 $v(x,y)$ 都是 D 内的调和函数,并且 $v(x,y)$ 是 $u(x,y)$ 在 D 内的共轭调和函数.

一般来说,对于区域 D 上的调和函数 $u(x,y)$,其共轭调和函数不一定存在,但有:

定理 3.20　设 $u(x,y)$ 为单连通区域 D 内的调和函数,则存在由式(3.22)所确定的函数 $v(x,y)$,使 $u(x,y) + \mathrm{i}v(x,y) = f(z)$ 是 D 内的解析函数,

$$v(x,y) = \int_{(x_0,y_0)}^{(x,y)} -u_y \mathrm{d}x + u_x \mathrm{d}y + C, \tag{3.22}$$

其中 (x_0,y_0) 是 D 内的定点,$(x,y) \in D$ 是动点,C 是一个任意常数,积分与路径无关.

证　因为 $u(x,y)$ 为调和函数,我们有 $\dfrac{\partial u_x}{\partial x} - \dfrac{\partial(-u_y)}{\partial y} = u_{xx} + u_{yy} = 0$,所以线积分(3.22)与路径无关,从而存在 $v(x,y)$,使

$$\mathrm{d}v = -u_y \mathrm{d}x + u_x \mathrm{d}y,$$

因此,我们有

$$v(x,y) = \int_{(x_0,y_0)}^{(x,y)} -u_y \mathrm{d}x + u_x \mathrm{d}y + C.$$

分别对 x,y 求偏导数,则有

$$v_x = -u_y, \quad v_y = u_x,$$

即 $f(z) = u(x,y) + \mathrm{i}v(x,y)$ 在 D 上满足 C-R 方程,因而 $f(z)$ 在 D 内解析.

注 3.8　如果 D 为非单连通区域,则积分(3.22)可确定一个多值函数.

例 3.20　验证 $u(x,y) = x^2 - y^2 + x$ 是 z 平面上的调和函数,并求以 $u(x,y)$ 为实部的解析函数 $f(z)$,使得 $f(0) = 0$.

解　因为在 z 平面上有

$$\frac{\partial^2 u}{\partial x^2} + \frac{\partial^2 u}{\partial y^2} = 2 - 2 = 0,$$

所以,$u(x,y) = x^2 - y^2 + x$ 是 z 平面上的调和函数.

设 $v(x,y)$ 是 $u(x,y)$ 在 z 平面上的共轭调和函数,则

$$\frac{\partial v}{\partial y} = \frac{\partial u}{\partial x} = 2x + 1, \quad \frac{\partial v}{\partial x} = -\frac{\partial u}{\partial y} = 2y. \tag{3.23}$$

由式(3.23)得

$$v(x,y) = \int (2x+1)\mathrm{d}y = 2xy + y + \varphi(x), \tag{3.24}$$

其中 $\varphi(x)$ 是待定函数. 将式(3.24)两边对 x 求偏导数,并代入式(3.23),我们得

$$2y + \varphi'(x) = 2y,$$

所以 $\varphi'(x) = 0$,因此 $\varphi(x) = c$(实常数),这时 $v(x, y) = 2xy + y + c$,因此我们有

$$f(z) = u(x, y) + iv(x, y) = z^2 + z + ic.$$

又由 $f(0) = 0$,得 $c = 0$,故 $f(z) = z^2 + z$.

例 3.21　验证 $v(x, y) = \arctan \dfrac{y}{x}$ 在右半平面内为调和函数,并求以 $v(x, y)$ 为虚部的解析函数 $f(z)$.

解　由于

$$\frac{\partial v}{\partial x} = -\frac{y}{x^2 + y^2}, \qquad \frac{\partial v}{\partial y} = \frac{x}{x^2 + y^2};$$

$$\frac{\partial^2 v}{\partial x^2} = \frac{2xy}{(x^2 + y^2)^2}, \qquad \frac{\partial^2 v}{\partial y^2} = -\frac{2xy}{x^2 + y^2},$$

所以 $\dfrac{\partial^2 v}{\partial x^2} + \dfrac{\partial^2 v}{\partial y^2} = 0$,由此可知 $v(x, y)$ 为调和函数. 由 C-R 方程得

$$\frac{\partial u}{\partial x} = \frac{\partial v}{\partial y} = \frac{x}{x^2 + y^2}; \qquad \frac{\partial u}{\partial y} = -\frac{\partial v}{\partial x} = \frac{y}{x^2 + y^2}. \tag{3.25}$$

因此我们有

$$u(x, y) = \frac{1}{2}\ln(x^2 + y^2) + \varphi(y). \tag{3.26}$$

在式(3.26)中,对 y 求导,并和式(3.25)比较,得

$$\frac{\partial u}{\partial y} = \frac{y}{x^2 + y^2} + \varphi'(y) = \frac{y}{x^2 + y^2}, \tag{3.27}$$

即 $\varphi'(y) = 0$,故 $u(x, y) = \dfrac{1}{2}\ln(x^2 + y^2) + c$. 因此

$$f(z) = u + iv = \ln z + c, \quad \text{Re } z > 0.$$

习题 3

1. 求下列积分的值.

(1) $\displaystyle\int_0^{1+i} \bar{z}\,dz$,其中积分路径:① 直线段;② 水平线 $0 \leqslant x \leqslant 1$,$y = 0$ 与垂直线 $x = 1$,$0 \leqslant y \leqslant 1$.

(2) $\displaystyle\int_{-1}^{1} \text{Re } z^2\,dz$,积分路径为上半单位圆周.

(3) 计算积分 $\int_C \bar{z}\,\mathrm{d}z$,其中曲线 C 为单位圆周(按逆时针方向).

2. 下列积分哪类可直接应用 Cauchy 积分定理,使其积分等于零?

(1) $\int_{|z|=1} \dfrac{z}{z^2 - 5z - 5}\,\mathrm{d}z$;   (2) $\int_{|z-1|=1} \sqrt{z}\,\mathrm{d}z$;

(3) $\int_{|z-(1+\mathrm{i})|=1} \ln z\,\mathrm{d}z$;   (4) $\int_{|z|=1} \tan z\,\mathrm{d}z$;

(5) $\int_C \sin z\,\mathrm{d}z$,其中 C 为 $\dfrac{x^2}{a^2} + \dfrac{y^2}{b^2} = 1$.

3. 用 Cauchy 积分或高阶导数公式计算下列积分.

(1) $\int_{|z|=1} \dfrac{\mathrm{e}^z}{z(z-3)}\,\mathrm{d}z$;   (2) $\int_{|z-1|=2} \dfrac{\sin z}{z^2(2z-1)}\,\mathrm{d}z$;

(3) $\int_C \dfrac{\sin \frac{\pi}{4} z}{z^2 - 1}\,\mathrm{d}z$. 其中 C 为:① $|z+1| = \dfrac{1}{2}$;② $|z-1| = \dfrac{1}{2}$;③ $|z| = 2$.

4. 求下列积分.

(1) $\int_{|z|=2} \dfrac{2z+1}{(z-1)(z+3)}\,\mathrm{d}z$;   (2) $\int_{|z+1|=1} \dfrac{\cos z}{(z+1)^3}\,\mathrm{d}z$;

(3) $\int_{|z|=3} \dfrac{1}{z(2-z)^2}\,\mathrm{d}z$;   (4) $\int_{|z|=4} \dfrac{2z+1}{(z-1)(z+3)}\,\mathrm{d}z$.

5. 计算积分 $\int_L \operatorname{Re} z\,\mathrm{d}z$,其中曲线 L 分别为:

(1) 连接点 0 到点 $2+\mathrm{i}$ 的直线段;

(2) 连接点 0 到点 2 的直线段及连接点 2 到点 $2+\mathrm{i}$ 的直线段所组成的折线.

6. 试证明:

(1) $\left| \int_L \dfrac{\mathrm{d}z}{z^2} \right| \leqslant 2$,其中 L 为连接点 i 到点 $2+\mathrm{i}$ 的直线段;

(2) $\left| \int_L (x^2 + \mathrm{i}y^2)\,\mathrm{d}z \right| \leqslant \pi$,其中 L 为左半单位圆周 $|z| = 1, \operatorname{Re} z \leqslant 0$.

7. 设 L 是上半单位圆周 $|z| = 1$ 的正向,试计算如下积分.

(1) $\int_L |z||\,\mathrm{d}z|$;   (2) $\int_L |z-1||\,\mathrm{d}z|$;

(3) $\int_L (z-1)|\,\mathrm{d}z|$.

8. 计算如下复积分.

(1) $\int_{-1}^{-1+2\mathrm{i}} (z+1)^5\,\mathrm{d}z$;   (2) $\int_0^{\pi+3\mathrm{i}} \sin \dfrac{z}{3}\,\mathrm{d}z$.

9. 求 $\displaystyle\int_L \frac{\mathrm{d}z}{\sqrt{z}}$,其中 $\sqrt{z}$ 取主值支,L 为从点 1 到点 -1 的路径:

(1) 沿上半单位圆周;

(2) 沿下半单位圆周.

10. 求积分 $\displaystyle\int_{|z|=1}\left(z+\frac{1}{z}\right)^n \frac{\mathrm{d}z}{z}$ 的值,并由此证明:

$$\int_0^{2\pi}\cos^n\theta\mathrm{d}\theta = \begin{cases} 2\pi\cdot\dfrac{(n-1)!!}{n!!} & (n=2m), \\[2mm] 0 & (n=2m-1). \end{cases}$$

11. 计算积分 $\displaystyle\int_{|z|=1}\frac{\mathrm{d}z}{z+3}$,并由此证明 $\displaystyle\int_0^\pi\frac{1+3\cos\theta}{10+6\cos\theta}\mathrm{d}\theta = 0$.

12. 设 $f'(z)$ 在区域 $|z|<1$ 上解析,且 $f(0)=0$,则 $\displaystyle\lim_{z\to0}\frac{f(z)-zf'(0)}{z^2}=\frac{1}{2}f''(0)$.

(提示:将 $f(z),f(0),f'(0),f''(0)$ 分别用 Cauchy 积分公式和 Cauchy 导数公式以积分的形式表示出来).

13. 设 $f(z),g(z)$ 为单连通区域 D 上的解析函数,$a,b\in D$.证明:

$$\int_a^b f(z)g'(z)\mathrm{d}z = f(z)g(z)\Big|_a^b - \int_a^b f'(z)g(z)\mathrm{d}z.$$

14. 设 $D=\left\{z\;\Big|\;|\arg z|<\dfrac{\pi}{2},\;|z|<1\right\}$,在 D 圆弧边界上任取一点 a ($a\neq\pm\mathrm{i}$),用 D 内有向曲线 C 连接 0 与 a.求证 $\mathrm{Re}\displaystyle\int_C\frac{\mathrm{d}z}{1+z^2}=\frac{\pi}{4}$.

15. 若 $f(z)$ 在区域 D 内解析,C 为以 a,b 为端点的直线段 ($C\in D$).求证存在 $\lambda(|\lambda|\leqslant1)$,及 $\xi(\xi\in C)$,使 $f(b)-f(a)=\lambda(b-a)f'(\xi)$.并说明确实存在 $|\lambda|<1$ 的情形.

16. 设 $f(z)$ 在 $|z|\leqslant1$ 上解析,且 $f(0)=1$,求 $\dfrac{1}{2\pi\mathrm{i}}\displaystyle\int_{|z|=1}\left[2\pm\left(z+\frac{1}{z}\right)\right]f(z)\frac{\mathrm{d}z}{z}$.如果令 $z=\mathrm{e}^{\mathrm{i}\theta}$,请推证 $\dfrac{2}{\pi}\displaystyle\int_0^{2\pi}f(\mathrm{e}^{\mathrm{i}\theta})\cos^2\frac{\theta}{2}\mathrm{d}\theta = 2+f'(0)$.

17. 设 $f(z)$ 为一整函数且存在 $M\in\mathbb{R}$(实数集合),使得对任意 $z\in\mathbb{C}$ 有 $\mathrm{Re}\,f(z)+\mathrm{Im}\,f(z)<M$.试证明:$f(z)$ 恒为常数.

18. 设 $f(z)$ 为整函数且 $|f(z)|>0.01+\sqrt{|z|}$ ($\forall z\in\mathbb{C}$).试证明:$f(z)$ 恒为常数.

19. 设 $f(z)=u(x,y)+\mathrm{i}v(x,y)$ 为一整函数,并且存在实常数 $c,d(c^2+d^2\neq0)$ 和 M,使得对任意复数 z 有 $cu(x,y)+dv(x,y)>M$.试证明:$f(z)$ 恒为常数.

20. 设(1)区域 D 是有界区域,其边界 L 由有限条简单闭曲线组成;

(2) $f_1(z)$ 与 $f_2(z)$ 在 D 内解析,在闭区域 $\bar{D} = D + L$ 上连续;

(3) 沿 L, $f_1(z) = f_2(z)$.

试证明:对 $\forall z \in \bar{D}$,有 $f_1(z) \equiv f_2(z)$.

21. 验证:$v(x, y) = x^2 - y^2 - 3x$ 是 z 平面上调和函数,并求以 $v(x, y)$ 为虚部的解析函数 $f(z)$,使得 $f(0) = 0$.

22. 已知 $u + v = (x - y)(x^2 + 4xy + y^2) - 2(x + y)$.试确定解析函数 $f(z) = u + iv$.

23. 设 $f(z)$ 在区域 D 内解析且 $f'(z) \neq 0$.试证 $\ln |f'(z)|$ 为区域 D 内的调和函数.

24. 试应用 Liouville 定理证明代数学基本定理:任何 $n(n \geqslant 1)$ 次多项式

$$p(z) = a_0 z^n + a_1 z^{n-1} + \cdots + a_n \quad (a_0 \neq 0)$$

至少有一个零点.

25. 设复函数 $f(z)$ 在点 a 的邻域内连续,试证明:

$$\lim_{r \to 0} \int_0^{2\pi} f(a + re^{i\theta}) d\theta = 2\pi f(a).$$

26. 设复函数 $f(z)$ 当 $|z| > 0$ 时连续且 $\lim_{r \to \infty} rM(f; r) = 0$,其中 $M(f, r) = \max_{|z| = r} |f(z)|$,

试证明:$\lim_{r \to \infty} \int_{|z| = r} f(z) dz = 0$.

27. 设 $f(z)$ 是一有界整函数,a, b 是 $|z| < r$ 内的任意两点.试证明:

$$\int_{|z| = r} \frac{f(z)}{(z - a)(z - b)} dz = 0.$$

并由此给出 Liouville 定理的另一证明.

28. 设 $f(z)$ 在 $|z| \geqslant r$ 上解析,$\lim_{z \to \infty} f(z) = A \neq \infty$.试证明:

$$A = f(\infty) = \frac{1}{2\pi} \int_0^{2\pi} f(Re^{i\theta}) d\theta \quad (r \leqslant R \leqslant +\infty)$$

29. 设 $f(z)$ 在以围线 $C_1^- + C_2^- + \cdots + C_n^-$ 所围的无界区域 D 上解析,且不恒为常数.若 $\lim_{z \to \infty} f(z) = A \neq \infty$.试证明:$f(z)$ 在 $D \cup \{\infty\}$ 上不取最大模.

30. 设 $f(z)$ 在 $|z - z_0| > r_0$ 内解析且 $\lim_{z \to \infty} zf(z) = A$.试证明:对 $r > r_0$ 有

$$\frac{1}{2\pi i} \int_{k_r} f(z) dz = A,$$

其中 k_r 是圆 $|z - z_0| = r$ 取逆时针方向.这是关于含无穷远点的区域的 Cauchy 积分定理.

31. 若 $f(z)$ 在简单闭曲线 $f(z)$ 的外区域 D 内及 L 上解析且 $\lim_{z \to \infty} f(z) = \alpha$.试证明:

$$\frac{1}{2\pi i} \int_L \frac{f(\xi)}{\xi - z} d\xi = \begin{cases} -f(z) + \alpha & (z \in D), \\ \alpha & (z \notin D), \end{cases}$$

其中的积分按顺时针方向取.这是关于无穷远点区域 D 的 Cauchy 积分公式.

第4章 解析函数的 Taylor(泰勒) 展开及其应用

级数是研究解析函数性质的一个重要工具. 把解析函数表示为级数不仅在理论上有意义, 而且在实际应用上也有意义. 比如, 利用级数可以计算函数的近似值, 在许多实际问题的应用中(如解微分方程、讨论函数的零点等)也常常用到级数. 本章主要介绍复级数的概念、性质, 幂级数的收敛性及解析函数的幂级数展开. 特别是以幂级数为工具研究解析函数的零点孤立性、唯一性和最大模原理. 本章所涉及的某些和数学分析中平行的结论, 往往只叙述而不加证明.

4.1 复级数的基本性质

1. 复数项级数

定义 4.1 设 $\{u_n\}$ 是一个复数列, 定义

$$\sum_{n=1}^{\infty} u_n = u_1 + u_2 + \cdots + u_n + \cdots \tag{4.1}$$

为复级数, 类似于数学分析中的实级数, 我们可定义它的部分和

$$S_n = \sum_{k=1}^{n} u_k = u_1 + u_2 + \cdots + u_n.$$

若 $\lim_{n \to \infty} S_n = A$, 就称复级数 $\sum_{n=1}^{\infty} u_n$ 收敛, A 称为它的和, 记为 $\sum_{n=1}^{\infty} u_n = A$. 如果部分和序列 $\{S_n\}$ 发散, 则称复数项级数(4.1)发散. 这样可知复级数 $\sum_{n=1}^{\infty} u_n$ 与部分和序列 $\{S_n\}$ 有相同的收敛性.

反之, 复序列 $\{S_n\}$ 对应复级数

$$S_1 + (S_2 - S_1) + (S_3 - S_2) + \cdots + (S_n - S_{n-1}) + \cdots, \tag{4.2}$$

它们具有相同的敛散性.

按 $\varepsilon\text{-}N$ 说法,级数(4.1)收敛于 A 的定义可叙述为:对任意正数 ε,存在正整数 N,使当 $n > N$ 时,

$$\left| \sum_{k=1}^{n} u_k - A \right| < \varepsilon.$$

如果级数 $\sum_{n=1}^{\infty} u_n$ 收敛,那么

$$\lim_{n \to \infty} u_n = \lim_{n \to \infty} (S_n - S_{n-1}) = 0,$$

所以级数 $\sum_{n=1}^{\infty} u_n$ 收敛的必要条件是 $\lim_{n \to \infty} u_n = 0$.

定理 4.1　设 $u_n = a_n + \mathrm{i} b_n (n = 1, 2, \cdots)$, $A = a + b\mathrm{i}$,则 $\sum_{n=1}^{\infty} u_n = A$ 的充分必要条件是 $\sum_{n=1}^{\infty} a_n = a, \sum_{n=1}^{\infty} b_n = b$.

证　设 $S_n = \sum_{k=1}^{n} u_k, A_n = \sum_{k=1}^{n} a_k, B_n = \sum_{k=1}^{n} b_k$,则

$$S_n = A_n + \mathrm{i} B_n \quad (n = 1, 2, \cdots),$$

由习题 1 的第 19 题,我们知道

$$\lim_{n \to \infty} S_n = a + \mathrm{i} b$$

的充分必要条件是

$$\lim_{n \to \infty} A_n = a, \quad \lim_{n \to \infty} B_n = b.$$

例 4.1　讨论 $\sum_{n=1}^{\infty} \left(\dfrac{1}{2^n} + \dfrac{\mathrm{i}}{n} \right)$ 的敛散性.

解　因为虚部 $\sum_{n=1}^{\infty} \dfrac{1}{n}$ 发散,所以原级数发散.

2. Cauchy 准则与级数的运算法则

数学分析中的 Cauchy 准则可以平移到复级数上来,证明方法与数学分析中的证明一致,在此略去.我们给出复级数的 Cauchy 收敛准则如下:

定理 4.2(复级数的 Cauchy 准则)　级数 $\sum_{n=1}^{\infty} u_n$ 收敛的充分必要条件是:对任意正数 ε,存在正整数 N,使当 $n > m > N$ 时,$| u_{m+1} + u_{m+2} + \cdots + u_n | < \varepsilon$.特别地,若 $\sum_{n=1}^{\infty} u_n$ 收敛,则 $\lim_{n \to \infty} u_n = 0$.

显然,收敛级数的各项必是有界的.若级数(4.1)中略去有限个项,则所得级数

与原级数同为收敛或同为发散.

定义 4.2　如果 $\sum\limits_{n=1}^{\infty}|u_n|$ 收敛,则称 $\sum\limits_{n=1}^{\infty}u_n$ 绝对收敛;如果 $\sum\limits_{n=1}^{\infty}|u_n|$ 发散,而

$\sum\limits_{n=1}^{\infty}u_n$ 收敛,则称 $\sum\limits_{n=1}^{\infty}u_n$ 条件收敛.

定理 4.3　复级数(4.1)收敛的一个充分条件为级数 $\sum\limits_{n=1}^{\infty}|u_n|$ 收敛.

由于

$$\sum_{k=1}^{n}|a_k| \text{ 和 } \sum_{k=1}^{n}|b_k| \leqslant \sum_{k=1}^{n}|u_k| = \sum_{k=1}^{n}\sqrt{a_k^2+b_k^2} \leqslant \sum_{k=1}^{n}|a_k| + \sum_{k=1}^{n}|b_k|.$$

因此,我们有:

定理 4.4　级数 $\sum\limits_{n=1}^{\infty}u_n$ 绝对收敛的充分必要条件是它所对应的实级数 $\sum\limits_{n=1}^{\infty}a_n$

与 $\sum\limits_{n=1}^{\infty}b_n$ 都绝对收敛,并且绝对收敛的复级数必收敛.

这个性质的证明完全与实级数相同,故略.

3. 收敛级数的基本性质

我们给出收敛级数的基本性质:

(1) 设 $\sum\limits_{n=1}^{\infty}u_n$, $\sum\limits_{n=1}^{\infty}v_n$ 收敛,α 和 β 为常数,则 $\sum\limits_{n=1}^{\infty}(\alpha u_n+\beta v_n)$ 也收敛,并且

$$\sum_{n=1}^{\infty}(\alpha u_n+\beta v_n) = \alpha\sum_{n=1}^{\infty}u_n + \beta\sum_{n=1}^{\infty}v_n. \tag{4.3}$$

(2) 对于两个绝对收敛的复数项级数,也可以做乘积,就是 Cauchy 乘积,我们可以把实级数的 Cauchy 乘积平移到复级数上来,因此我们可得到下面的定理:

定理 4.5　一个绝对收敛的复级数的各项可以任意重排次序,而不改变其绝对收敛性,也不改变其和;如果复数项级数 $\sum\limits_{n=1}^{\infty}z_n'$ 和 $\sum\limits_{n=1}^{\infty}z_n''$ 绝对收敛,并且它们的和

分别为 S' 与 S'',则 Cauchy 乘积 $\sum\limits_{n=0}^{\infty}\sum\limits_{k=0}^{n}z_k'z_{n-k}''$,即

$$\sum_{n=1}^{\infty}(z_1'z_n'' + z_2'z_{n-1}'' + \cdots + z_n'z_1'') \tag{4.4}$$

也绝对收敛,并且它的和为 $S'S''$.

性质(1)和(2)的证明与实级数的情况一样,我们这里不再证明.

4.2　一致收敛的复函数项级数

1. 一致收敛级数

设 $\{u_n(z)\}$ 为定义在点集 E 上的一个函数列,称 $\sum\limits_{n=1}^{\infty} u_n(z)$ 为点集 E 上的一个函数项级数,可定义它的部分和 $S_n(z) = \sum\limits_{k=1}^{n} u_k(z)$. 设 $z_0 \in E$,若数项级数 $\sum\limits_{n=1}^{\infty} u_n(z_0)$ 收敛,则称 z_0 是它的一个收敛点,收敛点的全体称为收敛域,在收敛域上函数项级数收敛于一个复函数,这个函数称为和函数.

我们具体给出复级数的一致收敛性的定义.

定义 4.3　设 $\sum\limits_{n=1}^{\infty} u_n(z)$ 为点集 E 上的一个函数项级数,$S_n(z)$ 是部分和函数列,$S(z)$ 是级数的和函数.若对任意正数 ε,存在正整数 $N = N(\varepsilon)$,使当 $n > N$ 时,均有

$$|S_n(z) - S(z)| = \left| \sum_{k=1}^{n} u_k(z) - S(z) \right| < \varepsilon \quad (z \in E). \tag{4.5}$$

则称 $\sum\limits_{n=1}^{\infty} u_n(z)$ 在 E 上一致收敛于 $S(z)$.

与实变函数的级数一样,一致收敛在研究复级数时起着重要作用.下面我们给出一致收敛的一些判定法则和性质,其证明类似于实函数项级数的相应的证明,请读者自己给出.

2. 一致收敛级数的判别法则和性质

与数学分析类似,可以得到下列复级数的 Cauchy 一致收敛准则:

定理 4.6(Cauchy 一致收敛准则)　$\sum\limits_{n=1}^{\infty} u_n(z)$ 在 E 上一致收敛的充分必要条件是:对任意给定的正数 ε,都存在正整数 N,使当 $n > m > N$ 时,对一切 $z \in E$,均有

$$|S_n(z) - S_m(z)| = \left| \sum_{k=m+1}^{n} u_k(z) \right| < \varepsilon. \tag{4.6}$$

类似地,可得如下一致收敛的判别法:

定理 4.7　设 $\eta_n = \sup\limits_{z \in E} |S_n(z) - S(z)|$，则 $\sum\limits_{n=1}^{\infty} u_n(z)$ 在 E 上一致收敛于 $S(z)$ 的充分必要条件是 $\lim\limits_{n \to \infty} \eta_n = 0$.

定理 4.8(Weierstrass 判别法)　设 $|u_n(z)| \leqslant M_n(z \in E, n = 1, 2, \cdots)$，若 $\sum\limits_{n=1}^{\infty} M_n$ 收敛，则 $\sum\limits_{n=1}^{\infty} u_n(z)$ 在 E 上一致收敛.

注 4.1　级数 $\sum\limits_{n=1}^{\infty} M_n$ 称为优级数，用优级数判定的一致收敛级数一定是绝对一致收敛.

下面给出一致收敛级数的性质，它们的证明也和数学分析中相应的定理的证明类似，在这里我们省略.

定理 4.9　设 $u_n(z)$ 在点集 E 上连续，$\sum\limits_{n=1}^{\infty} u_n(z)$ 在 E 上一致收敛于 $S(z)$，则

$$S(z) = \sum_{n=1}^{\infty} u_n(z)$$

也在 E 上连续.

定理 4.10　设 $u_n(z)$ 沿光滑曲线 C 上连续，$\sum\limits_{n=1}^{\infty} u_n(z)$ 在 C 上一致收敛于 $S(z)$，则沿曲线 C 可以逐项积分，并且 $\int_C S(z)\mathrm{d}z = \sum\limits_{n=1}^{\infty} \int_C u_n(z)\mathrm{d}z$.

为了得到逐项微分的性质，需要下面的概念.

定义 4.4　若复级数(4.1)在 D 内的任一有界闭集上一致收敛，则称复级数(4.1)在 D 内内闭一致收敛.

注 4.2　在 D 内内闭一致收敛弱于在 D 内一致收敛，即若 $\sum\limits_{n=1}^{\infty} f_n(z)$ 在 D 内一致收敛，一定有 $\sum\limits_{n=1}^{\infty} f_n(z)$ 在 D 内内闭一致收敛，但其逆不真. 例如，几何级数 $\sum\limits_{n=1}^{\infty} z^n$ 在 $|z| < 1$ 内收敛但不一致收敛，我们知道此级数是内闭一致收敛的.

由内闭一致收敛，可以得到下面逐项微分的定理：

定理 4.11(Weierstrass 定理)　设(1) $u_n(z)(n = 1, 2, \cdots)$ 在区域 D 内解析；

(2) $\sum\limits_{n=1}^{\infty} u_n(z)$ 在 D 内内闭一致收敛于函数

$$S(z) = \sum_{n=1}^{\infty} u_n(z),$$

则(1) 函数 $S(z)$ 在区域 D 内解析；

(2) $S^{(p)}(z) = \sum_{n=1}^{\infty} u_n^{(p)}(z)(z \in D, p = 1,2,3,\cdots).$

证 (1) 设 z_0 对 D 内任意一点，存在 z_0 的一个邻域 $N(z_0)$，使 $\overline{N(z_0)} \subset D$. 对 $N(z_0)$ 内的任何一条围线 C，$\sum_{n=1}^{\infty} u_n(z)$ 在 C 上一致收敛于 $S(z)$，再由定理 4.10，我们有

$$\int_C S(z)\mathrm{d}z = \sum_{n=1}^{\infty} \int_C u_n(z)\mathrm{d}z,$$

因为 $N(z_0)$ 是单连通区域，再由 Cauchy 积分定理知 $\int_C u_n(z)\mathrm{d}z = 0$，因此

$$\int_C S(z)\mathrm{d}z = 0.$$

根据 Morera 定理，$S(z)$ 在 $N(z_0)$ 上解析，则在 z_0 点解析，由于 z_0 的任意性，我们有 $S(z)$ 在 D 内解析.

(2) 设 z_0 为 D 内任一点，以 z_0 为中心、ρ 为半径作一充分小的圆周 C_ρ：$|z - z_0| = \rho$，使 C_ρ 以及 C_ρ 的内部均含在 D 内. 设 C 为圆内 $|z - z_0| < \rho$ 任一周线，因此，函数项级数 $\sum_{n=1}^{\infty} \dfrac{u_n(z)}{(z - z_0)^{p+1}}$ 在 C 上一致收敛于 $\dfrac{S(z)}{(z - z_0)^{p+1}}$，故我们得到

$$\frac{p!}{2\pi\mathrm{i}}\int_{C_\rho} \frac{S(z)}{(z - z_0)^{p+1}}\mathrm{d}z = \sum_{n=1}^{\infty} \frac{p!}{2\pi\mathrm{i}}\int_{C_\rho} \frac{u_n(z)}{(z - z_0)^{p+1}}\mathrm{d}z,$$

即

$$S^{(p)}(z_0) = \sum_{n=1}^{\infty} u_n^{(p)}(z_0).$$

由于 z_0 的任意性，在 D 内我们有 $S^{(p)}(z) = \sum_{n=1}^{\infty} u_n^{(p)}(z)(p = 1,2,\cdots).$

4.3 幂 级 数

1. 幂级数的敛散性

在函数项级数中，幂级数是最简单且用途最广泛的级数，其形式为

$$\sum_{n=0}^{\infty} a_n (z - z_0)^n = a_0 + a_1 (z - z_0) + a_2 (z - z_0) + \cdots + a_n (z - z_0) + \cdots,$$

(4.7)

其中 $a_n(n=0,1,\cdots)$ 为常数.这类级数在复分析中有着重要的意义.这一节我们要证明:一般幂级数在一定的区域内收敛于一个解析函数.下一节我们将证明:在一点解析的函数在这点的一个邻域内可以用幂级数表示.总之,幂级数无论在理论上还是实际应用中,都是一个非常重要的工具.

为了搞清楚式(4.7)的敛散性,先建立下述定理,通常称为 Abel(阿贝尔)定理.

定理 4.12　如果幂级数(4.7)在 $z_1(\neq 0)$ 收敛,那么在 $K:|z - z_0| < |z_1 - z_0|$ 内,式(4.7)绝对收敛且内闭一致收敛.

证　由于幂级数(4.7)在 $z_1(\neq 0)$ 收敛,所以 $\lim\limits_{n\to\infty} a_n(z_1 - z_0)^n = 0$,因此,存在 $M>0$,使得 $|a_n(z_1 - z_0)^n| \leqslant M(n=1,2,\cdots)$.

对于 K 内的任一闭集 D,存在闭圆 $\overline{K}_\rho:|z - z_0| \leqslant \rho(0 < \rho < |z_1 - z_0|)$ 包含 D,对于 D 内的任意点 z 满足

$$|a_n(z - z_0)^n| \leqslant M\left|\frac{z - z_0}{z_1 - z_0}\right|^n \leqslant M\left(\frac{\rho}{|z_1 - z_0|}\right). \tag{4.8}$$

由于 $\sum\limits_{n=0}^{\infty} M\left(\dfrac{\rho}{|z_1 - z_0|}\right)^n$ 是一个收敛的等比级数,且与 $z(\in D)$ 无关,因此式(4.7)在 D 内一致收敛,从而由定义 4.4,我们知道式(4.7)在 K 中内闭一致收敛.

再由式(4.8)可知,式(4.7)在 D 内任一点绝对收敛,因此,由 D 的任意性得,幂级数(4.7)在 K 内绝对收敛.

通过上述讨论,我们容易得到下面两个事实:

(1) 若级数(4.7)在 $z = z_1$ 处收敛,则对每一个 z,只要 $|z - z_0| < |z_1 - z_0|$,$\sum\limits_{n=0}^{\infty} a_n(z - z_0)^n$ 绝对收敛.

(2) 若级数(4.7)在 $z = z_2$ 处发散,则对每一个 z,只要 $|z - z_0| > |z_2 - z_0|$,$\sum\limits_{n=0}^{\infty} a_n(z - z_0)^n$ 发散.

因此复幂级数的敛散性也可能出现如下三种情况:

(1) 任意 $z \neq 0$,级数(4.7)发散.例如,级数

$$1 + z + 2^2 z^2 + \cdots + n^n z^n + \cdots,$$

对任意 $z \neq 0$,当 $z \rightarrow \infty$ 时,由于 $n^n z^n$ 不趋向于零,从而该级数发散.

(2) 任意 z,级数(4.7)收敛. 例如,级数

$$1 + z + \frac{z^2}{2^2} + \cdots + \frac{z^n}{n^n} + \cdots,$$

对于任意的 $z \neq 0$,当 n 充分大时,$\left| \dfrac{z}{n} \right| < \dfrac{1}{2}$,$\left| \left(\dfrac{z}{n} \right)^n \right| < \left(\dfrac{1}{2} \right)^n$,从而可知该级数收敛.

(3) 存在 $z_1 \neq z_0$,使得级数(4.7)收敛,并且存在 $z_2 \neq z_0$,使得级数(4.7)发散,从定理 4.12 可知,$|z_2 - z_0| \geqslant |z_1 - z_0|$. 并且级数在圆 $|z - z_0| < |z_1 - z_0|$ 内收敛,在圆 $|z - z_0| > |z_2 - z_0|$ 外发散.

与实级数类似,我们可证明,存在一个有限正数 R,使得当 $|z - z_0| < R$ 时,$\sum\limits_{n=0}^{\infty} a_n (z - z_0)^n$ 绝对收敛;当 $|z - z_0| > R$ 时,$\sum\limits_{n=0}^{\infty} a_n (z - z_0)^n$ 发散. 我们称 R 为级数 $\sum\limits_{n=0}^{\infty} a_n (z - z_0)^n$ 的收敛半径,$|z - z_0| < R$ 称为收敛圆,$|z - z_0| = R$ 称为收敛圆周.

对于上面情况(1),我们说收敛半径 $R = 0$;对于情况(2),则说收敛半径 $R = +\infty$,收敛半径 R 可以用 Cauchy-Hadamard(柯西-阿达马)公式或其他方法求得.

2. 收敛半径 R 的求法,Cauchy-Hadamard 公式

下面定理的证明完全类似于实函数的情形.

定理 4.13 如果幂级数 $\sum\limits_{n=1}^{\infty} c_n (z - z_0)^n$ 的系数 c_n 满足

$$\lim_{n \rightarrow \infty} \left| \frac{a_{n+1}}{a_n} \right| = l \text{(d'Alembert(达朗贝尔))}$$

$$\text{或} \quad \lim_{n \rightarrow \infty} \sqrt[n]{|a_n|} = l \text{(Cauchy)}$$

$$\text{或} \quad \overline{\lim_{n \rightarrow \infty}} \sqrt[n]{|a_n|} = l \text{(Cauchy-Hadamard)},$$

则当 $0 < l < +\infty$ 时,幂级数 $\sum\limits_{n=1}^{\infty} c_n (z - z_0)^n$ 的收敛半径 $R = \dfrac{1}{l}$;当 $l = 0$ 时,$R = +\infty$;当 $l = \infty$ 时,$R = 0$.

例 4.2 求下列各幂级数的收敛半径:

(1) $\sum\limits_{n=1}^{\infty} \dfrac{z^n}{n}$;

(2) $\sum\limits_{n=1}^{\infty} \dfrac{z^n}{n!}$;

(3) $1 + z + z^{2^2} + z^{3^2} + \cdots$.

解　(1) 由于 $l = \lim\limits_{n \to \infty} \sqrt[n]{\dfrac{1}{n}} = 1$,所以 $R = \dfrac{1}{l} = 1$.

(2) 由于 $a_n = \dfrac{1}{n!}$ 知,$l = \lim\limits_{n \to \infty} \dfrac{\dfrac{1}{(n+1)!}}{\dfrac{1}{n!}} = \lim\limits_{n \to \infty} \dfrac{1}{n+1} = 0$,从而 $R = +\infty$.

(3) 当 n 是平方数时,系数 $a_n = 1$,其他情况时,系数 $a_n = 0$,因而 $\{\sqrt[n]{|a_n|}\}$ 存在两个子列,一个子列收敛于 1,一个子列收敛于 0,故可知 $l = \lim\limits_{n \to \infty} \sqrt[n]{|a_n|} = 1$,从而 $R = \dfrac{1}{l} = 1$.

3. 幂级数和的解析性

幂级数(4.7)在收敛圆内,定义了一个函数,称为和函数.

定理 4.14　假设幂级数(4.7)的收敛半径为 $R(0 < R \leqslant \infty)$,和函数为 $f(z)$,那么

(1) $f(z)$ 在收敛圆 $K: |z - z_0| < R$ 内解析;

(2) $f(z)$ 在 K 内可逐项求导至任意阶,即

$$f^{(p)}(z) = p!a_p + a_{p+1}(p+1)p \cdots 2(z - z_0) + \cdots$$
$$+ n(n-1) \cdots (n - p + 1)a_n (z - z_0)^{n-p} + \cdots \quad (p = 1, 2, \cdots),$$

$$(4.9)$$

并且式(4.9)与式(4.8)有相同的收敛半径 R;

(3) $a_p = \dfrac{f^{(p)}(z_0)}{p!} (p = 1, 2, \cdots)$;

(4) 沿 K 内的任意曲线 C,在 C 上级数(4.7)可逐项积分,且其收敛半径与原级数的半径 R 相同.

证　由定理 4.12 可知,幂级数(4.7)在 K 中内闭一致收敛于 $f(z)$,而其各项 $c_n(z - a)^n (n = 0, 1, 2, \cdots)$ 又都在 z 平面上解析.再由定理 4.11 可知,$f(z)$ 在 K 内解析,并且可逐项求导任意阶,因此式(4.9)成立.再由于对固定的正整数 p,我们有

$$\lim\limits_{n \to \infty} \sqrt[n]{n(n-1) \cdots (n - p + 1)} = 1.$$

可知式(4.7)与式(4.9)有相同的收敛半径,从而(1)与(2)成立.

（3）在式（4.9）中，令 $z = z_0$，则有 $f^{(p)}(z_0) = p!\, a_p$，即 $a_p = \dfrac{f^{(p)}(z_0)}{p!}$。

（4）由定理 4.12 和定理 4.13 可知，级数（4.7）在 C 上可以逐项积分且其收敛半径与原级数的半径 R 相同。

4.4　解析函数的 Taylor 展开式

1. 泰勒定理

定理 4.14 表明当收敛半径大于零时，幂级数的和函数在收敛圆内是解析的，这个性质是非常重要的。这样自然就产生一个问题：圆域上的解析函数能写成幂级数吗？下面的定理给出了一个非常明确的答复。

定理 4.15（Taylor 定理）　设 $f(z)$ 在区域 D 内解析，$z_0 \in D$，圆 K：$|z - z_0| < R$ 及 D_R：$|z - z_0| = R$ 全含在 D 内，则 $f(z)$ 在 K 内可展开成幂级数

$$f(z) = \sum_{n=0}^{\infty} a_n (z - z_0)^n, \tag{4.10}$$

其中

$$a_n = \frac{1}{2\pi i} \int_{C_\rho} \frac{f(\xi)}{(\xi - z_0)^{n+1}} d\xi = \frac{f^{(n)}(z_0)}{n!} \quad (n = 0, 1, 2, \cdots), \tag{4.11}$$

C_ρ：$|z - z_0| = \rho (0 < \rho < R)$。

证　取正数 $\rho(0 < \rho < R)$，令曲线 C_ρ：$|z - z_0| = \rho$（图 4.1），则由 Cauchy 积分公式，我们有

$$f(z) = \frac{1}{2\pi i} \int_{C_\rho} \frac{f(\xi)}{\xi - z} d\xi, \quad |z - z_0| < \rho$$

和

$$\frac{1}{\xi - z} = \frac{1}{\xi - z_0 - (z_0 - z)}$$

$$= \frac{1}{(\xi - z_0)\left(1 - \dfrac{z - z_0}{\xi - z_0}\right)}$$

$$= \frac{1}{\xi - z_0} \sum_{n=0}^{\infty} \left(\frac{z - z_0}{\xi - z_0}\right)^n.$$

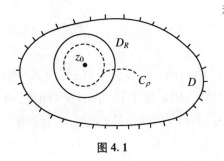

图 4.1

因为 $|z - z_0| < \rho = |\xi - z_0|$，所以级数 $\sum_{n=0}^{\infty} \left(\dfrac{z - z_0}{\xi - z_0} \right)^n$ 在 C_ρ 上一致收敛，故由定理 4.10，有

$$f(z) = \frac{1}{2\pi i} \int_{C_\rho} \sum_{n=0}^{\infty} \frac{(z - z_0)^n}{(\xi - z_0)^{n+1}} f(\xi) \mathrm{d}\xi$$

$$= \sum_{n=0}^{\infty} \left[\frac{1}{2\pi i} \int_{C_\rho} \frac{f(\xi)}{(\xi - z_0)^{n+1}} \mathrm{d}\xi \right] (z - z_0)^n$$

$$= \sum_{n=0}^{\infty} \frac{f^{(n)}(z_0)}{n!} (z - z_0)^n,$$

这里 $\int_{C_\rho} \dfrac{f(\xi)}{(\xi - z_0)^{n+1}} \mathrm{d}\xi$ 与 ρ 的选取无关，只需满足 $0 < \rho < R$.

如果假设在圆盘 K 内，$f(z)$ 还有另一展开式 $f(z) = \sum_{n=0}^{\infty} a'_n (z - z_0)^n$，那么由定理 4.14 可知，$a'_n = \dfrac{f^{(n)}(z_0)}{n!} = a_n$，从而可得以下推论：

推论 4.1　在定理 4.15 中，$f(z)$ 在圆 K 内的展开式(4.10)是唯一的.

这个性质称为解析函数的幂级数展开式的唯一性.

定理 4.16　函数 $f(z)$ 在一点 z_0 解析的充分必要条件是它在 z_0 的某一领域内有幂级数展开式(4.10).

我们称式(4.10)为 $f(z)$ 在 $z - z_0$ 的 Taylor 展开式，右边的级数称为 Taylor 级数，而式(4.11)称为它的 Taylor 系数.

结合 Taylor 系数与 Cauchy 不等式，不难得到：

推论 4.2　设 $f(z)$ 在 $|z - z_0| < R$ 上解析($0 < \rho < R$)，则 Taylor 系数 a_n 满足：

$$|a_n| \leqslant \frac{\max\limits_{|z - a| < \rho} |f(z)|}{\rho^n} \quad (0 < \rho < R, n = 0, 1, 2, \cdots).$$

2. 幂级数的和函数在其收敛圆周上的状况

定理 4.17　设 $f(z)$ 在 z_0 的邻域内解析，并且其幂级数展开式 $\sum_{n=0}^{\infty} a_n (z - z_0)^n$ 有收敛半径 $R(0 < R < \infty)$，则 $f(z)$ 在收敛圆周 $C: |z - z_0| = R$ 上至少有一个奇点，即不存在这样的函数 $F(z)$，它在闭圆 $\overline{K}: |z - z_0| \leqslant R$ 上解析，而在圆 $K: |z - z_0| < R$ 内 $F(z) = f(z)$.

证　若存在这样的函数 $F(z)$，即 $F(z)$ 在 C 上处处解析. 任给 $b \in C$，存在圆域 O，使得 $F(z)$ 在 O 解析，当 b 取遍 C 上所有的点，这无限个圆 O 把 C 覆盖，则由有限覆盖定理(定理 1.10) 知，存在有限个圆域覆盖了 C，设这有限个圆构成区域 G. 并用 ρ 表示 ∂G 与 C 的距离，则 $\rho > 0$，因此 $G \bigcup K$ 包含了一个与 K 同圆心 z_0，半径为 $R + \rho (\rho > 0)$ 的圆，记 $K_1 : |z - z_0| < R + \rho$，则 $F(z)$ 在 K_1 内可展成幂级数 $\sum\limits_{n=0}^{\infty} a'_n (z - z_0)^n$，其中

$$a'_n = \frac{F^{(n)}(z_0)}{n!} = \frac{f^{(n)}(z_0)}{n!},$$

从而 $a'_n = a_n$. 这样，级数 $\sum\limits_{n=0}^{\infty} a_n (z - z_0)^n$ 的收敛半径 $\geqslant R + \rho > R$，矛盾.

注 4.3　从定理 4.17 可以看出，若 $f(z)$ 在 z_0 点的邻域解析，b 是距离 z_0 最近的奇点，则 $|b - z_0| = R$ 为 $f(z)$ 在 z_0 点展开式的收敛半径，这充分表明了级数的收敛半径和函数的本质关系，同时也表明了幂级数理论只有在复域中才更为清楚.

例如，函数 $f(z) = \dfrac{1}{1 + z^2}$ 在实轴 $(-\infty, \infty)$ 内处处可微，但它的幂级数

$$\frac{1}{1 + x^2} = 1 - x^2 + x^4 - x^6 + \cdots,$$

为什么仅当 $|x| < 1$ 时上式才成立? 这是因为 $\dfrac{1}{1 + z^2}$ 有奇点 $z = \pm i$，因此上述级数的收敛半径必须为 1.

注 4.4　$f(z)$ 在收敛圆上有奇点，但其级数在收敛圆周上可能处处收敛. 例如，级数 $\sum\limits_{n=1}^{\infty} \dfrac{z^n}{n^2}$ 的收敛半径为 1，在收敛圆 $|z| = 1$ 上，$\left| \dfrac{z^n}{n^2} \right| = \dfrac{1}{n^2}$，而级数 $\sum\limits_{n=1}^{\infty} \dfrac{1}{n^2}$ 收敛，因此上面的幂级数在收敛圆上处处收敛. 对这个幂级数，可以用类似于数学分析的方法或后面的方法求得它的和函数为 $-\int_0^z \dfrac{\ln(1 - \xi)}{\xi} \mathrm{d}\xi$，它在 $|z| = 1$ 上，除去 $z = 1$ 外，处处解析.

3. 一些初等函数的泰勒展开式

下面我们来求最常用的一些 Taylor 展开式的例子，一般采取直接法和间接法. 直接法即为利用 Taylor 定理，直接计算 Taylor 展开式的各项系数；间接法是利用一些已知函数的 Taylor 展开式及其唯一性来求给定函数的 Taylor 展开式.

例 4.3　求 $f(z) = \mathrm{e}^z$ 在 $z = 0$ 处的 Taylor 级数.

解 因为 $a_n = \dfrac{f^{(n)}(0)}{n!} = \dfrac{1}{n!}$，$f(z) = \mathrm{e}^z$ 在 z 平面上解析，于是

$$\mathrm{e}^z = \sum_{n=0}^{\infty} \frac{z^n}{n!} = 1 + \frac{z}{1!} + \frac{z^2}{2!} + \cdots + \frac{z^n}{n!} + \cdots \quad (|z| < +\infty).$$

例 4.4 我们利用 $f(z) = \mathrm{e}^z$ 的上述展开式不难求得：

$$\sin z = \sum_{n=1}^{\infty} (-1)^{n-1} \frac{z^{2n-1}}{(2n-1)!} = z - \frac{z^3}{3!} + \frac{z^5}{5!} - \cdots \quad (|z| < +\infty);$$

$$\cos z = \sum_{n=0}^{\infty} (-1)^n \frac{z^{2n}}{(2n)!} = 1 - \frac{z^2}{2!} + \frac{z^4}{4!} - \cdots \quad (|z| < +\infty).$$

也可以用直接法给出 $\sin z, \cos z$ 的 Taylor 展开式.

例 4.5 多值函数 $\mathrm{Ln}(1+z)$ 以 $z = -1, \infty$ 为支点，将 z 平面从 -1 沿负实轴到 ∞ 割破，在这样得到的区域 G（特别在单位圆 $|z| < 1$）内，$\mathrm{Ln}(1+z)$ 可以分出无穷多个单值解析分支. 我们先求主值支在单位圆内的幂级数展开式. 为此，先计算其 Taylor 系数. 由于

$$f_0(z) = \frac{1}{1+z}, \cdots, f_0^{(n)}(z) = (-1)^{n-1} \frac{(n-1)!}{(1+z)^n}, \cdots,$$

所以其 Taylor 系数为

$$c_n = \frac{f_0(0)}{n!} = \frac{(-1)^{n-1}}{n} \quad (n = 1, 2, \cdots).$$

我们知道 $f_0(z) = \ln(1+z)$ 是主值，即在 $1+z$ 取正数时，$\ln(1+z)$ 取实数，于是我们有 $f_0(0) = 0$，从而得出

$$\ln(1+z) = z - \frac{z^2}{2} + \frac{z^3}{3} - \cdots + (-1)^{n-1} \frac{z^n}{n} + \cdots \quad (|z| < 1).$$

所以 $\mathrm{Ln}(1+z)$ 的各单值解析分支的展开式应该为

$$(\ln(1+z))_k = 2k\pi\mathrm{i} + z - \frac{z^2}{2} + \frac{z^3}{3} - \cdots + (-1)^{n-1} \frac{z^n}{n} + \cdots$$

$$(|z| < 1, k = 0, \pm 1, \pm 2, \cdots). \quad (4.12)$$

例 4.6 按一般幂函数的定义

$$(1+z)^\alpha = \mathrm{e}^{\alpha \mathrm{Ln}(1+z)} \quad (\alpha \text{ 为复数}),$$

它的支点也是 $-1, \infty$，故 $(1+z)^\alpha$ 在 $|z| < 1$ 内也能分出单值解析分支，取其主值支

$$g(z) = (1+z)^\alpha = \mathrm{e}^{\alpha \ln(1+z)}$$

在 $z = 0$ 处展开，先算 Taylor 系数，为此先求 $g(z)$ 的各阶导数

$$g^{(n)}(z) = \alpha(\alpha - 1)\cdots(\alpha - n + 1)(1 + z)^{\alpha - n},$$

于是得出 Taylor 系数为

$$g(0) = 1, \quad \frac{g^{(n)}(0)}{n!} = \frac{\alpha(\alpha - 1)\cdots(\alpha - n + 1)}{n!} \quad (n = 1, 2, \cdots),$$

所以根据 Taylor 定理得出 $(1 + z)^\alpha$ 的主值支的展开式为

$$((1 + z)^\alpha)_0 = 1 + \alpha z + \frac{\alpha(\alpha - 1)}{2!}z^2 + \cdots + \frac{\alpha(\alpha - 1)\cdots(\alpha - n + 1)}{n!}z^n + \cdots$$

$$(|z| < 1). \quad (4.13)$$

而 $(1 + z)^\alpha$ 的各单值解析分支的展开式应该为

$$((1 + z)^\alpha)_k = e^{2k\pi\alpha i}\left(1 + \alpha z + \frac{\alpha(\alpha - 1)}{2!}z^2 + \cdots + \frac{\alpha(\alpha - 1)\cdots(\alpha - n + 1)}{n!}z^n + \cdots\right)$$

$$(|z| < 1, k = 0, \pm 1, \pm 2, \cdots).$$

例 4.7　试将函数 $f(z) = \dfrac{z}{z + 3}$ 按 $z - 1$ 的幂展开,并指明其收敛范围.

解　由于 $f(z)$ 在 $z = 1$ 的邻域 $|z - 1| < 4$ 内解析,所以

$$f(z) = \frac{z}{z + 3} = 1 - \frac{3}{4}\frac{1}{1 + \dfrac{z - 1}{4}}$$

$$= 1 - \frac{3}{4}\sum_{n=0}^{\infty}(-1)^n\left(\frac{z - 1}{4}\right)^n$$

$$= \frac{1}{4} - \frac{3}{4}\sum_{n=1}^{\infty}\left(-\frac{1}{4}\right)^n(z - 1)^n,$$

收敛范围为 $|z - 1| < 4$.

例 4.8　将 $\dfrac{e^z}{1 - z}$ 在 $z = 0$ 展开成幂级数.

解　因为 $\dfrac{e^z}{1 - z}$ 在 $|z| < 1$ 内解析,故展开后的幂级数在 $|z| < 1$ 内收敛.已经知道

$$e^z = 1 + z + \frac{z^2}{2!} + \frac{z^3}{3!} + \cdots \quad (|z| < \infty),$$

和

$$\frac{1}{1 - z} = 1 - z + z^2 - z^3 + \cdots \quad (|z| < 1),$$

在 $|z|<1$ 时将两式相乘得

$$\frac{\mathrm{e}^z}{1-z} = 1 + \left(1 + \frac{1}{1!}\right)z + \left(1 + \frac{1}{1!} + \frac{1}{2!}\right)z^2 + \left(1 + \frac{1}{1!} + \frac{1}{2!} + \frac{1}{3!}\right)z^3 + \cdots,$$

其中相乘的方法是按定理 4.5 所指出的 Cauchy 乘积.

例 4.9　将 $\mathrm{e}^z\cos z, \mathrm{e}^z\sin z$ 在 $z=0$ 展开成 Taylor 级数.

解　因为

$$\mathrm{e}^{(1+\mathrm{i})z} = \sum_{n=0}^{\infty} \frac{(1+\mathrm{i})^n}{n!} z^n = \sum_{n=0}^{\infty} \frac{(\sqrt{2})^n}{n!} \mathrm{e}^{\frac{n\pi\mathrm{i}}{4}} z^n,$$

$$\mathrm{e}^{(1-\mathrm{i})z} = \sum_{n=0}^{\infty} \frac{(1-\mathrm{i})^n}{n!} z^n = \sum_{n=0}^{\infty} \frac{(\sqrt{2})^n}{n!} \mathrm{e}^{-\frac{n\pi\mathrm{i}}{4}} z^n,$$

所以

$$\mathrm{e}^z\cos z = \frac{1}{2}\left[\mathrm{e}^{(1+\mathrm{i})z} + \mathrm{e}^{(1-\mathrm{i})z}\right] = \sum_{n=0}^{\infty} \frac{(\sqrt{2})^n}{n!}\left(\cos\frac{n\pi}{4}\right)z^n \quad (|z|<+\infty),$$

$$\mathrm{e}^z\sin z = \frac{1}{2\mathrm{i}}\left[\mathrm{e}^{(1+\mathrm{i})z} - \mathrm{e}^{(1-\mathrm{i})z}\right] = \sum_{n=0}^{\infty} \frac{(\sqrt{2})^n}{n!}\left(\sin\frac{n\pi}{4}\right)z^n \quad (|z|<+\infty).$$

4.5　解析函数零点的孤立性和唯一性定理

1. 解析函数零点的孤立性

设 $f(z)$ 在 z_0 的邻域 $K: |z-z_0|<R$ 内解析且 $f(z_0)=0$,那么称 z_0 为 $f(z)$ 的零点. 设 $f(z)$ 在 K 内的 Taylor 展开式为

$$f(z) = \alpha_1(z-z_0) + \alpha_2(z-z_0)^2 + \cdots + \alpha_n(z-z_0)^n + \cdots. \quad (4.14)$$

现在可能出现下面情况:

如果当 $n=1,2,\cdots$ 时,$\alpha_n \equiv 0$,那么 $f(z)$ 在 K 内恒等于零;如果存在正整数 m 满足 $\alpha_m \neq 0$,而 $\alpha_1 = \alpha_2 = \cdots = \alpha_{m-1} = 0$,则称 z_0 为 $f(z)$ 的 m 阶零点. 当 $m=1$ 时称为一阶零点(单零点),当 $m>1$ 时也称为 m 阶零点. 如果 z_0 是解析函数 $f(z)$ 的一个 m 阶零点,则由式(4.14),在 K 内我们有

$$f(z) = \alpha_m(z-z_0)^m + \alpha_{m+1}(z-z_0)^{m+1} + \cdots = (z-z_0)^m\varphi(z),$$

其中 $\varphi(z) = \alpha_m + \alpha_{m+1}(z-z_0) + \cdots,\varphi(z)$ 在 K 内解析且 $\varphi(z_0) = \alpha_m \neq 0$,由此可知存在 $\delta>0$,使当 $|z-z_0|<\delta$ 时,$\varphi(z) \neq 0$,即在 z_0 的邻域 $|z-z_0|<\varepsilon$ 内,z_0 是

$f(z)$ 的唯一零点. 因此我们有:

定义 4.5　设 $f(z)$ 在 $|z-a|<r$ 上解析, 若存在正整数 k, 使

$$f(a) = f'(a) = \cdots = f^{(k-1)}(a) = 0, \quad f^{(k)}(a) \neq 0,$$

称点 $z=a$ 为解析函数 $f(z)$ 的一个 k 阶零点.

下面的定理对判别零点的阶是十分有用的.

定理 4.18　设 $f(z)$ 在点 $z=a$ 处解析, 则 $z=a$ 是 $f(z)$ 的 k 阶零点的充分必要条件是

$$f(z) = (z-a)^k \varphi(z), \tag{4.15}$$

其中 $\varphi(z)$ 在点 $z=a$ 的邻域内解析, 且 $\varphi(a) \neq 0$.

证　只证必要性, 根据 Taylor 定理和零点阶的定义, 我们有

$$f(z) = c_k (z-a)^k + c_{k+1} (z-a)^{k+1} + \cdots$$

$$= (z-a)^k [c_k + c_{k+1} (z-a)^k + \cdots] = (z-a)^k \varphi(z) \quad (|z-a|<r),$$

其中 $\varphi(z)$ 在 $|z-a|<r$ 解析, 且 $\varphi(a) = c_k = \dfrac{f^{(k)}(a)}{k!} \neq 0$.

充分性　留给读者证明.

定理 4.19(解析函数零点的孤立性)　设 $f(z)$ 在 $|z-a|<R$ 内解析, $f(a)=0$, 则存在 $r(0<r<R)$, 使 $f(z)$ 在 $0<|z-a|<r$ 内无零点, 除非 $f(z) \equiv 0$.

证　若 $f(z)$ 不恒为零, 我们不妨设 $z=a$ 是 $f(z)$ 的 k 阶零点, 由定理 4.18, 有

$$f(z) = (z-a)^k \varphi(z),$$

其中 $\varphi(z)$ 在点 $z=a$ 解析(连续), 且 $\varphi(a) \neq 0$. 因此存在正数 $r(0<r<R)$, 在 $|z-a|<r$ 内, $\varphi(z) \neq 0$, 从而在 $0<|z-a|<r$ 内, $f(z) \neq 0$.

若对于任意正整数 k, 都有 $f(a) = f^{(k)}(a) = 0$, 则对任意 $z(|z-a|<R)$, 有

$$f(z) = \sum_{n=0}^{\infty} \frac{f^{(n)}(a)}{n!} (z-a)^n = f(a),$$

即 $f(z) \equiv 0$.

推论 4.3　设 $f(z)$ 在 $K: |z-a|<R$ 内解析, 在 K 内有 $f(z)$ 的一列零点 $\{z_n\}(z_n \neq a)$ 收敛于 a, 则在 K 内 $f(z) \equiv 0$.

证　假设 $f(z)$ 在 K 内不恒等于零, 由于 $f(z)$ 在 a 点连续及 $f(z_n)=0$, 而且 $z_n \to a$, 则可得 $f(a)=0$, 从而 a 为 $f(z)$ 的非孤立零点, 这与定理 4.19 矛盾, 所以 $f(z)$ 在 K 内恒等于零.

下面的定理反映了解析函数深刻的内涵.

2. 解析函数的唯一性

对于实变函数,在它的定义范围内,已知某一部分的函数值,是完全不能断定同一个函数在其他部分的函数值.而解析函数的情形,则不相同,它可以由定义域内某一部分的值,确定这个函数在定义域内的其他值.Cauchy 积分公式使我们知道,从解析函数在边界上的值可以推得在内部的一切值,因此下面的唯一性定理可以看成 Cauchy 积分公式的补充定理,它们都反映了解析函数的特性,同是解析函数论中最基本的定理.

定理 4.20(唯一性定理)　设 $f(z),g(z)$ 在区域 D 内解析,若存在 $\{z_n\}\subset D$ $(n=1,2,\cdots)$,满足:

(1) $z_n\to a\in D,z_n\neq a(n=1,2,\cdots)$;

(2) $f(z_n)=g(z_n)(n=1,2,\cdots)$,

则 $f(z)=g(z)(z\in D)$.

证　令 $h(z)=f(z)-g(z)$,我们只需证明 $h(z)$ 在 D 内恒为零就行了.

由假设知 $h(z)$ 在 D 内解析,在 D 内有一系列零点 $\{z_n\}(z_n\neq a)$ 收敛于 $a\in D$,且 $h(a)=0$.如果 D 本身就是以 a 为中心的圆,或 D 就是整个 z 平面,则由推论 4.3 即知,$h(z)\equiv0$.定理得证.

如果 D 是一般区域,可用下述所谓圆链法来证明.设 b 是 D 内任意固定的点(图 4.2).因为 D 是区域,所以存在 D 内的一条折线 L 连接 a,b.设 L 至 D 的边界 Γ 间的最短距离为 d,则 $d>0$(见第 3 章定理 3.5 及注 3.2).由于 L 是可求长的,所以我们可以在 L 上取 $n+1$ 个点:

$$a = a_0,a_1,a_2,\cdots,a_n = b,$$

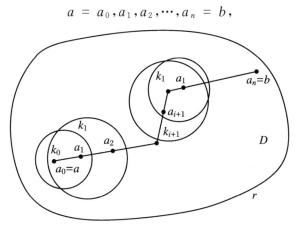

图 4.2

且相邻两点 a_{i-1} 到 a_i 之间的折线段小于定数 $r(0<r<d)$. 显然, 由推论 4.3 在圆 $K_0: |z-a_0|<r$ 内 $h(z)\equiv0$. 在圆 $K_1: |z-a_1|<r$ 内又重复应用推论 4.3, 即知在圆 K_1 内 $h(z)\equiv0$. 由此重复 $n-1$ 次, 可得 $f(z)$ 在圆 $K_{n-1}: |z-a_{n-1}|<r$ 内恒为零, $b\in K_{n-1}$, 特别有 $h(b)=0$, 由于 b 的任意性, 故对任何 $z\in D$ 都有 $h(z)\equiv0$, 因此我们有 $f(z)\equiv g(z)(z\in D)$.

推论 4.4　设在区域 D 内解析的函数 $f(z)$ 及 $g(z)$ 在 D 内的某一子区域(或小弧段)上相等, 则它们必在区域 D 内恒等.

推论 4.5　一切在实轴上成立的恒等式在 z 平面上也成立, 只要这个恒等式的等号两边在 z 平面上都是解析的.

例如, $\sin^2 z+\cos^2 z=1, \cos 2z=\cos^2 z-\sin^2 z$ 等在整个 z 平面上都是成立的.

例 4.10　试证明: $\sin^2 z=\dfrac{1-\cos 2z}{2}$.

证　设 $f(z)=\sin^2 z, g(z)=\dfrac{1-\cos 2z}{2}$, 则 $f(z), g(z)$ 在平面 $\mathbb{C}$ 上解析, 并且当 z 取实数时, $f(z)=g(z)$, 由唯一性定理, 在整个复平面上, 我们有 $f(z)=g(z)$.

例 4.11　试证明: 在复平面上解析, 并且在实轴上等于 $\sin x$ 的函数只能是 $\sin z$.

证　显然, $\sin z$ 在复平面上解析且在实轴上等于 $\sin x$, 那么复平面上的解析函数 $f(z)-\sin z$ 在实轴上等于零, 因而由定理 4.20 可知, 在复平面上 $f(z)-\sin z\equiv0$, 即 $f(z)\equiv\sin z$.

例 4.12　在原点解析, 而在 $z=\dfrac{1}{n}(n=1,2,\cdots)$ 处分别取下列各组值的函数是否存在:

(1) $0, \dfrac{1}{2}, 0, \dfrac{1}{4}, 0, \dfrac{1}{6}, \cdots$;

(2) $\dfrac{1}{2}, \dfrac{2}{3}, \dfrac{3}{4}, \dfrac{4}{5}, \dfrac{5}{6}, \cdots$.

解　(1) $f(z)$ 应满足 $f\left(\dfrac{1}{2n-1}\right)=0, f\left(\dfrac{1}{2n}\right)=\dfrac{1}{2n}$, 但 $\dfrac{1}{2n-1}\to0, \dfrac{1}{2n}\to0$. 由定理 4.20 知, $f(z)=z$ 是在原点解析, 而且满足 $f\left(\dfrac{1}{2n}\right)=\dfrac{1}{2n}$ 的唯一函数, 它不满足

$f\left(\dfrac{1}{2n-1}\right)=0$,因此,要满足条件(1)且在原点解析的函数不存在.

(2) $f(z)$ 应满足 $f\left(\dfrac{1}{n}\right)=\dfrac{n}{n+1}=\dfrac{1}{1+\dfrac{1}{n}}(n=1,2,\cdots)$. 由定理 4.20 可知,$f(z)$

$=\dfrac{1}{1+z}$ 是在 $z=0$ 解析且满足条件的唯一函数.

3. 最大模原理

下面的定理是解析函数论中最有用的定理之一.

定理 4.21(最大模原理)　设函数 $f(z)$ 在区域 D 内解析,则 $|f(z)|$ 在 D 内任何点都不能达到最大值,除非在 D 内 $f(z)$ 恒为常数.

证　如果用 M 表 $|f(z)|$ 在 D 内的最小上界,则 $0<M<+\infty$. 假定在 D 内有一点 z_0 达到它的最大值,即 $|f(z_0)|=M$.

我们以 z_0 为中心,以 R 为半径,作圆周 $C:|z-z_0|=R$,使圆周及其内部区域 $K:|z-z_0|<R$ 全部含在 D 内,应用解析函数的平均值定理(定理3.13),我们得到

$$f(z_0)=\frac{1}{2\pi}\int_0^{2\pi}f(z_0+R\mathrm{e}^{\mathrm{i}\varphi})\mathrm{d}\varphi,$$

由复积分的性质(4)可推出

$$|f(z_0)|\leqslant\frac{1}{2\pi}\int_0^{2\pi}|f(z_0+R\mathrm{e}^{\mathrm{i}\varphi})|\mathrm{d}\varphi. \tag{4.16}$$

由于

$$|f(z_0+R\mathrm{e}^{\mathrm{i}\varphi})|\leqslant M,\quad|f(z_0)|=M, \tag{4.17}$$

我们得到:对于任何 $\varphi(0\leqslant\varphi\leqslant2\pi)$,$|f(z_0+R\mathrm{e}^{\mathrm{i}\varphi})|=M$.

事实上,如果对于某一个值 $\varphi=\varphi_0$,有

$$|f(z_0+R\mathrm{e}^{\mathrm{i}\varphi_0})|<M,$$

那么根据 $|f(z)|$ 的连续性,不等式 $|f(z_0+R\mathrm{e}^{\mathrm{i}\varphi})|<M$ 在某个充分小的区间 $(\varphi_0-\delta,\varphi_0+\delta)$(如果 φ_0 是端点,比如 $\varphi_0=0$,我们仅仅考虑在区间 $[0,\varphi_0+\delta)$ 即可)内成立. 同时,在区间 $[0,\varphi_0-\delta]\cup(\varphi_0+\delta,\pi]$ 上总有

$$|f(z_0+R\mathrm{e}^{\mathrm{i}\varphi})|\leqslant M,$$

在这样的情况下,由式(4.16)得

$$M=|f(z_0)|\leqslant\frac{1}{2\pi}\int_0^{2\pi}|f(z_0+R\mathrm{e}^{\mathrm{i}\varphi})|\mathrm{d}\varphi$$

$$= \frac{1}{2\pi} \left\{ \int_0^{\varphi_0 - \delta} + \int_{\varphi_0 - \delta}^{\varphi_0 + \delta} + \int_{\varphi_0 + \delta}^{2\pi} \right\} | f(z_0 + R e^{i\varphi}) | \, d\varphi < M,$$

矛盾. 因此, 我们已经证明了: 在以点 z_0 为中心的每一个充分小的圆周上 $| f(z) | = M$. 换句话说, 在点 z_0 的足够小的邻域 K_* 内(K_* 及其圆周全含于 D 内)有 $| f(z) | = M$.

由习题 2 的第 4(2) 题知, $f(z)$ 在 $K_* \subset D$ 内必为一常数.

由唯一性定理, $f(z)$ 在 D 内必为常数.

推论 4.6 设函数 $f(z)$ 在有界区域 D 内解析, 在闭域 $\bar{D} = D + \partial D$ 上连续; 并且 $| f(z) | \leqslant M (z \in \bar{D})$, 则除 $f(z)$ 为常数的情形外, $| f(z) | < M (z \in D)$.

注 4.5 (1) 在 Cauchy 不等式中的 $M(R) = \max\limits_{| z - a | = R} | f(z) |$, 现在也可以理解为

$$M(R) = \max_{| z - a | \leqslant R} | f(z) |.$$

(2) 我们在定理 7.3 的保域定理后给出了最大模的几何解释与另一证明方法 (定理 7.5).

(3) 这个定理告诉我们非常数的解析函数不可能在区域内部取到最大模.

习题 4

1. 设已给复数序列 $\{ z_n \}$, 若 $\lim\limits_{n \to \infty} z_n = \zeta$, 其中 ζ 是一有限复数. 试证明:

$$\lim_{n \to \infty} \frac{z_1 + z_2 + \cdots + z_n}{n} = \zeta.$$

2. 判断下列级数的敛散性.

(1) $\sum\limits_{n=1}^{\infty} \frac{n}{2^n} z^n$; (2) $\sum\limits_{n=1}^{\infty} \left(\frac{1 + 2i}{2} \right)^n$;

(3) $\sum\limits_{n=1}^{\infty} \frac{1}{n} \left(1 + \frac{1}{n} \right) i$.

3. 试确定下列幂级数的收敛半径.

(1) $\sum\limits_{n=0}^{\infty} \frac{n}{2^n} z^n$; (2) $\sum\limits_{n=0}^{\infty} [3 + (-1)^n]^n z^n$;

(3) $\sum\limits_{n=0}^{\infty} \frac{n!}{n^n} z^n$; (4) $\sum\limits_{n=0}^{\infty} z^{n!}$.

4. 设 $\lim\limits_{n \to \infty} \frac{a_{n+1}}{a_n}$ 存在($\neq \infty$). 试证明: 下列三个幂级数有相同的收敛半径.

(1) $\displaystyle\sum_{n=0}^{\infty} a_n z^n$（原级数）；

(2) $\displaystyle\sum_{n=0}^{\infty} \frac{a_n}{n+1} z^{n+1}$（逐项积分后所成级数）；

(3) $\displaystyle\sum_{n=0}^{\infty} na_n z^{n-1}$（逐项求导后所成级数）.

5. 设级数 $\displaystyle\sum_{n=0}^{\infty} f_n(z)$ 在点集 E 上一致收敛于 $f(z)$，并且在 E 上 $|g(z)| < M(M < \infty)$.

试证明：级数 $\displaystyle\sum_{n=0}^{\infty} g(z)f_n(z)$ 在 E 上一致收敛于 $g(z)f(z)$.

6. 试证明：复级数 $\displaystyle\sum_{n=1}^{\infty} z^n$ 在 $|z| < 1$ 内不一致收敛，但内闭一致收敛.

7. 将下列函数展开成 z 的级数，并求出收敛圆.

(1) $\displaystyle\int_0^z \left(\frac{\sin z}{z}\right)^2 \mathrm{d}z$；　　　　　　　　(2) $\mathrm{Ln}\,(1+z)$；

(3) $\dfrac{1}{(1-z)^2}$.

8. 求 $f(z) = \sqrt{z+1}$ 在 $|z| < 1$ 内的 Taylor 级数.

9. 用幂级数逐项求导法，试证明：

$$\frac{1}{z^3} = 1 - \frac{3\cdot 2}{2}(z-1) + \frac{4\cdot 3}{2}(z-1)^2 + \cdots \quad (|z-1| < 1).$$

10. 设 $z = a$ 是 $f(z)$ 的 n 阶零点，$g(z)$ 的 m 阶零点. 试问下列函数在 a 处有何种性质？

(1) $f(z) + g(z)$；　　　　　　　　(2) $f(z)\cdot g(z)$；

(3) $\dfrac{f(z)}{g(z)}$.

11. 设 a 是 $f(z)$ 的 n 阶零点，$g(z)$ 的 m 阶零点，$n \geqslant m$. 求证：

$$\lim_{z\to a} \frac{f(a)}{g(z)} = \frac{f^{(m)}(a)}{g^{(m)}(a)}.$$

12. 用唯一性定理证明：$\mathrm{e}^{\mathrm{i}z} = \cos z + \mathrm{i}\sin z$.

13. 是否存在这样的一个函数 $f(z)$，使得它在原点解析，且

$$f\left(\frac{1}{2k-1}\right) = 1, \quad f\left(\frac{1}{2k}\right) = 0 \quad (k = 1,2,\cdots).$$

14. 试问在原点解析且满足下述条件的函数是否存在？

(1) $f\left(\dfrac{1}{n}\right) = f\left(-\dfrac{1}{n}\right) = \dfrac{1}{n^2}(n = 1,2,3,\cdots)$；

(2) $f\left(\dfrac{1}{n}\right) = f\left(-\dfrac{1}{n}\right) = \dfrac{1}{n^3}(n = 1,2,3,\cdots)$.

15. 设函数 $f(z)$ 在区域 D 内解析. 试证明: 如果对某 $z_0 \in D$ 有

$$f^{(n)}(z_0) = 0 \quad (n = 1, 2, \cdots),$$

那么 $f(z)$ 在 D 内为常数.

16. 函数 $\sin \dfrac{1}{1-z}$ 在 $|z| < 1$ 内解析, 不恒等于零, 但在圆内有无穷个零点 $z_n = 1 - \dfrac{1}{n\pi}$, 这是否与唯一性定理相矛盾? 为什么?

17. 设在 $|z| < R$ 解析的函数 $f(z)$ 有 Taylor 展开式:

$$f(z) = \alpha_0 + \alpha_1 z + \cdots + \alpha_n z^n + \cdots.$$

试证明: 当 $0 \leqslant r < R$ 时, 有 $\dfrac{1}{2\pi} \displaystyle\int_0^{2\pi} |f(re^{i\theta})|^2 \, \mathrm{d}\theta = \sum_0^\infty |\alpha_n|^2 r^{2n}$.

18. 设 $f(z)$ 为 $z = a$ 的 Taylor 级数为

$$f(z) = \sum c_n (z-a)^n \quad (|z-a| < R < +\infty),$$

R 是收敛半径. 求证: 在圆周 $|z-a| = R$ 上, 至少有一点不是 $f(z)$ 的解析点.

19. 设 $f(z) = \displaystyle\sum_{n=0}^\infty c_n z^n (c_0 \neq 0)$ 的收敛半径 $R > 0$, 且 $M = \max\limits_{|z|=\rho} |f(z)| \, (0 < \rho < R)$, 试证明: $f(z)$ 在 $|z| < \dfrac{|c_0|}{|c_0| + M} \rho$ 无零点.

20. 设在 $|z| < R$ 内解析函数 $f(z)$ 有 Taylor 展开式 $f(z) = \alpha_0 + \alpha_1 z + \cdots + \alpha_n z^n + \cdots$, 令 $M(r) = \max\limits_{0 \leqslant \theta \leqslant 2\pi} |f(re^{i\theta})|$. 试证下列 Cauchy 不等式:

$$|\alpha_n| \leqslant \frac{M(r)}{r^n} \quad (n = 0, 1, 2, \cdots, 0 < r < R).$$

21. 设 z 是任一复数. 试证明: $|e^z - 1| \leqslant e^{|z|} - 1 \leqslant |z| e^{|z|}$.

22. 设 $f(z)$ 是一整函数, 并且假定存在着一个正整数 n 以及两个正数 R 及 M, 使得当 $|z| \geqslant R$ 时, $|f(z)| \leqslant M |z|^n$. 试证明: $f(z)$ 是一个次数至多为 n 的多项式或常数.

23. (最小模原理) 设 $f(z)$ 在区域 D 内解析, 不为常数且没有零点. 试证明: $|f(z)|$ 不可能在 D 内达到最小值.

24. 设 $f(z)$ 在 $|z| \leqslant a$ 上解析, 在圆 $|z| = a$ 上有 $|f(z)| > m$, 并且 $|f(0)| < m$, 其中 a 及 m 是有限正数. 试证明: $f(z)$ 在 $|z| < a$ 内至少有一零点.

25. 设 $f(z)$ 在以周线 C 所围成的有界区域 D 上解析, 在 $\overline{D} = D + C$ 上连续, 且不恒为常数. 若 $|f(z)| = 1 \, (z \in C)$, 则 $f(z)$ 在 D 内至少有一个零点.

26. 设 $P(z) = z^n + a_{n-1} z^{n-1} + \cdots + a_0$. 求证: $\max\limits_{|z|=1} |P(z)| \geqslant 1$.

27. 设 $f(z) = \displaystyle\sum_{n=0}^\infty c_n (z-a)^n, |z-a| < R$, 若 $|f(z)| \leqslant M$. 求证: $\displaystyle\sum_{n=0}^\infty |c_n|^2 R^{2n} \leqslant M^2$. 并由此证明最大模定理.

第 5 章　解析函数的 Laurent(洛朗)展开及其应用

在第 4 章我们已经看出，用 Taylor 级数来表示圆形区域内的解析函数是很方便的. Laurent 级数也是研究解析函数性质的重要工具. 为此，本章将建立解析函数的另一种重要的级数——Laurent 级数，主要研究解析函数的 Laurent 展开式、解析函数的孤立奇点及其性质、Schwarz 引理、整函数与亚纯函数的概念与性质. 在下一章我们将要看到，Laurent 级数理论在研究复积分中也起着重要的作用.

5.1　圆环内的解析函数展成 Laurent 级数

1. 双边幂级数

下面的级数

$$\cdots + \frac{c_{-n}}{(z-z_0)^n} + \cdots + \frac{c_{-1}}{z-z_0} + c_0 + c_1(z-z_0) + \cdots + c_n(z-z_0)^n + \cdots,$$

我们称之为双边幂级数，记为

$$\sum_{n=-\infty}^{+\infty} c_n(z-z_0)^n, \tag{5.1}$$

其中 $z_0, c_n(n=0, \pm 1, \cdots)$ 为常数. 显然，式(5.1)可以看成下列两个级数之和：

$$\sum_{n=0}^{+\infty} c_n(z-z_0)^n \tag{5.2}$$

这是一个幂级数，设其收敛半径为 R_2，则式(5.2)在 $|z-z_0| < R_2$ 上是绝对收敛且内闭一致收敛的；

$$\sum_{n=-1}^{-\infty} c_n(z-z_0)^n, \tag{5.3}$$

令 $\xi = (z-z_0)^{-1}$，则得到一个关于 ξ 的幂级数. 设其收敛半径为 $\dfrac{1}{R_1}$. 从而

$\sum\limits_{n=-\infty}^{-1} c_n (z-z_0)^n$ 在 $|z-z_0|>R_1$ 上是绝对收敛且内闭一致收敛的.

当 $R_2>R_1$ 时,双边幂级数(5.1)在 $R_1<|z-z_0|<R_2$ 上内闭一致收敛,且其和函数为解析函数.从上面的分析不难看出,双边幂级数的收敛区域为一个圆环.在这个圆环上,双边幂级数内闭一致收敛于一个解析函数.

假设幂级数(5.2)在 $|z-z_0|<R_2$ 内收敛于解析函数 $f_1(z)$;幂级数(5.3)在 $|z-z_0|>R_1(R_1<R_2)$ 内收敛于解析函数 $f_2(z)$.考虑上面的公共区域,即圆环 $H:R_1<|z-z_0|<R_2$,因此我们可知级数(5.1)在圆环 H 内是绝对收敛且内闭一致收敛,并且收敛于解析函数 $f_1(z)+f_2(z)$.因此,我们有:

定理 5.1　设双边幂级数(5.1)的收敛圆环为

$$H:R_1<|z-z_0|<R_2 \quad (0\leqslant R_1<R_2\leqslant +\infty),$$

则(1) 式(5.1)在 H 内绝对收敛且内闭一致收敛于 $f(z)=f_1(z)+f_2(z)$;

(2) 函数 $f(z)$ 在 H 内解析;

(3) 函数 $f(z)=\sum\limits_{n=-\infty}^{+\infty} c_n (z-z_0)^n$ 在 H 内可逐项求导 $p(p=1,2,\cdots)$ 次;

(4) 函数 $f(z)$ 可沿 H 内曲线 C 逐项积分.

根据上面的讨论,自然要考虑的问题是圆环 H 内的解析函数如何展成 Laurent 级数.类似于 Taylor 定理,对于圆环上的解析函数,我们给出 Laurent 定理.

2. 解析函数的 Laurent 展开式

前面我们给出了双边幂级数在其收敛圆环内表示一解析函数,反过来我们有:

定理 5.2(Laurent 定理)　设 $f(z)$ 在圆环 $H:R_1<|z-z_0|<R_2$ $(0\leqslant R_1<R_2\leqslant +\infty)$ 内解析,那么在 H 内,

$$f(z)=\sum_{n=-\infty}^{+\infty} c_n (z-z_0)^n, \tag{5.4}$$

其中

$$c_n=\frac{1}{2\pi i}\int_\gamma \frac{f(z)}{(z-z_0)^{n+1}}dz \quad (n=0,\pm 1,\pm 2,\cdots), \tag{5.5}$$

和 $\gamma:|z-z_0|=\rho(R_1<\rho<R_2)$.

我们称式(5.4)为 $f(z)$ 的 Laurent 展开式.

证　设 z 为 H 内任意取定的点,总可以找到含于 H 内的两个圆周

$$\Gamma_1:|\zeta-z_0|=\rho_1, \quad \Gamma_2:|\zeta-z_0|=\rho_2 \quad (R_1<\rho_1<\rho_2<R_2),$$

使 z 含于圆环 $\rho_1 < |z - z_0| < \rho_2$ 内(图 5.1),则 $f(z)$ 在闭圆环 $\rho_1 \leqslant |z - z_0| \leqslant \rho_2$ 上解析.

由复周线的 Cauchy 积分公式,我们有

$$f(z) = \frac{1}{2\pi i} \int_{\Gamma_2 + \Gamma_1^-} \frac{f(\zeta)}{\zeta - z} d\zeta$$

$$= \frac{1}{2\pi i} \int_{\Gamma_2} \frac{f(\zeta)}{\zeta - z} d\zeta + \frac{1}{2\pi i} \int_{\Gamma_1} \frac{f(\zeta)}{z - \zeta} d\zeta, \tag{5.6}$$

当 $\zeta \in \Gamma_2$ 时,级数

$$\frac{1}{\zeta - z} = \frac{1}{\zeta - z_0 - (z - z_0)}$$

$$= \frac{1}{(\zeta - z_0)\left(1 - \dfrac{z - z_0}{\zeta - z_0}\right)}$$

$$= \sum_{n=0}^{+\infty} \frac{(z - z_0)^n}{(\zeta - z_0)^{n+1}} \tag{5.7}$$

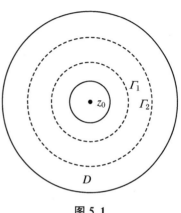

图 5.1

是一致收敛的. 只需照抄 Taylor 定理 4.15 证明中的相应部分,就可得

$$\frac{1}{2\pi i} \int_{\Gamma_2} \frac{f(\zeta)}{\zeta - z} d\zeta = \sum_{n=0}^{+\infty} c_n (z - z_0)^n, \tag{5.8}$$

其中

$$c_n = \frac{1}{2\pi i} \int_{\Gamma_2} \frac{f(z)}{(z - z_0)^{n+1}} dz \quad (n = 0, 1, 2, \cdots). \tag{5.9}$$

而当 $\zeta \in \Gamma_1$ 时,级数

$$\frac{1}{z - \zeta} = \frac{1}{z - z_0 - (\zeta - z_0)} = \frac{1}{(z - z_0)\left(1 - \dfrac{\zeta - z_0}{z - z_0}\right)}$$

$$= \sum_{n=0}^{+\infty} \frac{(\zeta - z_0)^n}{(z - z_0)^{n+1}} = \sum_{n=1}^{+\infty} \frac{(\zeta - z_0)^{n-1}}{(z - z_0)^n}$$

$$= \sum_{n=-1}^{-\infty} \frac{1}{(\zeta - z_0)^{n+1}} (z - z_0)^n, \tag{5.10}$$

和式(5.8)的情况是类似的,我们可得到

$$\frac{1}{2\pi i} \int_{\Gamma_1} \frac{f(\zeta)}{z - \zeta} d\zeta = \sum_{n=1}^{+\infty} c_{-n} (z - z_0)^{-n}, \tag{5.11}$$

其中

$$c_{-n} = \frac{1}{2\pi i} \int_{\Gamma_1} \frac{f(z)}{(z - z_0)^{-n+1}} dz \quad (n = 1,2,3,\cdots). \tag{5.12}$$

由式(5.6)、式(5.8)和式(5.11),我们有

$$f(z) = \sum_{n=-\infty}^{+\infty} c_n (z - z_0)^n.$$

利用 Cauchy 积分定理,我们可以证明式(5.9)和式(5.12)都可统一成式(5.5),即

$$\frac{1}{2\pi i} \int_{\Gamma_2} \frac{f(\zeta)}{(\zeta - z_0)^{n+1}} d\zeta = \frac{1}{2\pi i} \int_{\gamma} \frac{f(\zeta)}{(\zeta - z_0)^{n+1}} d\zeta \quad (n = 0,1,2,\cdots)$$

和

$$\frac{1}{2\pi i} \int_{\Gamma_1} \frac{f(\zeta)}{(\zeta - z_0)^{n+1}} d\zeta = \frac{1}{2\pi i} \int_{\gamma} \frac{f(\zeta)}{(\zeta - z_0)^{n+1}} d\zeta \quad (n = -1, -2,\cdots).$$

于是我们证明式(5.4)和式(5.5)成立.

注 5.1　一般来说,$c_n = \dfrac{1}{2\pi i} \displaystyle\int_{|z-a|=\rho} \dfrac{f(\xi)}{(\xi - z_0)^{n+1}} d\xi \neq \dfrac{f^{(n)}(z_0)}{n!}$.

推论 5.1　在定理 5.2 的假设下,$f(z)$ 在 H 内的 Laurent 展开式(5.4)是唯一的.这个性质称为解析函数的 Laurent 展开式的唯一性.

证　设 $f(z)$ 在圆环 H 内又可展成下式:

$$f(z) = \sum_{n=-\infty}^{+\infty} c'_n (z - z_0)^n, \tag{5.13}$$

由于式(5.13)右边的级数在圆 $\gamma: |z - z_0| = \rho (R_1 < \rho < R_2)$ 上一致收敛,两边乘以 γ 上的有界函数 $\dfrac{1}{(z - z_0)^{m+1}}$ 后级数仍然在 γ 上一致收敛,故可逐项积分,并乘以 $\dfrac{1}{2\pi i}$,得

$$\frac{1}{2\pi i} \int_{\gamma} \frac{f(z)}{(z - z_0)^{m+1}} dz = \sum_{n=-\infty}^{+\infty} \frac{1}{2\pi i} \int_{\gamma} c'_n (z - z_0)^{n-m-1} dz. \tag{5.14}$$

当 $m = n$ 时,

$$\frac{1}{2\pi i} \int_{\gamma} c'_n (z - z_0)^{n-m-1} dz = c'_n,$$

当 $m \neq n$ 时,

$$\frac{1}{2\pi i} \int_{\gamma} c'_n (z - z_0)^{n-m-1} dz = 0.$$

将上面两式代入式(5.14)得到

$$c_m = \frac{1}{2\pi i} \int_\gamma \frac{f(z)}{(z-z_0)^{m+1}} dz = c'_m \quad (m = 0, \pm 1, \pm 2, \cdots).$$

定义 5.1 称式(5.4)为函数 $f(z)$ 在点 z_0 的 Laurent 展开式,式(5.5)称其为 Laurent 系数,而式(5.4)等号右边的级数则称为 Laurent 级数.

例 5.1 将 $f(z) = \dfrac{1}{z}$ 分别在区域:(1) $|z-1| < 1$;(2) $1 < |z-1| < +\infty$ 内展成 Laurent 级数.

解 (1) $f(z) = \dfrac{1}{z} = \dfrac{1}{1+(z-1)} = \sum\limits_{n=0}^{\infty} (-1)^n (z-1)^n (|z-1| < 1)$. 这是一个幂级数,因为 $f(z)$ 在 $|z-1| < 1$ 上解析.

(2) 因为 $\left| \dfrac{1}{z-1} \right| < 1$,故

$$f(z) = \frac{1}{z} = \frac{1}{z-1+1} = \frac{1}{z-1} \cdot \frac{1}{1+\dfrac{1}{z-1}} = \frac{1}{z-1} \sum_{n=0}^{\infty} \frac{(-1)^n}{(z-1)^n}$$

$$= \sum_{n=0}^{\infty} \frac{(-1)^n}{(z-1)^{n+1}} \quad (1 < |z-1| < \infty).$$

例 5.2 将 $f(z) = \dfrac{1}{(z^2+2)z}$ 分别在区域:(1) $0 < |z| < \sqrt{2}$;(2) $\sqrt{2} < |z| < +\infty$ 上展开成 Laurent 级数.

解 (1) $f(z) = \dfrac{1}{(z^2+2)z} = \dfrac{1}{z} \cdot \dfrac{1}{z^2+2} = \dfrac{1}{2z} \cdot \dfrac{1}{1+\dfrac{z^2}{2}} = \dfrac{1}{2z} \left(1 - \dfrac{z^2}{2} + \dfrac{z^4}{2^2} + \cdots \right)$

$$= \frac{1}{2z} - \frac{z}{2^2} + \frac{z^3}{2^3} + \cdots \quad (0 < |z| < \sqrt{2}).$$

(2) $f(z) = \dfrac{1}{z(z^2+2)} = \dfrac{1}{z^3 \left(1 + \dfrac{2}{z^3} \right)} = \dfrac{1}{z^3} \left(1 - \dfrac{2}{z^2} + \dfrac{2^2}{z^4} + \cdots \right)$

$$= \frac{1}{z^3} - \frac{2}{z^5} + \frac{4}{z^7} + \cdots \quad (\sqrt{2} < |z| < +\infty).$$

例 5.3 把 $f(z) = \sin \dfrac{z}{z-1}$ 在 $z = 1$ 的邻域内展成 Laurent 级数.

解　$f(z) = \sin \dfrac{z}{z-1} = \sin\left(1 + \dfrac{1}{z-1}\right) = \cos 1 \cdot \sin \dfrac{1}{z-1} + \sin 1 \cdot \cos \dfrac{1}{z-1}$

$$= \sin 1 + \frac{\cos 1}{z-1} - \frac{\sin 1}{2! \, (z-1)^2} - \frac{\cos 1}{3! \, (z-1)^3} + \frac{\sin 1}{4! \, (z-1)^4}$$

$$+ \frac{\cos 1}{5! \, (z-1)^5} + \cdots \quad (0 < |z-1| < +\infty).$$

3. Laurent 级数与 Taylor 级数的关系

当函数 $f(z)$ 在点 z_0 处解析时,中心在 z_0,半径等于由 z_0 到函数 $f(z)$ 的最近奇点的距离的那个圆可以看成圆环的特殊情形,在其中就可作出 Laurent 级数展开式.通过公式(5.5),然后运用 Cauchy 积分定理,我们可以得出,这个展开式的所有系数 $c_{-n}(n=1,2,\cdots)$ 都等于零.在此情形下,运用系数公式的积分形式,计算 Laurent 级数的系数公式与 Tayor 级数的系数是相等的,所以 Laurent 级数就转化为 Tayor 级数.因此,Tayor 级数是 Laurent 级数的特殊情形.

例 5.4　求函数 $f(z) = \dfrac{1}{(z-1)(z-2)}$ 分别在区域:(1) $|z| < 1$;(2) $1 < |z| < 2$;
(3) $|z| > 2$ 内的 Laurent 展开式.

解　(1) 在 $|z| < 1$ 内,

$$f(z) = \frac{1}{1-z} - \frac{1}{2-z} = \frac{1}{1-z} - \frac{1}{2\left(1 - \dfrac{z}{2}\right)}$$

$$= \sum_{n=0}^{\infty} z^n - \frac{1}{2} \sum_{n=0}^{\infty} \left(\frac{z}{2}\right)^n = \sum_{n=0}^{\infty} \left(1 - \frac{1}{2^{n+1}}\right) z^n.$$

(2) 在 $1 < |z| < 2$ 内,

$$f(z) = -\frac{1}{z\left(1 - \dfrac{1}{z}\right)} - \frac{1}{2\left(1 - \dfrac{z}{2}\right)} = -\sum_{n=0}^{\infty} \left[\frac{1}{z}\left(\frac{1}{z}\right)^n + \frac{1}{2}\left(\frac{z}{2}\right)^n\right]$$

$$= -\sum_{n=1}^{\infty} \frac{1}{z^n} - \sum_{n=0}^{\infty} \frac{z^n}{2^{n+1}}.$$

(3) 在 $|z| > 2$ 内,

$$f(z) = \frac{1}{z} \cdot \frac{1}{1 - \dfrac{2}{z}} - \frac{1}{z} \cdot \frac{1}{1 - \dfrac{1}{z}} = \frac{1}{z} \sum_{n=0}^{\infty} \frac{2^n}{z^n} - \frac{1}{z} \sum_{n=0}^{\infty} \frac{1}{z^n}$$

$$= \sum_{n=0}^{\infty} \frac{2^n - 1}{z^{n+1}} = \sum_{n=1}^{\infty} \frac{2^n - 1}{z^{n+1}}.$$

例 5.5　求函数 $f(z) = \sin \dfrac{1}{z-1}$ 与 $g(z) = \dfrac{\sin(z-1)}{z-1}$ 在 $0 < |z-1| < +\infty$ 内的 Laurent 展开式.

解　因为 $\sin z = z - \dfrac{z^3}{3!} + \cdots + \dfrac{(-1)^n z^{2n+1}}{(2n+1)!} + \cdots$，所以在 $0 < |z-1| < \infty$ 内，

$$f(z) = \sin \frac{1}{z-1} = \frac{1}{z-1} - \frac{1}{3!}\left(\frac{1}{z-1}\right)^3 + \cdots + \frac{(-1)^n}{(2n+1)!} \cdot \left(\frac{1}{z-1}\right)^{2n+1} + \cdots$$

$$= \frac{1}{z-1} - \frac{1}{3!}\frac{1}{(z-1)^3} + \cdots + \frac{(-1)^n}{(2n+1)!} \cdot \frac{1}{(z-1)^{2n+1}} + \cdots;$$

$$g(z) = \frac{\sin(z-1)}{z-1} = 1 - \frac{1}{3!}(z-1)^2 + \frac{1}{5!}(z-1)^4 - \cdots$$

$$+ \frac{(-1)^n(z-1)^{2n}}{(2n+1)!} + \cdots \quad (0 < |z-1| < \infty).$$

5.2　解析函数的孤立奇点及其性质

1. 孤立奇点的三种类型

定义 5.2　若点 $z = z_0$ 是 $f(z)$ 一个奇点，并且存在 z_0 的一个领域 $N(z_0)$，使 $f(z)$ 在 $N(z_0) - \{z_0\}$ 上解析，则称 $z = z_0$ 是 $f(z)$ 的 一个孤立奇点.

设 $z = z_0$ 是 $f(z)$ 的 一个孤立奇点，由定义，存在 $R > 0$，使 $f(z)$ 在 $0 < |z - z_0| < R$ 上解析，根据 Laurent 定理，

$$f(z) = \sum_{n=-\infty}^{+\infty} c_n(z - z_0) = \sum_{n=0}^{\infty} c_n(z - z_0)^n + \sum_{n=1}^{+\infty} \frac{c_{-n}}{(z - z_0)^n}, \quad (5.15)$$

其中

$$c_n = \frac{1}{2\pi i} \int_{|z-z_0| = \rho} \frac{f(z)}{(z - z_0)^{n+1}} dz \quad (0 < \rho < R).$$

我们称 $\displaystyle\sum_{n=0}^{\infty} c_n(z - z_0)^n$ 为 $f(z)$ 在点 $z = z_0$ 的正则部分，而 $\displaystyle\sum_{n=1}^{+\infty} \frac{c_{-n}}{(z - z_0)^n}$ 称为 $f(z)$ 在点 $z = z_0$ 的主要部分.

根据 $f(z)$ 在孤立奇点处的 Laurent 展开式的主要部分的不同状况，给出孤立

奇点的分类及其性质.

定义 5.3 设点 $z = z_0$ 是 $f(z)$ 的一个孤立奇点.

(1) 若 $f(z)$ 在 $z = z_0$ 的主要部分为零,则称 $z = z_0$ 是 $f(z)$ 的一个可去奇点.

(2) 若 $f(z)$ 在点 $z = z_0$ 的主要部分有且只有有限项,

$$\frac{c_{-k}}{(z - z_0)^k} + \frac{c_{-k+1}}{(z - z_0)^{k-1}} + \cdots + \frac{c_{-1}}{(z - z_0)} \quad (c_{-k} \neq 0),$$

则称 $z = z_0$ 是 $f(z)$ 的一个 k 阶极点.

(3) 若 $f(z)$ 在 $z = z_0$ 的主要部分有无限多项,则称 $z = z_0$ 是 $f(z)$ 的一个本质奇点.

例如, $z = 0$ 是 $f(z) = \dfrac{e^z - 1}{z}$ 的一个可去奇点; $z = 0$ 是 $f(z) = \dfrac{\sin z}{z^7}$ 的一个 6 阶极点;而 $z = 0$ 是 $f(z) = e^{\frac{1}{z}} + e^z$ 的一个本质奇点.

2. 可去奇点

由定义 5.3,我们知道当 $z = z_0$ 是 $f(z)$ 的一个可去奇点时, $f(z)$ 在点 z_0 处的 Laurent 级数实际上是一个幂级数,所以适当定义 $f(z)$ 在 z_0 的值: $f(z_0) = c_0$,那么 $f(z)$ 就在点 z_0 处解析.所以通常我们就认为 $z = z_0$ 是 $f(z)$ 的解析点,这就是我们称 z_0 为 $f(z)$ 的可去奇点的由来.

定理 5.3 设 $z = z_0$ 是 $f(z)$ 的一个孤立奇点,则下列三条是等价的.因此,它们中的任何一条都是可去奇点的特征.

(1) $f(z)$ 在 $z = z_0$ 的主要部分等于零;

(2) $\lim\limits_{z \to z_0} f(z) = b(\neq \infty)$;

(3) 存在 z_0 的一个去心邻域, $f(z)$ 在该邻域内有界.

证 只要证明,(1)$\Rightarrow$(2),(2)$\Rightarrow$(3),(3)$\Rightarrow$(1)就行了.

(1)$\Rightarrow$(2):由(1)可知

$$f(z) = c_0 + c_1(z - z_0) + \cdots + c_n(z - z_0)^n + \cdots$$
$$= c_0 + (z - z_0)[c_1 + c_2(z - z_0) + \cdots] = c_0 + (z - z_0)\varphi(z),$$

其中 $\varphi(z) = c_1 + c_2(z - z_0) + \cdots$ 在 z_0 点解析.这样

$$\lim_{z \to z_0} f(z) = c_0 + \lim_{z \to z_0}(z - z_0)\varphi(z) = c_0(\neq \infty).$$

(2)$\Rightarrow$(3):由(2)可知,对给定的 $\varepsilon = 1$,存在充分小的正数 $\delta > 0$,使当 $0 < |z - z_0| < \delta$ 时, $|f(z) - b| < 1$,从而 $|f(z)| < |b| + 1$.

(3)$\Rightarrow$(1):假设 $f(z)$ 在 $0 < |z - z_0| < \delta < R$ 内 $|f(z)| \leqslant M$.考虑 $f(z)$ 的

Laurent 展开式的主要部分

$$\frac{c_{-1}}{(z-z_0)} + \frac{c_{-2}}{(z-z_0)^2} + \cdots + \frac{c_{-n}}{(z-z_0)^n} + \cdots,$$

其中 $c_{-n} = \dfrac{1}{2\pi i}\displaystyle\int_{\Gamma_\rho} \dfrac{f(\zeta)}{(\zeta-z_0)^{-n+1}}\mathrm{d}\zeta(n=1,2,\cdots)$，$\Gamma_\rho:|\zeta-z_0|=\rho<\delta$. 这样

$$|c_{-n}| \leqslant \frac{1}{2\pi} \cdot \frac{M}{\rho^{-n+1}} \cdot 2\pi\rho = M\rho^n \to 0,\text{当 } \rho \to 0,$$

由此可知,对 $n=1,2,\cdots$,有 $c_{-n}=0$,即 $f(z)$ 在 z_0 点的主要部分为零.

3. 极点

对于极点,我们有下列性质:

定理 5.4　若点 $z=z_0$ 是 $f(z)$ 的一个孤立奇点,则下列三种说法是等价的:

(1) $f(z)$ 在点 $z=z_0$ 的主要部分为

$$\frac{c_{-m}}{(z-z_0)^m} + \frac{c_{-m+1}}{(z-z_0)^{m-1}} + \cdots + \frac{c_{-1}}{(z-z_0)} \quad (c_{-m} \neq 0).$$

(2) $f(z) = \dfrac{\varphi(z)}{(z-z_0)^m}$,$\varphi(z)$ 在点 z_0 解析,$\varphi(z_0)\neq 0$.

(3) $z=z_0$ 是 $g(z) = \dfrac{1}{f(z)}$ 的 m 阶零点(但要适当的补充定义,只要令 $g(z_0)=0$).

证　(1)$\Rightarrow$(2):因为

$$f(z) = \frac{c_{-m}}{(z-z_0)^m} + \frac{c_{-m+1}}{(z-z_0)^{m-1}} + \cdots + \frac{c_{-1}}{z-z_0} + c_0 + c_1(z-z_0) + \cdots$$

$$= \frac{\varphi(z)}{(z-z_0)^m},$$

其中 $\varphi(z) = c_{-m} + c_{-m+1}(z-z_0) + \cdots + c_0(z-z_0)^m + \cdots$,在 $z=z_0$ 处解析且 $\varphi(z_0) = c_{-m}\neq 0$.

(2)$\Rightarrow$(3):$g(z) = \dfrac{1}{f(z)} = (z-z_0)^m \dfrac{1}{\varphi(z)}$,因为 $\dfrac{1}{\varphi(z)}$ 在点 z_0 处解析,且

$\dfrac{1}{\varphi(z_0)} = \dfrac{1}{c_{-m}}\neq 0$,所以 z_0 是 $g(z)$ 的 m 阶零点(已令 $g(z_0)=0$).

(3)$\Rightarrow$(1):设 $g(z) = \dfrac{1}{f(z)} = (z-z_0)^m\psi(z)$,则 $\psi(z)$ 在点 z_0 处解析,且

$\psi(z_0)\neq0$,所以$\dfrac{1}{\psi(z)}$在点 z_0 处解析,并有$\dfrac{1}{\psi(z)}=a_0+a_1(z-z_0)+a_2(z-z_0)^2$

$+\cdots\ (a_0\neq0)$,其中$\dfrac{1}{\psi(z_0)}=a_0\neq0$.因此,我们得到

$$f(z)=\frac{1}{(z-z_0)^m}\cdot\frac{1}{\psi(z)}=\frac{1}{(z-z_0)^m}[a_0+a_1(z-z_0)+a_2(^z-z_0)2+\cdots]$$

$$=\frac{a_0}{(z-z_0)^m}+\frac{a_1}{(z-z_0)^{m-1}}+\cdots+a_m+a_{m+1}(z-z_0)+\cdots,$$

其中 $a_0\neq0$,因此 z_0 是 $f(z)$ 的 m 阶极点.

推论 5.2　设 $z=z_0$ 是 $f(z)$ 的一个孤立奇点,则 $z=z_0$ 是 $f(z)$ 的极点的充分必要条件是$\lim\limits_{z\to z_0}f(z)=\infty$.

证　**必要性**　可以由定理 5.4 之(2)的 $f(z)$ 的表达式通过取极限(令 $z\to z_0$)立刻得到,注意 $\varphi(z_0)\neq0$.

充分性　由$\lim\limits_{z\to z_0}f(z)=\infty$,可知存在正数 $\rho_0\leqslant R$,使得在 $0<|z-z_0|<\rho_0$ 内,

$f(z)\neq0$,于是 $F(z)=\dfrac{1}{f(z)}$ 在 $0<|z-z_0|<\rho_0$ 内解析且不等于 0,而且有

$$\lim_{z\to z_0}F(z)=\lim_{z\to z_0}\frac{1}{f(z)}=0,$$

得到 z_0 是 $F(z)$ 的一个可去奇点,因此 $F(z)$ 有 Laurent 展开式

$$F(z)=\beta_0+\beta_1(z-z_0)+\cdots+\beta_n(z-z_0)^n+\cdots\quad(0<|z-z_0|<\rho_0),$$

其中 $\beta_0=\lim\limits_{z\to z_0}F(z)=0$,我们补充定义 $F(z_0)=0$.

由于在 $0<|z-z_0|<\rho_0$ 内 $F(z)\neq0$,z_0 是唯一的零点,我们不妨假设

$$\beta_0=\beta_1=\cdots=\beta_{m-1}=0\quad(\beta_m\neq0),$$

于是

$$F(z)=(z-z_0)^m\Phi(z),$$

其中 $\Phi(z)$ 在 $|z-z_0|<\rho_0$ 内解析且不等于零($\Phi(z_0)=\beta_m\neq0$).因此,我们得到

$$f(z)=\frac{\varphi(z)}{(z-z_0)^m},\tag{5.16}$$

其中 $\varphi(z)=\dfrac{1}{\Phi(z)}$ 在 $|z-z_0|<\rho$ 内解析,$\varphi(z_0)=\dfrac{1}{\Phi(z_0)}=\dfrac{1}{\beta_m}\neq0$.因此 z_0 是 $f(z)$ 的 m 阶极点.

例 5.6　研究函数 $f(z) = \dfrac{\sin z}{z^m}$($m$ 为正整数)的孤立奇点 $z = 0$ 的类型.

解　由于

$$\sin z = z - \frac{z^3}{3!} + \frac{z^5}{5!} - \cdots,$$

我们有,当 $m = 1$ 时,$z = 0$ 是 $\dfrac{\sin z}{z}$ 的可去奇点,只要定义 $f(0) = 1$,因此 $f(z) = \dfrac{\sin z}{z}$ 在 $|z| < +\infty$ 上解析,并有下列 Laurent 展开式:

$$\frac{\sin z}{z} = 1 - \frac{z^2}{3!} + \frac{z^4}{5!} + \cdots \quad (|z| < +\infty).$$

当 $m > 1$ 时,$z = 0$ 是 $f(z) = \dfrac{\sin z}{z^m}$ 的 $m - 1$ 阶极点.

例 5.7　求 $f(z) = \dfrac{1}{e^z - 1} - \dfrac{1}{z}$ 的所有有限奇点,并指出其为何种类型的奇点.

解　$f(z)$ 的所有有限奇点为 $z_k = 2k\pi i (k = 0, \pm 1, \pm 2, \cdots)$,当 $z_0 = 0$ 时,

$$\lim_{z \to 0}\left(\frac{1}{e^z - 1} - \frac{1}{z}\right) = \lim_{z \to 0}\frac{z - e^z + 1}{z(e^z - 1)} = \lim_{z \to 0}\frac{1 - e^z}{z e^z + e^z - 1} = -\frac{1}{2},$$

因此 $z_0 = 0$ 是可去奇点.当 $z_k = 2k\pi i \neq 0$ 时,因为 z_k 是 $e^z - 1$ 的一阶零点,于是 z_k 是 $\dfrac{1}{e^z - 1}$ 的一阶极点,又因为 z_k 是 $\dfrac{1}{z}$ 的解析点,所以 $z_k (k \geqslant 1)$ 是 $f(z)$ 的一阶极点.

特别注意:∞ 是 $f(z)$ 的非孤立奇点.

例 5.8　试证:若 z_0 为 $f(z)$ 的单值性孤立奇点,则 z_0 为 $f(z)$ 的 m 阶极点的充分必要条件是 $\lim\limits_{z \to z_0}(z - z_0)^m f(z) = \alpha (\neq 0, \infty)$,其中 m 为一正整数.

证　必要性　设 z_0 是 $f(z)$ 的 m 阶极点,则 $f(z) = \dfrac{\varphi(z)}{(z - z_0)^m}$,其中 $\varphi(z)$ 在 $|z - z_0| < R$ 内解析,$\varphi(z_0) = \alpha \neq 0$,所以

$$\lim_{z \to z_0}(z - z_0)^m f(z) = \lim_{z \to z_0}\varphi(z) = \varphi(z_0) = \alpha \neq 0.$$

充分性　设 $\lim\limits_{z \to z_0}(z - z_0)^m f(z) = \alpha \neq 0$.由于 $f(z)$ 在 $0 < |z - z_0| < R$ 内解析,所以 $(z - z_0)^m f(z)$ 在 $0 < |z - z_0| < R$ 内解析,因此,由条件得,$(z - z_0)^m f(z)$ 在 $|z - z_0| < R$ 内解析.设其幂级数为

$$(z - z_0)^m f(z) = \alpha + c_1(z - z_0) + c_2(z - z_0)^2 + \cdots,$$

所以

$$f(z) = \frac{\alpha}{(z - z_0)^m} + \frac{c_1}{(z - z_0)^{m-1}} + \frac{c_2}{(z - z_0)^{m-2}} + \cdots \quad (\alpha \neq 0),$$

因此, z_0 是 $f(z)$ 的 m 阶极点.

4. 本质奇点

最后我们来讨论本质奇点,由定理 5.3 和定理 5.4 可知, z_0 是 $f(z)$ 的可去奇点和极点的充分必要条件分别是 $\lim\limits_{z \to z_0} f(z) = b$ 和 $\lim\limits_{z \to z_0} f(z) = \infty$,因此我们可以得到下面的定理:

定理 5.5　假设函数 $f(z)$ 在 $0 < |z - z_0| < R\,(0 < R \leqslant \infty)$ 内解析,那么 z_0 是 $f(z)$ 的本质奇点的充分必要条件是不存在有限或无限极限 $\lim\limits_{z \to z_0} f(z)$.

定理 5.6　设 $z = z_0$ 是 $f(z)$ 的一个孤立奇点,则下列命题等价:

(1) $f(z)$ 在点 $z = z_0$ 的主要部分有无限项;

(2) $\lim\limits_{z \to z_0} f(z)$ 的极限不存在,也不为 ∞.

例如, $e^{\frac{1}{z}}$ 以 $z = 0$ 为本质奇点. 事实上,当 z 沿正实轴趋近于零时, $e^{\frac{1}{z}} \to +\infty$;当沿负实轴趋近于零时, $e^{\frac{1}{z}} \to 0$.

1876 年,Weierstrass(魏尔斯特拉斯)进一步阐明了本质奇点的性质,给出了下面反映本质奇点特征的定理:

定理 5.7　设函数 $f(z)$ 在 $0 < |z - z_0| < R\,(0 < R \leqslant \infty)$ 内解析,那么 z_0 是 $f(z)$ 的本质奇点的充分必要条件是对于任何有限或无限的复数 γ,在 $0 < |z - z_0| < R$ 内一定有收敛于 z_0 的序列 $\{z_n\}$,使得 $\lim\limits_{n \to \infty} f(z_n) = \gamma$.

证　我们分两种情况讨论.

(1) 当 $\gamma = \infty$ 时,若命题不成立,则存在正数 δ 与 M,使得当 $0 < |z - z_0| < \delta$ 时,有 $|f(z)| \leqslant M$,这就是说, z_0 是 $f(z)$ 的一个可去奇点.

(2) 当 $\gamma \neq \infty$ 时,若命题不成立,则存在正数 δ 与 ε,使得当 $0 < |z - z_0| < \delta$ 时,有 $|f(z) - \gamma| \geqslant \varepsilon$,那么 $\dfrac{1}{|f(z) - \gamma|} \leqslant \dfrac{1}{\varepsilon}$. 这就是说, z_0 是 $\dfrac{1}{f(z) - \gamma}$ 的一个可去奇点,故可得极限 $\lim\limits_{z \to z_0} \dfrac{1}{f(z) - \gamma} = B$. 如果 $B \neq 0$,则 z_0 是 $f(z)$ 的可去奇点;如果 $B = 0$,那么 z_0 是 $f(z)$ 的一个极点,均与假设矛盾.

定理 5.7 实际上告诉我们, 若 z_0 是 $f(z)$ 的一个本质奇点, 则 $f(z)$ 将 z_0 的任何一个空心邻域映至扩充复平面一个稠密集.

法国数学家 Picard(皮卡)在 1879 年得到了关于本质奇点的更深刻的定理.

定理 5.8　假设 $f(z)$ 在 $0 < |z - z_0| < R (0 < R \leqslant \infty)$ 内解析, z_0 是 $f(z)$ 的本质奇点, 则对于每一个复数 $\gamma \neq \infty$, 至多可能有一个例外, 在 $0 < |z - z_0| < R$ 内一定有一个收敛于 z_0 的序列 $\{z_n\}$, 使得 $f(z_n) = \gamma (n = 1, 2, \cdots)$.

我们略去该定理的证明, 仅举一例来说明这个定理.

例如, 对于函数 $f(z) = \mathrm{e}^{\frac{1}{z}}, z = 0$ 是 $f(z)$ 的本质奇点. 对任何复数 $\gamma \neq 0$, 存在序列 $\{z_n\}$, 满足 $z_n = \dfrac{1}{\ln|\gamma| + \mathrm{i}(\arg \gamma + 2n\pi)} \rightarrow 0 (n \rightarrow \infty)$, 使得 $f(z_n) = \gamma (n = 1, 2, \cdots)$.

5.3　Schwarz(施瓦茨)引理

Schwarz 引理在复分析的多个领域中都起着重要的作用. 下面我们应用最大模原理来证明这个引理, 并给出其几何意义.

定理 5.9　设 $f(z)$ 是单位圆 $|z| < 1$ 内的解析函数, 设 $f(0) = 0$, 且当 $|z| < 1$ 时, $|f(z)| < 1$. 在这些条件下, 那么当 $|z| < 1$ 时, 我们有
$$|f(z)| \leqslant |z|,$$
且有
$$|f'(0)| \leqslant 1.$$
如果对于某一复数 $z_0(0 < |z_0| < 1), |f(z_0)| = |z_0|$ 或者 $|f'(0)| = 1$, 那么在 $|z| < 1$ 内,
$$f(z) = \mathrm{e}^{\mathrm{i}\alpha} z \quad (|z| < 1), \tag{5.17}$$
其中 α 为一实常数.

证　由于 $f(0) = 0, f(z)$ 在 $|z| < 1$ 内有 Taylor 展开式
$$f(z) = \alpha_1 z + \alpha_2 z^2 + \cdots + \alpha_n z^n + \cdots = z\varphi(z), \tag{5.18}$$
其中 $\varphi(z) = \alpha_1 + \alpha_2 z + \cdots$ 在 $|z| < 1$ 内解析. 因为当 $|z| < 1$ 时, $|f(z)| < 1$, 所以对于任意的 $z(0 < |z| < 1)$ 存在 $r(0 < r < 1)$, 使当 $|z| < r$ 时, 我们有
$$|\varphi(z)| = \left| \frac{f(z)}{z} \right| < \frac{1}{r}, \tag{5.19}$$

注意当 $z = 0$ 时,由式(5.18)知,

$$\varphi(0) = \lim_{z \to 0} \varphi(z) = \lim_{z \to 0} \frac{f(z) - f(0)}{z - 0} = f'(0).$$

由最大模原理知,当 $|z| \leqslant r$ 时,仍然有 $|\varphi(z)| < \dfrac{1}{r}$,令 $r \to 1$ 可以得到

$$|\varphi(z)| \leqslant 1 \quad (|z| < 1). \tag{5.20}$$

于是当 $0 < |z| < 1$ 时,

$$\left| \frac{f(z)}{z} \right| \leqslant 1, \tag{5.21}$$

亦即

$$|f(z)| \leqslant |z|, \tag{5.22}$$

由于 $f(0) = 0$,当 $z = 0$ 时式(5.22)仍然成立.

通过式(5.21),我们知 $|\varphi(0)| \leqslant 1$,因此 $|f'(0)| = |\varphi(0)| \leqslant 1$.

设存在某点 $z_0 (0 < |z_0| < 1)$,$|f(z_0)| = |z_0|$,而由 $|\varphi(z)| = \left| \dfrac{f(z)}{z} \right| \leqslant 1$ 可知,$\varphi(z)$ 在点 z_0 达到最大模 $|\varphi(z_0)| = 1$,所以 $\varphi(z)$ 为常数 $e^{i\alpha}$,即 $f(z) = e^{i\alpha} z$.

若 $|f'(0)| = 1$,即 $|\varphi(0)| = |f'(0)| = 1$,结合式(5.22)说明 $\varphi(z)$ 在点 $z = 0$ 达到最大值 1,所以 $\varphi(z)$ 也为常数 $e^{i\alpha}$,即 $f(z) = e^{i\alpha} z$.

Schwarz 引理表明,设 $f(z)$ 在 $|z| < 1$ 内解析,并且在映射 $w = f(z)$ 下,$|z| < 1$ 的像 Δ 在 $|w| < 1$ 内,$f(0) = 0$,那么 $|z| < r (0 < r < 1)$ 的像在 $|w| \leqslant r$ 上,并且 $|f'(0)| \leqslant 1$.如果某一 $z_0 (0 < |z_0| < 1)$ 和它的像 $f(z_0)$ 的模相等,或者 $|f'(0)| = 1$,那么 $f(z) = e^{i\alpha} z (|z| < 1$,其中 α 为一实常数),则 Δ 就与单位圆相同,变换仅仅就是一个旋转(图 5.2).

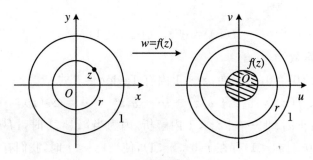

图 5.2

5.4 解析函数在无穷远点的性态

设 $f(z)$ 在区域 $r<|z|<+\infty\ (r\geqslant0)$ 内解析,则称 ∞ 为 $f(z)$ 的孤立奇点. 我们做变换

$$t=\frac{1}{z},$$

则 $F(t)=f\left(\frac{1}{t}\right)=f(z)$ 在 $0<|t|<\frac{1}{r}$(当 $r=0$ 时,$\frac{1}{r}=+\infty$)上解析,即 $t=0$ 是 $F(t)$ 的一个孤立奇点.

定义 5.4 若 $t=0$ 是 $F(t)$ 的可去奇点(解析点),m 阶极点或者本质奇点,我们就称 $z=\infty$ 是 $f(z)$ 的可去奇点(解析点),m 阶极点或者本质奇点,设

$$F(t)=\sum_{n=-\infty}^{+\infty}c_nt^n\quad\left(0<|t|<\frac{1}{r}\right),$$

则 $f(z)=\sum_{k=-\infty}^{+\infty}b_kz^k$,其中 $c_k=b_{-k}(k=0,\pm1,\pm2,\cdots)$. 对应于 $F(t)$ 的主要部分,我们称 $f(z)$ 在 $z=\infty$ 的主要部分是

$$\sum_{n=1}^{\infty}b_nz^n=b_1z+b_2z^2+\cdots;\tag{5.23}$$

而 $f(z)$ 在 $z=\infty$ 的解析部分是

$$\sum_{n=0}^{\infty}b_{-n}z^{-n}=b_0+\frac{b_{-1}}{z}+\frac{b_{-2}}{z^2}+\cdots.\tag{5.24}$$

由于 $f(z)$ 在奇点 $z=\infty$ 的性质由主要部分的特征所决定,因此我们有:

(1) 如果当 $n=1,2,\cdots$ 时,有 $b_n=0$,那么称 ∞ 为 $f(z)$ 的可去奇点. 例如 $f(z)=\frac{1}{z^2}+2$ 与 $g(z)=1+\frac{1}{z}+\frac{1}{z^2}+\cdots$,都以 ∞ 为可去奇点.

(2) 如果只有有限个(至少一个)$n>0$,使 $b_n\neq0$,那么称 ∞ 为 $f(z)$ 的极点. 如果存在 $m>0$,$b_m\neq0$,对 $n>m$,$b_n=0$,那么 ∞ 为 $f(z)$ 的 m 阶极点,当按 $m=1$ 时,称 ∞ 为 $f(z)$ 的单极点. 例如,$f(z)=\frac{1}{z}+z+2z^2$ 以 ∞ 为 2 阶极点.

(3) 如果有无穷个 $n>0$,使 $b_n\neq0$,那么称 ∞ 为 $f(z)$ 的本质奇点. 例如,$f(z)$

$$= 1 + z + \frac{z^2}{2!} + \cdots \text{ 以 } \infty \text{ 为本质奇点.}$$

定理 5.10　设 $f(z)$ 在 $R < |z| < \infty$ $(R \geqslant 0)$ 内解析,那么 $z = \infty$ 是 $\lim\limits_{z \to \infty} f(z)$ 的可去奇点、极点或本质奇点的充分必要条件是存在有限极限 $\lim\limits_{z \to \infty} f(z)$,无穷极限 $\lim\limits_{z \to \infty} f(z)$ 或不存在有限或无穷的极限 $\lim\limits_{z \to \infty} f(z)$.

类似于定理 5.3、定理 5.4 和定理 5.6,我们有:

定理 5.11　设 $z = \infty$ 是 $f(z)$ 的一个孤立奇点,则下列说法是等价的:

(1) $f(z)$ 在 $z = \infty$ 的主要部分等于零.

(2) $\lim\limits_{z \to \infty} f(z)$ 存在(有限).

(3) $f(z)$ 在 $z = \infty$ 的某个空心邻域内有界.

定理 5.12　设 $z = \infty$ 是 $f(z)$ 的一个孤立奇点,则下列说法是等价的:

(1) 设 $z = \infty$ 的主要部分为 $b_m z^m + b_{m-1} z^{m-1} + \cdots + b_1 z$ $(b_m \neq 0)$.

(2) $f(z) = z^m \varphi(z)$,$\varphi(z)$ 在 $z = \infty$ 解析,$\varphi(\infty) \neq 0$.

(3) $z = \infty$ 是 $g(z) = \dfrac{1}{f(z)}$ 的 m 阶零点(只要适当的补充定义,使 $g(\infty) = 0$).

推论 5.3　若 $z = \infty$ 是 $f(z)$ 的一个孤立奇点,则 $z = \infty$ 是 $f(z)$ 的一个极点的充分必要条件是 $\lim\limits_{z \to \infty} f(z) = \infty$.

定理 5.13　设 $z = \infty$ 是 $f(z)$ 的一个孤立奇点,则下列说法等价:

(1) $f(z)$ 在 $z = \infty$ 的主要部分有无穷多项.

(2) $\lim\limits_{z \to \infty} f(z)$ 不存在,也不为 ∞.

例 5.9　将 $f(z) = \dfrac{z-1}{(z^2+1)(z+1)}$ 在孤立奇点 $z = \infty$ 处展成 Laurent 级数.

解　因为 $f(z)$ 在 $1 < |z| < +\infty$ 上解析,所以点 $z = \infty$ 是 $f(z)$ 的一个孤立奇点.那么

$$f(z) = \frac{z}{1+z^2} - \frac{1}{1+z} = \frac{1}{z} \cdot \frac{1}{1 + \dfrac{1}{z^2}} - \frac{1}{z} \cdot \frac{1}{1 + \dfrac{1}{z}}$$

$$= \sum_{n=0}^{\infty} \frac{(-1)^n}{z^{2n+1}} - \sum_{n=0}^{\infty} \frac{(-1)^n}{z^{n+1}} \quad (1 < |z| < +\infty).$$

例 5.10　求函数 $f(z) = \dfrac{1}{\sin \dfrac{1}{z}}$ 的所有奇点,并指出其类型.

解　$f(z)$ 的所有奇点为 $z_k = \dfrac{1}{k\pi}(k = \pm 1, \pm 2, \cdots)$，以及 $z = 0$ 和 $z = \infty$.

因为 $\sin\dfrac{1}{\dfrac{1}{k\pi}} = 0, \left(\sin\dfrac{1}{z}\right)'\Big|_{z=\frac{1}{k\pi}} \neq 0$，所以 z_k 是 $f(z)$ 的 1 阶极点.

因为 $\lim\limits_{z\to\infty}\sin\dfrac{1}{z} = 0$，故 $z = \infty$ 为 $f(z)$ 的一个极点，又

$$f(z) = z \cdot \dfrac{1}{z\sin\dfrac{1}{z}},$$

并且 $\lim\limits_{z\to\infty} z\sin\dfrac{1}{z} = 1$，所以 $z = \infty$ 是 $f(z)$ 的一阶极点. 而 $z = 0$ 是 $f(z)$ 的一个非孤立奇点.

思考题　(1) $e^{\frac{1}{z}}$ 在原点和无穷远点的 Laurent 展开式是否相同，为什么？

(2) 如果 $z = a$ 是 $f(z)$ 的非孤立奇点，那么 $f(z)$ 能否在点 $z = a$ 处邻域内展成 Laurent 级数，为什么？

5.5　整函数与亚纯函数的概念

1. 整函数

如果 $f(z)$ 在整个复平面上解析，$f(z)$ 就是一个整函数. 无穷远点是整函数的孤立奇点，在 $\mathbb{C}$ 上 $f(z)$ 在点 $z = \infty$ 处的 Laurent 展开式就是 Taylor 展开式

$$f(z) = \sum_{n=0}^{\infty} c_n z^n. \tag{5.25}$$

当 $f(z)$ 恒等于常数时，∞ 为 $f(z)$ 的可去奇点；当 $f(z)$ 为 $n(\geqslant 1)$ 次多项式时，∞ 为 n 阶极点；如果存在无穷个 $c_n \neq 0$，∞ 为 $f(z)$ 的本质奇点，此时称 $f(z)$ 为超越整函数. 例如 $e^z, \sin z$ 和 $\cos z$ 都是超越整函数. 从这个分类立刻可以看出 Liouville 定理：有界整函数只能是常数.

应用 Liouville 定理，我们可以证明：

定理 5.14　若 $f(z)$ 为一整函数，则

(1) $z = \infty$ 为 $f(z)$ 的可去奇点的充分必要条件：$f(z) = c_0$（常数）；

（2）$z = \infty$ 为 $f(z)$ 的 m 阶极点的充分必要条件：$f(z)$ 是一个 m 次多项式 $c_0 + c_1 z + \cdots + c_m z^m (c_m \neq 0)$；

（3）$z = \infty$ 为 $f(z)$ 的本质奇点的充分必要条件：展开式（5.25）有无穷多个 c_n 不等于零（称这样的整函数 $f(z)$ 为超越整函数.）

由此可见，整函数族按唯一奇点 $z = \infty$ 的不同类型而被分成了三类.

2. 亚纯函数

定义 5.5　如果 $f(z)$ 在 z 平面上除去极点外无其他类型奇点的单值解析函数，那么称 $f(z)$ 为亚纯函数. 例如，$\tan z$ 有极点 $z = \left(k + \dfrac{1}{2}\right)\pi (k = 0, \pm 1, \cdots)$. $z^2 + 2z + 1, \sin z, \dfrac{z^3 + 1}{z^2 + 2z - 1}$ 都是亚纯函数.

亚纯函数族是较整函数族更一般的函数族.

定理 5.15　函数 $f(z)$ 为有理函数的充分必要条件为 $f(z)$ 在扩充 z 平面上除去极点外无其他类型的奇点.

证　必要性　设 $f(z) = \dfrac{P(z)}{Q(z)}$，$P(z)$，$Q(z)$ 分别为 m，n 次互素多项式.

当 $m > n$ 时，$z = \infty$ 为 $f(z)$ 的 $m - n$ 阶极点，$Q(z)$ 的零点为 $f(z)$ 的极点.

当 $m \leqslant n$ 时，$z = \infty$ 为 $f(z)$ 的可去奇点，只要定义 $f(\infty) = \lim\limits_{z \to \infty} \dfrac{P(z)}{Q(z)}$，则 $f(z)$ 的极点仅为 $Q(z)$ 的零点.

充分性　由于在扩充 z 平面上 $f(z)$ 只有极点而无其他类型的奇点，则极点的个数仅为有限个，否则在扩充 z 平面上有非孤立奇点，与假设矛盾.

假设 $z_1, z_2, \cdots, z_n$ 为 $f(z)$ 的所有有限极点，其阶数分别为 $\lambda_1, \cdots, \lambda_n$，则
$$h(z) = (z - z_1)^{\lambda_1} (z - z_2)^{\lambda_2} \cdots (z - z_n)^{\lambda_n} f(z)$$
在有限复平面上解析，而在 $z = \infty$ 处是极点或为常数，因此 $h(z)$ 为多项式或常数，这样 $f(z)$ 为有理分式函数.

由此可见，每一有理函数都是亚纯函数.

定义 5.6　非有理函数的亚纯函数称为超越亚纯函数.

例 5.11　设函数 $f(z)$ 是有界区域 D 内的亚纯函数，在边界 ∂D 上 $f(z) \neq 0$ 且解析，则 $f(z)$ 在 D 内至多有有限个零点和极点.

证　假设 $f(z)$ 在 D 内有无穷个零点，则可选择无穷收敛点列，满足 $f(z_n) = 0$（$n = 1, 2, \cdots$）. 由 $f(z)$ 的连续性，我们有 $f(z_0) = \lim\limits_{x \to +\infty} f(z_n) = 0$，因此 z_0 也是 $f(z)$

的零点,故不在边界上.

因为 $\bar{D}$ 是闭集,所以 $z_0 \in \bar{D}$,而 z_0 不在边界 ∂D 上,因此 $z_0 \in D$. 故由唯一性定理推得在 D 内,$f(z) \equiv 0$,从而由连续性可知在 ∂D 上,$f(z) \equiv 0$,这与 $f(z)$ 在边界上无零点矛盾,这说明 D 内至多有有限个零点.

对 $\dfrac{1}{f(z)}$ 的零点问题运用上述结论,即知 $f(z)$ 在 D 内至多有有限个极点.

习题 5

1. 将下列函数在指定圆环内展开成 Laurent 级数.

(1) $\dfrac{1}{z(z^2+1)}$,$0 < |z| < 1$;$0 < |z-i| < 1$;

(2) $\mathrm{e}^{\frac{1}{1-z}}$,$1 < |z| < +\infty$,前四项;

(3) $\cos \dfrac{z}{1-z}$,$0 < |z-1| < +\infty$;

(4) $\mathrm{Ln} \dfrac{z-a}{z-b}$,$\max\{|a|,|b|\} < |z| < +\infty$;

(5) $\sqrt{(z-1)(z-2)}$,$2 < |z| < +\infty$,前四项;

(6) $\dfrac{\mathrm{e}^z}{z(z^2+1)}$,$0 < |z| < 1$,前四项;

(7) $\dfrac{z+1}{z^2(z-1)}$,$0 < |z| < 1$,$1 < |z| < \infty$;

(8) $\dfrac{z^2-2z+5}{(z-2)(z^2+1)}$,$1 < |z| < 2$.

2. 求出下列函数的所有奇点,并指出所有奇点的类型.

(1) $f(z) = \dfrac{1}{\mathrm{e}^z-1} - \dfrac{1}{\sin z}$; \qquad (2) $f(z) = \cot z - \dfrac{1}{z}$;

(3) $f(z) = \dfrac{\mathrm{e}^z-1}{z(z^2+1)}$; \qquad\qquad (4) $f(z) = \dfrac{\mathrm{e}^{\frac{1}{z-1}}}{\mathrm{e}^z-1}$;

(5) $f(z) = \mathrm{e}^{z\tan z}$.

3. 求出下列函数的奇点,并确定它们的类型(对极点要指出它们的阶),对无穷远点也要加以讨论:

(1) $\dfrac{1}{\sin z + \cos z}$; \qquad\qquad (2) $\cos \dfrac{1}{z+i}$;

(3) $\dfrac{1}{\mathrm{e}^z-1}$.

4. 函数 $f(z),g(z)$ 分别以点 a 为 m,n 阶极点,试考察 $f(z) + g(z)$,$f(z)g(z)$ 以及 $\dfrac{f(z)}{g(z)}$ 在点 a 的性质.

5. 考察函数 $f(z) = \sin\left[\dfrac{1}{\sin\dfrac{1}{z}}\right]$ 的奇点类型.

6. 设函数 $f(z)$ 在 $z = z_0$ 解析,并不恒等于常数.试证明:$z = z_0$ 是 $\dfrac{1}{f(z)}$ 的 m 阶零点的充分必要条件是 $z = z_0$ 是 $\dfrac{1}{f(z)}$ 的 m 阶极点.

7. 函数 $f(z) = \dfrac{1}{\sin\dfrac{1}{z}}$ 能否在原点的某个空心邻域内展开成 Laurent 级数?为什么?

8. 求证:在扩充复平面上解析的函数必为常函数.

9. 证明:在扩充复平面上只有一个一阶极点的亚纯函数 $f(z)$ 必有下面的形式:

$$f(z) = \frac{\alpha z + \beta}{\gamma z + \delta}, \quad \alpha\delta - \beta\gamma \neq 0.$$

10. 设幂级数 $f(z) = \sum_{n=0}^{+\infty} \alpha_n z^n$ 所表示的和函数 $f(z)$ 在其收敛圆上只有唯一的一阶极点 z_0,试证明:$\dfrac{\alpha_n}{\alpha_{n+1}} \to z_0$.

11. 设函数 $f(z)$ 在扩充 Z 平面上除孤立奇点外解析,试证明其奇点的个数必为有限个.

12. 设 $f(z)$ 在单位圆 $|z| < 1$ 上解析,$|f(z)| < 1$.求证:

(1) $|f'(0)| \leqslant 1$;

(2) $|f'(0)| = 1$,则 $f(z) = e^{i\alpha}z$,α 为实数.

13. 设函数 $f(z)$ 在圆 $|z| < R$ 内解析,并且 $|f(z)| \leqslant M$,$f(0) = 0$.求证:当 $0 < |z| < R$ 时,$|f(z)| \leqslant \dfrac{M}{R}|z|$,$|f'(0)| \leqslant \dfrac{M}{R}$,其中等号仅当 $f(z) = \dfrac{M}{R}e^{i\alpha}z$($\alpha$ 为实数)时才成立.

14. 设 $f(z)$ 在 $|z| \leqslant 1$ 上解析,$|f(z)| \leqslant 1$.试证明:$(1 - |z|^2)|f'(z)| \leqslant 1$.

15. 若 $f(z)$ 是 $0 < |z - a| < R$ 内不恒等于常数的解析函数,而且 $z = a$ 是它零点的极限点.试证明:$z = a$ 是 $f(z)$ 的本质奇点.

16. 若 a 为 $f(z)$ 的单值性孤立奇点,并且 $(z - a)^k f(z)$(k 为正整数)在点 a 的去心邻域内有界.试证明:a 是 $f(z)$ 的不高于 k 阶的极点或者可去奇点.

17. 设 $w = w_0$ 是 $g(w)$ 的一个本质奇点,$f(z)$ 在点 z_0 解析,$f(z)$ 不恒为常数.求证 z_0 是 $g(f(z))$ 的一个本质奇点.

第6章 留数理论及其应用

留数理论在复变函数论本身以及实际应用中都是很重要的,留数与复数积分有着密切的联系.第3章我们研究了 Cauchy 积分及其性质,这一章是在第3章的基础上,以 Taylor 级数和 Laurent 级数为工具,继续研究复积分的留数理论,它和计算周线积分(或归结为考察周线积分)的问题有密切关系.再者应用留数理论,我们可以去解决"大范围"的积分计算问题,还可以研究辐角原理以及考察区域内函数的零点分布状况.

6.1 留数及其性质

1. 留数的定义及其留数定理

设函数 $f(z)$ 在点 a 解析,则存在 $\rho>0$,使 $f(z)$ 在闭圆盘 $\{z:|z-a|\leqslant\rho\}$ 上解析,由 Cauchy 积分定理知,积分

$$\int_C f(z)\mathrm{d}z = 0, \tag{6.1}$$

其中 $C:|z-a|=\rho$,取逆时针方向.若 a 是 $f(z)$ 的有限的孤立奇点,设 $f(z)$ 在去心圆盘 $N(a)-\{a\}:\{z|0<|z-a|<R\}$ $(R>\rho)$ 内解析,则积分(6.1)存在,一般来说不一定为零.

定义 6.1 设函数 $f(z)$ 以有限点 a 为孤立奇点,即 $f(z)$ 在点 a 的某去心邻域内 $0<|z-a|<R$ 解析,我们将积分

$$\frac{1}{2\pi\mathrm{i}}\int_\Gamma f(z)\mathrm{d}z, \tag{6.2}$$

定义为 $f(z)$ 在孤立奇点 a 的留数,记为 $\mathrm{Res}(f(z),a)$,其中 $\Gamma:|z-a|=\rho(0<\rho<R)$,积分是沿着逆时针方向取的,有时留数也记作 $\mathop{\mathrm{Res}}\limits_{z=a} f(z)$.由 Cauchy 积分定理,当 $\rho\in(0,R)$ 时,留数与 ρ 的选择无关.将 $f(z)$ 在 $N(a)-\{a\}$ 内展开成 Laurent 级数

$$f(z) = \sum_{n=-\infty}^{+\infty} c_n (z-a)^n. \tag{6.3}$$

由于式(6.3)可沿 $\Gamma: |z-a| = \rho$ 逐项积分,故有

$$\frac{1}{2\pi i}\int_\Gamma f(z)\mathrm{d}z = \frac{1}{2\pi i}\sum_{n=-\infty}^{+\infty}\int_\Gamma c_n (z-a)^{-1}\mathrm{d}z = c_{-1} = \operatorname{Res}(f(z),a), \tag{6.4}$$

即 $f(z)$ 在孤立奇点 a 的留数,等于它在 a 点的 Laurent 展开式中 $\dfrac{1}{z-a}$ 这一项的系数.

很明显,若 $z=a$ 是 $f(z)$ 的有限的可去奇点,则

$$\operatorname{Res}(f(z),a) = c_{-1} = 0.$$

定理 6.1(Cauchy 留数定理)　设 $f(z)$ 在以(复)周线 Γ 所围的区域 D 内除了 $a_1,a_2,\cdots,a_n$ 外均解析,并且连续到边界上,则

$$\int_\Gamma f(z)\mathrm{d}z = 2\pi i\sum_{k=1}^{n}\operatorname{Res}(f(z),a_k).$$

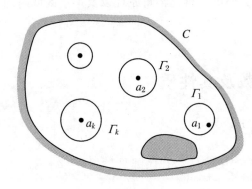

图 6.1

证　分别以 a_k 为中心,ρ_k 为半径作小圆周 $\Gamma_k: |z-a_k| = \rho_k$(图 6.1),使得 Γ_k 及其内部均含在 D 内,则 $f(z)$ 在以复围线 $C = \Gamma + C_1^- + \cdots + C_n^-$ 所围的区域上解析,并且连续到这个区域的边界上.由 Cauchy 积分定理以及式(6.4),得

$$\int_C f(z)\mathrm{d}z = \sum_{k=1}^{n}\int_{C_k} f(z)\mathrm{d}z = 2\pi i\sum_{k=1}^{n}\operatorname{Res}(f(z),a_k).$$

2. 留数的计算

定理 6.1 表明,复积分可转化为留数的计算,所以熟练地计算函数在孤立奇点的留数就显得尤为重要.很显然,函数在有限可去奇点处的留数等于零,而本质奇点的留数一般需要通过 Laurent 展开式来确定.因此我们主要研究函数在极点处的留数.

定理 6.2　如果 $z=a$ 是 $f(z)$ 的 n 阶极点,即 $f(z) = \dfrac{\varphi(z)}{(z-a)^n}$,则

$$\operatorname{Res}(f(z),a) = \frac{1}{2\pi i}\int_{|z-a|=\rho}\frac{\varphi(z)}{(z-a)^n}\mathrm{d}z = \frac{\varphi^{(n-1)}(a)}{(n-1)!}. \tag{6.5}$$

推论 6.1　设 $z = a$ 是 $f(z)$ 的一阶极点,由式(6.5)可得到

$$\operatorname{Res}(f(z), a) = \varphi(a) = \lim_{z \to a}(z - a)f(z) \lim_{z \to a}(z - a)f(z).$$

推论 6.2　当 $z = a$ 是 $f(z)$ 的二阶极点时,在 a 点附近有 $\varphi(z) = f(z)(z - a)^2$,则

$$\operatorname{Res}(f(z), a) = \varphi'(a) = \lim_{z \to a}\{(z - a)^2 f(z)\}'.$$

定理 6.3　设 $z = a$ 是 $f(z) = \dfrac{\varphi(z)}{\psi(z)}$ 的一阶极点,即 $\varphi(z), \psi(z)$ 在 a 点解析,且 $\varphi(a) \neq 0, \psi(a) \neq 0, \psi'(a) \neq 0$,那么我们有

$$\operatorname{Res}(f(z), a) = \frac{\varphi(a)}{\psi'(a)}. \tag{6.6}$$

证　因为 $z = a$ 是 $f(z) = \dfrac{\varphi(z)}{\psi(z)}$ 的一阶极点,故

$$\operatorname{Res}(f(z), a) = \lim_{z \to a}(z - a)f(z) = \lim_{z \to a}\frac{\varphi(z)}{\dfrac{\psi(z) - \psi(a)}{z - a}} = \frac{\varphi(a)}{\psi'(a)}.$$

例 6.1　设函数 $f(z) = z^2 \mathrm{e}^{\frac{1}{z}}$,试求 $\operatorname{Res}(f, 0)$.

解　由于 $z^2 \mathrm{e}^{\frac{1}{z}} = z^2 + z + \dfrac{1}{2} + \dfrac{1}{3!}\dfrac{1}{z} + \dfrac{1}{4!}\dfrac{1}{z^2} + \cdots$.所以

$$\operatorname{Res}(f, 0) = c_{-1} = \frac{1}{3!} = \frac{1}{6}.$$

例 6.2　设函数 $f(z) = \dfrac{\sec z}{z^3}$,试求 $\operatorname{Res}(f, 0)$.

解　显然 $z = 0$ 是 $f(z)$ 的三阶极点,通过式(6.5),我们有

$$\operatorname{Res}(f, 0) = \frac{\varphi''(z)}{2}\bigg|_{z=0} = \frac{(\sec z)''}{2}\bigg|_{z=0} = \frac{1}{2}\frac{\cos^2 z + 2\sin^2 z}{\cos^3 z}\bigg|_{z=0} = \frac{1}{2}.$$

例 6.3　求积分 $\displaystyle\int_{|z|=1} \mathrm{e}^{\frac{1}{z^2}}\mathrm{d}z$.

解　因为 $f(z) = \mathrm{e}^{\frac{1}{z^2}}$ 在 $0 < |z| < +\infty$ 的 Laurent 展开式为

$$\mathrm{e}^{\frac{1}{z^2}} = 1 + \frac{1}{1!z^2} + \frac{1}{2!z^4} + \cdots + \frac{1}{n!z^{2n}} + \cdots \quad (0 < |z| < +\infty),$$

于是 $\operatorname{Res}(\mathrm{e}^{\frac{1}{z^2}}, 0) = 0$.故由留数定理得 $\displaystyle\int_{|z|=1} \mathrm{e}^{\frac{1}{z^2}}\mathrm{d}z = 0$.

例 6.4　求积分 $\int_{|z|=n+\frac{1}{2}} \cot \pi z \mathrm{d}z$.

解　因为 $f(z) = \cot \pi z$ 在 $|z| < n + \dfrac{1}{2}$ 内的极点为 $z_k = k$

($k = 0, \pm 1, \cdots, \pm n$),它们均是一阶极点,由留数定理 6.1 和 6.5 可得到

$$\int_{|z|=n+\frac{1}{2}} \cot \pi z \mathrm{d}z = 2\pi\mathrm{i} \sum_{k=-n}^{n} \mathrm{Res}\left(\frac{\cos \pi z}{\sin \pi z}, k\right)$$

$$= 2\pi\mathrm{i} \sum_{k=-n}^{n} \frac{\cos k\pi}{\pi\cos k\pi} = \frac{2\pi\mathrm{i}}{\pi}(2n + 1)$$

$$= 2(2n + 1)\mathrm{i}.$$

例 6.5　求积分 $\int_{|z|=4} \dfrac{5z - 2}{z\,(z - 1)^2} \mathrm{d}z$.

解　被积函数在圆 $|z| < 4$ 内有一阶极点 $z = 0$ 和二阶极点 $z = 1$. 由推论 6.1 和 6.2,有

$$\mathrm{Res}\,(f, 0) = \frac{5z - 2}{(z - 1)^2}\bigg|_{z=0} = -2;$$

$$\mathrm{Res}\,(f, 1) = \left(\frac{5z - 2}{z}\right)'\bigg|_{z=1} = \frac{2}{z^2}\bigg|_{z=1} = 2.$$

故由留数定理得

$$\int_{|z|=4} \frac{5z - 2}{z\,(z - 1)^2} \mathrm{d}z = 2\pi\mathrm{i}(-2 + 2) = 0.$$

3. 函数在无穷远点的留数

定义 6.2　设 $z = \infty$ 是 $f(z)$ 的一个孤立奇点,即存在 $r_0 > 0$ 使函数 $f(z)$ 在区域 $r_0 < |z| < \infty$ 内解析. C 表示圆 $|z| = r(0 < r_0 < r)$,我们把积分 $\dfrac{1}{2\pi\mathrm{i}} \int_{C^-} f(z)\mathrm{d}z$ 定义为函数 $f(z)$ 在无穷远点的留数,记作 $\mathrm{Res}\,(f(z), \infty)$,其中积分中的 C 表示积分是沿着 C 按顺时针方向取的.

设 $f(z)$ 在 $z = \infty$ 的一个空心邻域 $r_0 < |z| < \infty$ 的 Laurent 展开式为

$$f(z) = \sum_{n=-\infty}^{+\infty} c_n z^n \quad (r_0 < |z| < \infty).$$

我们有

$$\mathrm{Res}\,(f(z), \infty) = \frac{1}{2\pi\mathrm{i}} \int_{C^-} f(z)\mathrm{d}z = -\frac{1}{2\pi\mathrm{i}} \int_{|z|=C} f(z)\mathrm{d}z = -c_{-1}, \quad (6.7)$$

即 $f(z)$ 在 $z = \infty$ 的留数等于它在 ∞ 的 Laurent 展开式中 $\frac{1}{z}$ 这一项系数的反号.

例 6.6　求 $\mathrm{Res}\,(\mathrm{e}^{\frac{1}{z^2}}, \infty)$.

解　因为 $f(z) = \mathrm{e}^{\frac{1}{z^2}}$ 在 $0 < |z| < \infty$ 的 Laurent 展开式为

$$\mathrm{e}^{\frac{1}{z^2}} = 1 + \frac{1}{1!\,z^2} + \frac{1}{2!\,z^4} + \cdots + \frac{1}{n!\,z^{2n}} + \cdots \quad (0 < |z| < + \infty),$$

则

$$\mathrm{Res}\,(\mathrm{e}^{\frac{1}{z^2}}, \infty) = -\,c_{-1} = 0.$$

$z = \infty$ 是 $\mathrm{e}^{\frac{1}{z^2}}$ 的一个可去奇点,留数为零.

特别注意:$z = \infty$ 是 $\mathrm{e}^{\frac{1}{z}}$ 的一个可去奇点,但其留数不为零,请读者自行验证.

定理 6.4　设 $f(z)$ 在整个扩充复平面上仅有有限个奇点 $a_1, a_2, \cdots, a_n, \infty$,则

$$\sum_{k=1}^{n} \mathrm{Res}\,(f(z), a_k) + \mathrm{Res}\,(f(z), \infty) = 0. \tag{6.8}$$

证　取充分大的正数 R,使得 $|a_k| < R(k = 1, 2, \cdots, n)$,则 $f(z)$ 在区域 $|z| \leqslant R$ 上满足留数定理 6.1 的条件,故有

$$\frac{1}{2\pi\mathrm{i}} \int_{|z| = R} f(z)\mathrm{d}z = \sum_{k=1}^{n} \mathrm{Res}\,(f(z), a_k).$$

由 $f(z)$ 在孤立奇点 $z = \infty$ 的留数定义,不难得到

$$\frac{1}{2\pi\mathrm{i}} \int_{|z| = R} f(z)\mathrm{d}z = -\,\mathrm{Res}\,(f(z), \infty),$$

从而得到式 (6.8).

例 6.7　求积分 $\displaystyle\int_{|z| = 4} \frac{z^{15}}{(z^2 + 1)^2\,(z^4 + 2)^3}\mathrm{d}z$.

解　被积函数 $f(z)$ 在区域 $|z| < 4$ 内有 6 个奇点,所以由留数定理可直接计算.但考虑到 $f(z)$ 在整个扩充复平面上有 7 个奇点,且 $f(z)$ 在 $z = \infty$ 的留数更容易计算,所以用定理 6.4,可使计算更为简单.我们首先计算 $f(z)$ 在 $z = \infty$ 的留数,由下式可知 $f(z)$ 在 $z = \infty$ 处的 Laurent 展开式中 $\frac{1}{z}$ 这一项的系数 c_{-1},

$$f(z) = \frac{z^{15}}{(z^2 + 1)^2\,(z^4 + 2)^3}$$

$$= \frac{1}{z} \left(1 - 2 \cdot \frac{1}{z^2} + \cdots\right)\left(1 - 3 \cdot \frac{2}{z^4} + \cdots\right) \quad (\sqrt[4]{2} < |z| < +\infty),$$

可得 $\mathrm{Res}\,(f(z),\infty) = -1$,故由定理 6.1,我们有

$$\int_{|z|=4} \frac{z^{15}}{(z^2+1)^2\,(z^4+2)^3}\mathrm{d}z = 2\pi\mathrm{i}[-\mathrm{Res}\,(f(z),\infty)] = 2\pi\mathrm{i}.$$

6.2　用留数定理计算实积分

在本节中,我们主要介绍利用留数定理求一些实积分.

1. 三角有理函数的积分

设 $R(x,y)$ 为 x,y 的二元有理函数,$R(\sin\theta,\cos\theta)$ 称为三角有理函数. 关于三角有理函数的积分,在数学分析中已经学习过,这里我们将用留数定理计算下面形式的积分:

$$\int_0^{2\pi} R(\sin\theta,\cos\theta)\mathrm{d}\theta \tag{6.9}$$

其中 $R(x,y)$ 是有理函数,并且在圆周 $\{(x,y):x^2+y^2=1\}$ 上,分母不为零. 设

$$z = \mathrm{e}^{\mathrm{i}\theta}, \quad \sin\theta = \frac{z-\bar{z}}{2\mathrm{i}} = \frac{z^2-1}{2\mathrm{i}z}, \quad \cos\theta = \frac{z+z^{-1}}{2} = \frac{z^2+1}{2z}, \quad \mathrm{d}z = \mathrm{i}\mathrm{e}^{\mathrm{i}\theta}\mathrm{d}\theta,$$

则式(6.9)可转化为

$$\int_0^{2\pi} R(\sin\theta,\cos\theta)\mathrm{d}\theta = \int_{|z|=1} R\left(\frac{z^2-1}{2\mathrm{i}z},\frac{z^2+1}{2z}\right)\frac{\mathrm{d}z}{\mathrm{i}z}, \tag{6.10}$$

右端是 z 的有理函数的周线积分,并且积分路径上无奇点,应用留数定理就可求得其值.

例 6.8　求积分 $\displaystyle\int_0^{2\pi} \frac{\mathrm{d}\theta}{1+2p\cos\theta+p^2}\,(|p|\neq 1)$.

解　设 $z=\mathrm{e}^{\mathrm{i}\theta}$,由式(6.10),得

$$\int_0^{2\pi} \frac{\mathrm{d}\theta}{1+2p\cos\theta+p^2} = \int_{|z|=1} \frac{1}{1+p\dfrac{z^2+1}{z}+p^2}\frac{\mathrm{d}z}{\mathrm{i}z}$$

$$= \frac{1}{\mathrm{i}}\int_{|z|=1} \frac{\mathrm{d}z}{pz^2+(p^2+1)z+p}$$

$$= \frac{1}{\mathrm{i}} \int_{|z|=1} \frac{\mathrm{d}z}{(pz+1)(z+p)}.$$

当 $|p| > 1$ 时,

$$\int_0^{2\pi} \frac{\mathrm{d}\theta}{1 + 2p\cos\theta + p^2} = 2\pi\mathrm{i} \frac{1}{\mathrm{i}} \mathrm{Res}\left(\frac{1}{(pz+1)(z+p)}, -\frac{1}{p}\right)$$

$$= \frac{2\pi}{p\left(p - \dfrac{1}{p}\right)} = \frac{2\pi}{p^2 - 1};$$

当 $|p| < 1$ 时,

$$\int_0^{2\pi} \frac{\mathrm{d}\theta}{1 + 2p\cos\theta + p^2} = 2\pi\mathrm{i} \frac{1}{\mathrm{i}} \mathrm{Res}\left(\frac{1}{(pz+1)(z+p)}, -p\right) = \frac{2\pi}{1 - p^2}.$$

例 6.9　求积分 $\displaystyle\int_0^{\pi} \frac{\cos m\theta}{(5 + 4\cos\theta)^2}\mathrm{d}\theta$($m$ 是正整数).

解　因为

$$\int_0^{\pi} \frac{\cos m\theta}{(5 + 4\cos\theta)^2}\mathrm{d}\theta = \frac{1}{2}\int_{-\pi}^{\pi} \frac{\cos m\theta}{(5 + 4\cos\theta)^2}\mathrm{d}\theta$$

$$= \frac{1}{2}\mathrm{Re}\int_{-\pi}^{\pi} \frac{\mathrm{e}^{\mathrm{i}m\theta}}{(5 + 4\cos\theta)^2}\mathrm{d}\theta.$$

设 $z = \mathrm{e}^{\mathrm{i}\theta}$,则

$$\int_{-\pi}^{\pi} \frac{\mathrm{e}^{\mathrm{i}m\theta}}{(5 + 4\cos\theta)^2}\mathrm{d}\theta = \int_{|z|=1} \frac{z^m}{\left(5 + 2\dfrac{z^2 + 1}{z}\right)^2} \frac{\mathrm{d}z}{\mathrm{i}z}$$

$$= \frac{1}{\mathrm{i}} \int_{|z|=1} \frac{z^{m+1}}{(2z^2 + 5z + 2)^2}\mathrm{d}z$$

$$= \frac{1}{\mathrm{i}} \int_{|z|=1} \frac{z^{m+1}}{(2z + 1)^2(z + 2)^2}\mathrm{d}z$$

$$= 2\pi\mathrm{i} \cdot \frac{1}{\mathrm{i}} \cdot \mathrm{Res}\left[\frac{z^{m+1}}{(2z + 1)^2(z + 2)^2}, -\frac{1}{2}\right]$$

$$= \frac{\pi}{2}\left(\frac{z^{m+1}}{(z + 2)^2}\right)'\bigg|_{z=-\frac{1}{2}} = (-1)^m \frac{3m + 5}{2^{m-1} \cdot 3^3}\pi.$$

由此得

$$\int_0^{\pi} \frac{\cos m\theta}{(5 + 4\cos\theta)^2}\mathrm{d}\theta = \frac{(-1)^m}{27} \cdot \frac{3m + 5}{2^m}\pi.$$

例 6.10　求积分 $\displaystyle\int_0^{2\pi} \frac{\mathrm{d}t}{a + \sin t}\,(a > 1)$.

解　令 $\mathrm{e}^{\mathrm{i}t} = z$,则

$$\sin t = \frac{\mathrm{e}^{\mathrm{i}t} - \mathrm{e}^{-\mathrm{i}t}}{2\mathrm{i}} = \frac{1}{2\mathrm{i}}\Big(z - \frac{1}{z}\Big), \quad \mathrm{d}t = \frac{\mathrm{d}z}{\mathrm{i}z}.$$

这样,当 t 从 0 增加到 2π 时,$z = \mathrm{e}^{\mathrm{i}t}$ 将沿逆时针方向绕单位圆 $\Gamma: |z| = 1$ 一周. 对原式做变换得到周线上的复积分

$$\int_0^{2\pi} \frac{\mathrm{d}t}{a + \sin t} = \int_\Gamma \frac{2\mathrm{d}z}{z^2 + 2\mathrm{i}az - 1} = \int_\Gamma \frac{2\mathrm{d}z}{(z - \alpha)(z - \beta)},$$

其中

$$\alpha = -\,\mathrm{i}a + \mathrm{i}\sqrt{a^2 - 1}, \quad \beta = -\,\mathrm{i}a - \mathrm{i}\sqrt{a^2 - 1},$$

由于被积函数在圆 $|z| < 1$ 内仅有一个一阶极点 $\alpha = -\,\mathrm{i}a + \mathrm{i}\sqrt{a^2 - 1}$. 由留数定理得

$$\int_0^{2\pi} \frac{\mathrm{d}t}{a + \sin t} = 2\pi\mathrm{i}\,\mathrm{Res}\,(f, \alpha) = \frac{2\pi}{\sqrt{a^2 - 1}}.$$

2. 计算 $\displaystyle\int_{-\infty}^{+\infty} \frac{P(x)}{Q(x)}\mathrm{d}x$ 型积分

引理 6.1　设函数 $f(z)$ 在 $S_R: z = R\mathrm{e}^{\mathrm{i}\theta}\,(\theta_1 \leqslant \theta \leqslant \theta_2, R$ 充分大)上连续(图

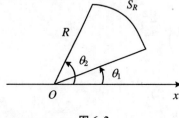

图 6.2

6.2),并且 $\lim\limits_{z \to \infty} zf(z) = \lambda$ 于 S_R 上一致成立(即与 $\theta_1 \leqslant \theta \leqslant \theta_2$ 中的 θ 无关),则

$$\lim_{R \to +\infty} \int_{\Gamma_R} f(z)\mathrm{d}z = \lambda(\theta_2 - \theta_1)\mathrm{i}. \quad (6.11)$$

证　因为 $\lim\limits_{z \to \infty} zf(z) = \lambda$,所以对任意给定的 $\varepsilon > 0$,存在正数 R_0,使当 $R > R_0$ 时,有不等式 $|zf(z) - \lambda| < \varepsilon$,从而我们有

$$\left| \int_{S_R} f(z)\mathrm{d}z - \lambda\mathrm{i}(\theta_2 - \theta_1) \right| = \left| \int_{S_R} \Big(f(z) - \frac{\lambda}{z - a}\Big)\mathrm{d}z \right|$$

$$\leqslant \frac{\varepsilon}{\rho}(\theta_2 - \theta_1)\rho$$

$$= \varepsilon(\theta_2 - \theta_1).$$

故式(6.11)成立.

引理 6.2 设 $f(z) = \dfrac{P(z)}{Q(z)}$ 为有理函数,其中

$$P(z) = a_0 z^m + a_1 z^{m-1} + \cdots + a_m \quad (a_0 \neq 0)$$

和

$$Q(z) = b_0 z^n + b_1 z^{n-1} + \cdots + b_n \quad (b_0 \neq 0)$$

为互质多项式,并且满足条件 $n - m \geqslant 2$,圆弧 $S_R : z = R\mathrm{e}^{\mathrm{i}\theta} (\theta_1 \leqslant \theta \leqslant \theta_2)$,则

$$\lim_{R \to +\infty} \int_{S_R} f(z)\mathrm{d}z = 0. \tag{6.12}$$

证 由于 $f(z) = \dfrac{P(z)}{Q(z)}$ 为有理函数且 $n - m \geqslant 2$,所以 $\lim\limits_{x \to \infty} zf(z) = 0$ 于 S_R 上一致成立,因此,$\forall \varepsilon > 0$,$\exists R_0 = R(\varepsilon) > 0$,使当 $R > R_0$ 时,有

$$|zf(z)| < \frac{\varepsilon}{\theta_2 - \theta_1} \quad (z \in S_R),$$

故当 $R > R_0$ 时,在 S_R 上,$z = R\mathrm{e}^{\mathrm{i}\theta}$,$\mathrm{d}z = \mathrm{i}R\mathrm{e}^{\mathrm{i}\theta}$,则有

$$\left| \int_{S_R} f(z)\mathrm{d}z \right| \leqslant \int_{\theta_1}^{\theta_2} \frac{\varepsilon}{R(\theta_2 - \theta_1)} R\mathrm{d}\theta = \varepsilon,$$

从而式(6.12)成立.

定理 6.5 设 $f(z) = \dfrac{P(z)}{Q(z)}$ 是一有理分式函数,$(P(z), Q(z)) = 1$,且

(1) 当 $z = x$ 时,$Q(z) \neq 0$.

(2) $\deg Q(z) - \deg P(z) \geqslant 2$.

则

$$\int_{-\infty}^{+\infty} \frac{P(x)}{Q(x)}\mathrm{d}x = 2\pi\mathrm{i} \sum_{\mathrm{Im}\, a_j > 0} \mathrm{Res}\left(\frac{P(z)}{Q(z)}, a_j \right). \tag{6.13}$$

证 由条件(1)、(2)及数学分析的结论知,积分 $\int_{-\infty}^{+\infty} f(x)\mathrm{d}x$ 存在,且等于它的主值

$$\lim_{R \to +\infty} \int_{-R}^{+R} f(x)\mathrm{d}x,$$

记为 $\mathrm{P.V.} \int_{-\infty}^{+\infty} f(x)\mathrm{d}x$.

取上半圆周 $\Gamma_R : z = R\mathrm{e}^{\mathrm{i}\theta} (0 \leqslant \theta \leqslant \pi)$

作为辅助曲线(图 6.3),于是,由线段

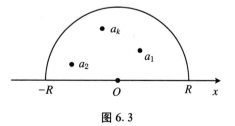

图 6.3

$[-R,R]$及Γ_R合成一周线C_R. 取R充分大, 使C_R内部包含$f(z)$在上半平面内的一切孤立奇点(实际上只有有限个极点). 而由条件(2)知, $f(z)$在C_R上没有奇点(极点).

由留数定理6.1, 可得

$$\int_{C_R} f(z)\mathrm{d}z = 2\pi\mathrm{i} \sum_{\mathrm{Im}\, a_k > 0} \operatorname*{Res}_{z=a_k} f(z)$$

或写成

$$\int_{-R}^{R} f(x)\mathrm{d}x + \int_{\Gamma_R} f(z)\mathrm{d}z = 2\pi\mathrm{i} \sum_{\mathrm{Im}\, a_k > 0} \operatorname*{Res}_{z=a_k} f(z). \tag{6.14}$$

因为

$$|zf(z)| = \left| z\frac{P(z)}{Q(z)} \right| = \left| z\frac{a_0 z^m + \cdots + a_m}{b_0 z^n + \cdots + b_n} \right|$$

$$= \left| \frac{z^{m+1}}{z^n} \right| \left| \frac{a_0 + \cdots + \dfrac{a_m}{z^m}}{b_0 + \cdots + \dfrac{b_n}{z^n}} \right|,$$

由假设条件(2)知, $n-m-1 \geqslant 1$, 故下列极限在Γ_R上一致成立:

$$|zf(z)| \to 0 \quad (R \to +\infty).$$

因此在式(6.14)中令$R \to +\infty$, 并根据引理6.1得, 式(6.14)中第二项的积分之极限为零, 这就证明了式(6.13).

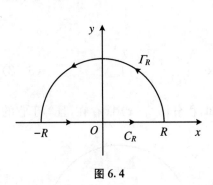

图6.4

例6.11　求积分$\displaystyle\int_0^{+\infty} \frac{\mathrm{d}x}{(1+x^2)^2}$.

解　考虑复函数$f(z) = \dfrac{1}{(1+z^2)^2}$, 它在上半平面仅有一个二阶极点$z=\mathrm{i}$. 令$C_R := \{z = x+\mathrm{i}y \,|\, -R \leqslant x \leqslant R, y=0\}$, $\Gamma_R := \{z = R\mathrm{e}^{\mathrm{i}t} \,|\, 0 \leqslant t \leqslant \pi\}$(图6.4).

根据留数定理6.1, 然后将积分分成两部分,

$$\int_{C_R+\Gamma_R} \frac{\mathrm{d}z}{(1+z^2)^2} = \int_{-R}^{R} \frac{\mathrm{d}x}{(1+x^2)^2} + \int_{\Gamma_R} \frac{\mathrm{d}z}{(1+z^2)^2}$$

$$= 2\int_0^R \frac{\mathrm{d}x}{(1+x^2)^2} + \int_{\Gamma_R} \frac{\mathrm{d}z}{(1+z^2)^2}$$

$$= 2\pi i \mathrm{Res}\,(f(z),i),\tag{6.15}$$

由推论 6.2,我们得到 $\mathrm{Res}\,(f(z),i) = \dfrac{1}{4i}$. 在式(6.15)两边令 $R \rightarrow +\infty$,利用引理 6.2,

$$\lim_{R\to\infty}\int_{\Gamma_R} \frac{\mathrm{d}z}{(1+z^2)^2} = 0,$$

因此我们得到

$$\int_0^{+\infty} \frac{\mathrm{d}x}{(1+x^2)^2} = \pi i\,\mathrm{Res}\,(f,i) = \frac{\pi}{4}.$$

3. 求 $\displaystyle\int_{-\infty}^{+\infty} \frac{P(x)}{Q(x)} \mathrm{e}^{\mathrm{i}mx}\,\mathrm{d}x$ 型积分

引理 6.3(Jordan 引理)　设 $f(z)$ 在 $D:R_0 \leqslant |z| < +\infty,\ \mathrm{Im}\,z > 0$ 上连续,且 $\lim\limits_{z\to\infty} f(z) = 0$,则对任意正数 m,我们有

$$\lim_{R\to +\infty}\int_{\gamma_R} \mathrm{e}^{\mathrm{i}mz} f(z)\,\mathrm{d}z = 0,$$

其中 $\gamma_R: z = R\mathrm{e}^{\mathrm{i}\theta}\ (R_0 \leqslant R < +\infty,\ 0 \leqslant \theta \leqslant \pi)$.

证　因为 $\lim\limits_{z\to\infty} f(z) = 0$,则对任意正数 ε,存在 $R \geqslant R_0$,当 $|z| > R$ 时,$|f(z)| < \varepsilon$. 所以

$$\left| \int_{\gamma_R} \mathrm{e}^{\mathrm{i}mz} f(z)\,\mathrm{d}z \right| \leqslant \varepsilon R \int_0^\pi \mathrm{e}^{-mR\sin\theta}\,\mathrm{d}\theta = 2\varepsilon R \int_0^{\frac{\pi}{2}} \mathrm{e}^{-mR\sin\theta}\,\mathrm{d}\theta$$

$$\leqslant 2\varepsilon R \int_0^{\frac{\pi}{2}} \mathrm{e}^{-\frac{2}{\pi}mR\theta}\,\mathrm{d}\theta = \frac{\pi\varepsilon}{m}(1 - \mathrm{e}^{-Rm}) < \frac{\pi\varepsilon}{m}.$$

在引理 6.3 的证明中,我们运用了 Jordan 不等式:

$$\frac{2\theta}{\pi} \leqslant \sin\theta \leqslant \theta \quad \left(0 \leqslant \theta \leqslant \frac{\pi}{2}\right),$$

还需要注意的是 $|\mathrm{e}^{\mathrm{i}mz}| = |\mathrm{e}^{\mathrm{i}mR\mathrm{e}^{\mathrm{i}\theta}}| = \mathrm{e}^{-mR\sin\theta}$.

定理 6.6　设 $f(z) = \dfrac{P(z)}{Q(z)}$ 为一有理分式函数,$(P(z),Q(z)) = 1$,且

(1) 当 z 为实数时,$Q(z) \neq 0$;

(2) $\deg Q(z) - \deg P(z) \geqslant 1$;

(3) $m > 0$,

则有

$$\int_{-\infty}^{+\infty} \frac{P(x)}{Q(x)} e^{imx} dx = 2\pi i \sum_{\operatorname{Im} a_j > 0} \operatorname{Res}\left(\frac{P(z)}{Q(z)} e^{imz}, a_j\right). \tag{6.16}$$

证　取充分大正数 R，使得 $f(z)$ 在上半平面上的极点均含在区域 $D: |z| < R, \operatorname{Im} z > 0$ 内，由留数定理，我们有

$$\int_{C_R} \frac{P(x)}{Q(z)} e^{imz} dz = 2\pi i \sum_{\operatorname{Im} a_j > 0} \operatorname{Res}\left(\frac{P(z)}{Q(z)} e^{imz}, a_j\right), \tag{6.17}$$

其中 $C_R = [-R, R] \bigcup \Gamma_R, \Gamma_R : z = R e^{i\theta} (0 \leqslant \theta \leqslant \pi)$. 则由引理 6.3，我们有

$$\lim_{R \to +\infty} \int_{\Gamma_R} \frac{P(z)}{Q(z)} e^{imz} dz = 0.$$

所以

$$\lim_{R \to +\infty} \int_{C_R} \frac{P(z)}{Q(z)} e^{imz} dz = \lim_{R \to +\infty} \int_{\Gamma_R} \frac{P(z)}{Q(z)} e^{imz} dz + \lim_{R \to +\infty} \int_{-R}^{R} \frac{P(x)}{Q(x)} e^{imx} dx$$
$$= 2\pi i \sum_{\operatorname{Im} a_j > 0} \operatorname{Res}\left(\frac{P(z)}{Q(z)} e^{imz}, a_j\right),$$

即

$$\int_{-\infty}^{+\infty} \frac{P(x)}{Q(x)} e^{imx} dx = 2\pi i \sum_{\operatorname{Im} a_j > 0} \operatorname{Res}\left(\frac{P(z)}{Q(z)} e^{imz}, a_j\right).$$

例 6.12　求积分 $\int_{-\infty}^{\infty} \frac{x \sin 3x}{1 + x^2} dx$.

解　考虑复变函数 $f(z) = \dfrac{z e^{3iz}}{1 + z^2}$，由于

$$\int_{-\infty}^{+\infty} \frac{x e^{3ix}}{1 + x^2} dx = 2\pi i \cdot \operatorname{Res}\left(\frac{z e^{3iz}}{1 + z^2}, i\right) = 2\pi i \frac{i e^{-3}}{2i} = \frac{\pi}{e^3} i,$$

则由定理 6.6，我们有 $\int_{-\infty}^{+\infty} \dfrac{x \sin 3x}{1 + x^2} dx = \operatorname{Im} \int_{-\infty}^{+\infty} \dfrac{x e^{3ix}}{1 + x^2} dx = \dfrac{\pi}{e^3}$.

4. 计算积分路径上有奇点的积分

这一节我们考虑积分路径上有奇点的积分，在这里我们仅仅给出一些例子，来说明这一类积分的处理方法. 为了讨论路径上有奇点的情况，我们给出下列引理：

引理 6.4　设函数 $f(z)$ 在 $D: 0 < |z - a| < r, \theta_1 \leqslant \arg (z - a) \leqslant \theta_2$ 上连续，且

$$\lim_{z \to a}(z - a) f(z) = \lambda,$$

则

$$\lim_{\rho \to 0} \int_{\gamma_\rho} f(z)\mathrm{d}z = \lambda(\theta_2 - \theta_1)\mathrm{i}, \tag{6.18}$$

其中 γ_ρ 为 $z = a + \rho\mathrm{e}^{\mathrm{i}\theta}(0 < \rho < r, \theta_1 \leqslant \theta \leqslant \theta_2)$.

证　因为 $\lim\limits_{z \to a}(z - a)f(z) = \lambda$,所以对任意给定的 $\varepsilon > 0$,存在正数 δ,当 $|z - a| < \delta$ 时,$|(z - a)f(z) - \lambda| < \varepsilon$,从而当 $0 < \rho < \delta$ 时,我们有

$$\left|\int_{\gamma_\rho} f(z)\mathrm{d}z - \lambda(\theta_2 - \theta_1)\mathrm{i}\right| = \left|\int_{\gamma_\rho} \left(f(z) - \frac{\lambda}{z - a}\right)\mathrm{d}z\right| \leqslant \frac{\varepsilon}{\rho}(\theta_2 - \theta_1)\rho$$
$$= \varepsilon(\theta_2 - \theta_1),$$

因此式(6.18)成立.

例 6.13　求积分 $\int_{-\infty}^{+\infty} \dfrac{\sin x}{x}\mathrm{d}x$.

解　考虑复变函数 $f(z) = \dfrac{\mathrm{e}^{\mathrm{i}z}}{z}$,取积分

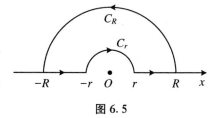

图 6.5

路径,如图 6.5 所示,其中 R 充分大,r 充分小,由柯西积分定理可得

$$\int_C \frac{\mathrm{e}^{\mathrm{i}z}}{z}\mathrm{d}z = 0,$$

或写成

$$\int_{C_R} \frac{\mathrm{e}^{\mathrm{i}z}}{z}\mathrm{d}z + \int_{-R}^{-r} \frac{\mathrm{e}^{\mathrm{i}x}}{x}\mathrm{d}x - \int_{C_r} \frac{\mathrm{e}^{\mathrm{i}z}}{z}\mathrm{d}z + \int_r^R \frac{\mathrm{e}^{\mathrm{i}x}}{x}\mathrm{d}x = 0, \tag{6.19}$$

其中曲线 $C_R : z = R\mathrm{e}^{\mathrm{i}\theta}$, $C_r : z = r\mathrm{e}^{\mathrm{i}\theta}$,并且 $0 \leqslant \theta \leqslant \pi, 0 < r < R < +\infty$.

由引理 6.1 和引理 6.2,可得

$$\lim_{R \to \infty} \int_{C_R} \frac{\mathrm{e}^{\mathrm{i}z}}{z}\mathrm{d}z = 0, \quad \lim_{r \to 0} \int_{C_r} \frac{\mathrm{e}^{\mathrm{i}z}}{z}\mathrm{d}z = \mathrm{i}\pi;$$

并且

$$\int_{-R}^{-r} \frac{\mathrm{e}^{\mathrm{i}x}}{x}\mathrm{d}x + \int_r^R \frac{\mathrm{e}^{\mathrm{i}x}}{x}\mathrm{d}x = 2\mathrm{i}\int_r^R \frac{\sin x}{x}\mathrm{d}x,$$

所以在式(6.19)中,令 $R \to +\infty, r \to 0$,则式(6.19)就转化为

$$2\mathrm{i}\int_0^{+\infty} \frac{\sin x}{x}\mathrm{d}x = \mathrm{i}\pi,$$

故

$$\int_0^{+\infty} \frac{\sin x}{x}\mathrm{d}x = \frac{\pi}{2}.$$

例 6.14　求积分 $\displaystyle\int_0^{+\infty}\frac{x^{p-1}}{1+x}\mathrm{d}x = \pi(0 < p < 1)$.

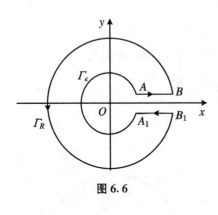

图 6.6

解　考虑函数 $f(z) = \dfrac{z^p}{z(1+z)}$，将复平面沿正实轴作为多值函数的支割线（图 6.6），作 $\Gamma_R : |z| = R(R > 1)$ 和 $\Gamma_\varepsilon : |z| = \varepsilon(\varepsilon < 1)$. 取 z^p 在正实轴的上沿取正数，由留数定理，则有

$$\int_{\Gamma_R}\frac{z^p}{z(z+1)}\mathrm{d}z - \int_{\Gamma_\varepsilon}\frac{z^p}{z(z+1)}\mathrm{d}z$$
$$+ \int_{AB}\frac{z^p}{z(z+1)}\mathrm{d}z - \int_{A_1B_1}\frac{z^p}{z(z+1)}\mathrm{d}z$$
$$= 2\pi\mathrm{i}\,\mathrm{Res}\left(\frac{z^p}{z(z+1)}, -1\right)$$
$$= -2\pi\mathrm{i}\mathrm{e}^{p\pi\mathrm{i}}.$$

因为

$$\left|\int_{\Gamma_R}\frac{z^p}{z(z+1)}\mathrm{d}z\right| \leqslant \frac{R^{P-1}}{R-1}\cdot 2\pi R \to 0,$$

$$\left|\int_{\Gamma_\varepsilon}\frac{z^p}{z(z+1)}\mathrm{d}z\right| \leqslant \frac{\varepsilon^{P-1}}{1-\varepsilon}\cdot 2\pi\varepsilon \to 0,$$

$$\int_{AB}\frac{z^p}{z(z+1)}\mathrm{d}z = \int_\varepsilon^R\frac{x^{P-1}}{x+1}\mathrm{d}x.$$

而在 $\overline{A_1B_1}$ 上，$z^p = \mathrm{e}^{2p\pi\mathrm{i}}x^p$，那么我们有

$$\int_{A_1B_1}\frac{z^p}{z(z+1)}\mathrm{d}z = \int_\varepsilon^R\frac{x^{P-1}\mathrm{e}^{2p\pi\mathrm{i}}}{1+x}\mathrm{d}x.$$

令 $\varepsilon \to 0, R \to \infty$，则 $(1 - \mathrm{e}^{2p\pi\mathrm{i}})\displaystyle\int_0^{+\infty}\frac{x^{p-1}}{1+x}\mathrm{d}x = -2\pi\mathrm{i}\mathrm{e}^{p\pi\mathrm{i}}$，因此，我们得到

$$\int_0^{+\infty}\frac{x^{p-1}}{1+x}\mathrm{d}x = -2\pi\mathrm{i}\frac{\mathrm{e}^{p\pi\mathrm{i}}}{1-\mathrm{e}^{2p\pi\mathrm{i}}} = \frac{2\pi\mathrm{i}}{\mathrm{e}^{p\pi\mathrm{i}} - \mathrm{e}^{-p\pi\mathrm{i}}} = \frac{\pi}{\sin p\pi}\quad(0 < p < 1).$$

6.3　辐角原理和 Rouché(儒歇)定理

1. 对数留数

留数理论的重要应用之一是计算积分:

$$\frac{1}{2\pi\mathrm{i}}\int_c \frac{f'(z)}{f(z)}\mathrm{d}z,$$

称它为 $f(z)$ 的对数留数$\left(\text{这个名称来源于} \frac{f'(z)}{f(z)}=\frac{\mathrm{d}}{\mathrm{d}z}(\ln f(z))\right)$,由它推出的辐角原理给出了计算解析函数零点个数的一个有效方法.特别地,可以借此研究在一个指定区域内多项式零点的个数问题.

不难验证函数 $f(z)$ 的零点和奇点都有可能是 $\frac{f'(z)}{f(z)}$ 的奇点.

引理 6.5　(1) 设 $z=a$ 是解析函数 $f(z)$ 的一个 k 阶零点,则 $z=a$ 必为函数 $\frac{f'(z)}{f(z)}$ 的一阶极点,并且 $\mathrm{Res}\left(\frac{f'(z)}{f(z)},a\right)=k$.

(2) 设 $z=a$ 是函数 $f(z)$ 的一个 s 阶极点,则 $z=a$ 必为函数 $\frac{f'(z)}{f(z)}$ 的一阶极点,并且 $\mathrm{Res}\left(\frac{f'(z)}{f(z)},a\right)=-s$.

证　(1) 设 $z=a$ 是解析函数 $f(z)$ 的一个 k 阶零点,则 $f(z)=(z-a)^k\varphi(z)$,其中 $\varphi(z)$ 在点 a 处解析且 $\varphi(a)\neq0$,于是

$$\frac{f'(z)}{f(z)}=\frac{k}{z-a}+\frac{\varphi'(z)}{\varphi(z)},$$

所以 $\frac{f'(z)}{f(z)}$ 在点 a 处有单极点,因为 $\frac{\varphi'(z)}{\varphi(z)}$ 在点 $z=a$ 处解析,故其留数

$$\mathrm{Res}\left(\frac{f'(z)}{f(z)},a\right)=k.$$

(2) 设 $z=a$ 是函数 $f(z)$ 的一个 s 阶极点,则 $f(z)=\frac{\varphi(z)}{(z-a)^s}$,其中 $\varphi(z)$ 在点 a 处解析且 $\varphi(a)\neq0$.于是

$$\frac{f'(z)}{f(z)} = \frac{-s}{z-a} + \frac{\varphi'(z)}{\varphi(z)},$$

所以 $\dfrac{f'(z)}{f(z)}$ 在点 a 处也有单极点,其留数

$$\text{Res}\left(\frac{f'(z)}{f(z)}, a\right) = -s.$$

由引理 6.5 以及留数定理 6.1,我们可得:

定理 6.7　设 $f(z)$ 是有界区域 D 内的亚纯函数,D 的边界 C 是一条周线,$f(z)$ 在 C 上解析且没有零点,那么

$$\frac{1}{2\pi i}\int_C \frac{f'(z)}{f(z)}\mathrm{d}z = N(C,f) - P(C,f) \tag{6.20}$$

其中 $N(C,f)$ 表示 $f(z)$ 在 D 内的零点总数(k 阶零点按 k 次计算),$P(C,f)$ 表示在 D 内的极点总数(l 阶极点按 l 次计算).

证　由例 5.11 可知 $f(z)$ 在 D 内仅有有限个零点 $a_1, a_2, \cdots, a_m$ 和极点 $b_1,$ $b_2, \cdots, b_n$,它们的重数分别是 $k_1, k_2, \cdots, k_m$ 和 $s_1, s_2, \cdots, s_n$,并满足:

$$k_1 + k_2 + \cdots + k_m = N \quad \text{和} \quad s_1 + s_2 + \cdots + s_n = P.$$

应用留数定理 6.1 和引理 6.5,即得

$$\frac{1}{2\pi i}\int_C \frac{f'(z)}{f(z)}\mathrm{d}z = \sum_{t=1}^{m} \text{Res}\left(\frac{f'(z)}{f(z)}, a_t\right) + \sum_{j=1}^{n} \text{Res}\left(\frac{f'(z)}{f(z)}, b_j\right)$$

$$= \sum_{t=1}^{m} k_t - \sum_{j=1}^{n} s_j = N(C,f) - P(C,f).$$

实际上定理 6.7 是下面的定理 6.8 在 $\varphi(z) = 1$ 时的特殊情形.

*$\,$**定理 6.8**　设 D 是由周线 C 所围成的有界区域,$f(z)$ 在 $\overline{D} = D + C$ 上除了 D 内的有限个极点外都解析,且在 C 上不取零,设 $f(z)$ 在 D 内的零点为 $a_1, a_2,$ $\cdots, a_m$,相应的阶数为 $\alpha_1, \alpha_2, \cdots, \alpha_m$;$f(z)$ 在 D 内的极点为 $b_1, b_2, \cdots, b_n$,相应的阶数为 $\beta_1, \beta_2, \cdots, \beta_n$.再设 $\varphi(z)$ 在 $\overline{D}$ 上解析,则

$$\frac{1}{2\pi i}\int_C \varphi(z)\frac{f'(z)}{f(z)}\mathrm{d}z = \sum_{i=1}^{m} \alpha_i \varphi(a_i) - \sum_{j=1}^{n} \beta_j \varphi(b_j). \tag{6.21}$$

*$\,$**证**　由引理 6.5,我们有

$$\frac{f'(z)}{f(z)} = \frac{\alpha_i}{z - a_i} + \sigma_i(z) \quad (i = 1, 2, \cdots, m),$$

其中 $\sigma_i(z)$ 在 $z = a_i$ 解析.因此我们有

$$\text{Res}\left(\varphi(z)\frac{f'(z)}{f(z)}, a_i\right) = \text{Res}\left(\frac{\alpha_i\varphi(z)}{z-a_i} + \varphi(z)\sigma_i(z), a_i\right)$$

$$= \text{Res}\left(\frac{\alpha_i\varphi(z)}{z-a_i}, a_i\right) = \alpha_i\varphi(a_i) \quad (i=1,2,\cdots,m),$$

同理

$$\text{Res}\left(\varphi(z)\frac{f'(z)}{f(z)}, b_j\right) = -\beta_j\varphi(b_j) \quad (i=1,2,\cdots,n).$$

再由引理 6.5 和留数定理 6.1,便可得到所需的结果.

2. 辐角原理

定理 6.9(辐角原理) 设 D 是周线 C 所围成的有界区域,$f(z)$ 在 $\overline{D}=D+C$ 上除了 D 内有有限个极点外都解析,并且在 C 上 $f(z)\neq0$,则

$$N(C,f) - P(C,f) = \frac{\Delta_C \arg f(z)}{2\pi}, \tag{6.22}$$

其中 $\Delta_C \arg f(z)$ 表示 z 沿 C 的正方向绕行一周后 $\arg f(z)$ 的改变量,$N(C,f)$,$P(C,f)$ 分别表示 $f(z)$ 在 D 内的零点和极点个数(包含重数).

证 因为

$$\frac{1}{2\pi i}\int_C \frac{f'(z)}{f(z)}dz = N(C,f) - P(C,f).$$

设曲线 C 的方程为 $z=z(t)$,在 $w=f(z)$ 下的像为 $\Gamma: w=f(z(t))$(图 6.7),则

$$\frac{1}{2\pi i}\int_C \frac{f'(z)}{f(z)}dz = \frac{1}{2\pi i}\int_\Gamma \frac{dw}{w} = \frac{1}{2\pi i}\Delta_\Gamma \text{Ln } w, \tag{6.23}$$

其中 $\Delta_\Gamma \text{Ln } w$ 表示 $\text{Ln } w$ 在 w 沿逆时针方向绕 Γ 一周时 $\text{Ln } w$ 的改变量,因为 $\text{Ln }|w|$ 是单值的,而 $\text{Ln } w = \text{Ln }|w| + i\arg w$,故

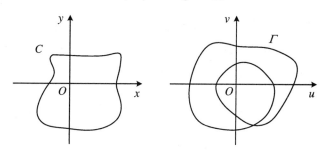

图 6.7

$$\Delta_\Gamma \operatorname{Ln} w = \mathrm{i} \Delta_\Gamma \arg w = \mathrm{i} \Delta_C \arg f(z),$$

从而有

$$\frac{1}{2\pi\mathrm{i}} \int_C \frac{f'(z)}{f(z)} \mathrm{d}z = \frac{\Delta_C \arg f(z)}{2\pi},$$

因此,式(6.22)成立.

注 6.1 在定理 6.9(辐角原理)中,$f(z)$ 在边界 C 上解析的条件可减弱为:$f(z)$ 连续到边界 C 上,其他条件不变,那么结论仍然成立.

例 6.15 设 $f(z)$ 在周线 C 所围成的有界区域 D 内除了一个单极点(即一阶极点)外都解析,连续到边界上,且在 C 上 $|f(z)| \leqslant 1$.证明对任意复数 a,$|a| > 1$,方程 $f(z) = a$ 在 D 内恰有一个根.

证 因为在 C 上 $|f(z)| \leqslant 1$,那么当 $|a| > 1$ 时,
$$\Delta_C \arg (f(z) - a) = 0.$$
故
$$N(C, f - a) - P(C, f - a) = \frac{1}{2\pi} \Delta_C \arg (f(z) - a) = 0.$$
又因为 $P(C, f - a) = P(C, f) = 1$,从而
$$N(C, f - a) = 1.$$
即 $f(z) - a$ 在 D 内恰有一个根.

3. Rouché(儒歇)定理

下面的定理是辐角原理的一个推论,在考察函数的零点分布时,用起来更为方便.

定理 6.10(Rouché 定理) 设 $f(z)$,$g(z)$ 在周线 C 内所围成的有界区域 $\bar{D}$ 上解析,当 $z \in C$ 时,$|f(z)| > |g(z)|$.则函数 $f(z)$ 和 $f(z) + g(z)$ 在区域 D 内的零点总数相同.

证 由条件知 $f(z)$ 及 $f(z) + g(z)$ 在 $\bar{D}$ 上解析,在 C 上有
$$|f(z)| > 0, \quad |f(z) + g(z)| \geqslant |f(z)| - |g(z)| > 0,$$
那么这两个函数 $f(z)$ 及 $f(z) + g(z)$ 都满足定理 6.9 的条件.因为
$$\Delta_C \arg (f(z) + g(z)) = \Delta_C \arg f(z) + \Delta_C \arg \left(1 + \frac{g(z)}{f(z)}\right),$$
以及当 $z \in C$ 时,$\left|\dfrac{g(z)}{f(z)}\right| < 1$.借助函数 $w(z) = 1 + \dfrac{g(z)}{f(z)}$ 将 z 平面上的周线 C 变成 w 平面上的闭曲线 Γ,显然 Γ 在 $|w - 1| < 1$ 内(图 6.8),因此有

$$\Delta_C \arg \left(1 + \frac{g(z)}{f(z)}\right) = 0.$$

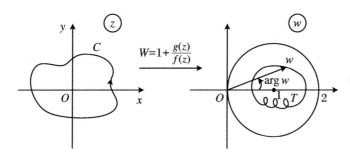

图 6.8

由此,

$$\Delta_C \arg f(z) = \Delta_C \arg (f(z) + g(z)).$$

因而由辐角原理可得到

$$N(C, f) = N(C, f + g).$$

即函数 $f(z), f(z) + g(z)$ 在区域 D 内的零点总数相等.

注 6.2　在满足定理 6.10 的条件下,也可证明下列三个函数:

$$f(z), \quad f(z) + g(z), \quad f(z) - g(z),$$

在区域 D 内的零点总数相同.

例 6.16　判断方程 $z^8 - 5z^5 - 2z + 1 = 0$ 在 $|z| < 1$ 内根的个数.

解　令 $f(z) = -5z^5, g(z) = z^8 - 2z + 1$,则显然它们在 $C: |z| = 1$ 上及其内部处处解析,并且在 $|z| = 1$ 上, $|f(z)| = 5 > 4 \geqslant |g(z)|$. 于是由 Rouché 定理知, $f(z)$ 与 $f(z) + g(z) = z^8 - 5z^5 - 2z + 1$ 在 $|z| < 1$ 内的零点个数相同,由于 $f(z) = -5z^2$ 在 $|z| < 1$ 内有 5 个零点,因此,原方程在 $|z| < 1$ 内有 5 个零点.

例 6.17(代数基本定理)　n 次方程 $a_n z^n + a_{n-1} z^{n-1} + \cdots + a_1 z + a_0 = 0 (a_n \neq 0)$ 在复平面 $\mathbb{C}$ 上正好有 n 个根.

证　令 $f(z) = a_n z^n, g(z) = a_{n-1} z^{n-1} + \cdots + a_1 z + a_0$,任取

$$R > R_* = \max \left\{ 1, \frac{|a_{n-1}| + \cdots + |a_1| + |a_0|}{|a_n|} \right\}$$

在圆周 $C: |z| = R$ 上,我们有

$$|g(z)| = |a_{n-1} z^{n-1} + \cdots + a_1 z + a_0| \leqslant |a_{n-1} z^{n-1}| + \cdots + |a_1 z| + |a_0|$$

$$\leqslant R^{n-1}(|a_{n-1}| + \cdots + |a_1| + |a_0|) < R^n |a_n|$$

$$= |f(z)|.$$

由 Rouché 定理知, $f(z)$ 与 $f(z) + g(z) = a_n z_n + a_{n-1} z^{n-1} + \cdots + a_1 z + a_0 = 0$ 在 $|z| < R$ 的零点个数相同, 由于 $f(z) = a_n z^n$ 在 C 内正好有 n 个零点, 因此, 原方程在 $|z| < R$ 内有 n 个零点. 注意这个结论对任意大于 R_* 的 R 成立, 因此, 在复平面 $\mathbb{C}$ 上原方程恰好有 n 个零点.

例 6.18 试证方程 $z^8 + 3z^4 + 10 = 0$ 的根全在圆环 $1 < |z| < 2$ 内.

证 由代数基本定理得方程 $z^8 + 3z^4 + 10 = 0$ 共有 8 个根.

令 $f(z) = z^8, g(z) = 3z^4 + 10$, 则显然它们在 $C: |z| = 2$ 上及其内部处处解析, 并且在 $|z| = 2$ 上,

$$|g(z)| \leqslant 3|z|^4 + 10 < 2^8 = |z|^8 = |f(z)|,$$

于是根据 Rouché 定理得, 方程 $z^8 + 3z^4 + 10 = f(z) + g(z) = 0$ 与 $f(z) = 0$ 在 $|z| < 2$ 内有相同的根, 即皆为 8 个.

另一方面, 当 $|z| \leqslant 1$ 时, 我们有

$$|z^8 + 3z^4 + 10| \geqslant 10 - (|z|^8 + 3|z|^4) \geqslant 6 > 0,$$

所以方程 $z^8 + 3z^4 + 10 = 0$ 在 $|z| \leqslant 1$ 内没有根, 故方程 $z^8 + 3z^4 + 10 = 0$ 的 8 个根全部都在圆环 $1 < |z| < 2$ 内.

例 6.19 设 $\{f_n(z)\}$ 为区域 D 上的一个解析函数列, $\{f_n(z)\}$ 内闭一致收敛非常数的解析函数 $f(z)$. 若方程 $f(z) - a = 0$ 在 D 内有解, 则当 n 充分大时, 方程 $f_n(z) - a = 0$ 在 D 内也有解.

证 设 z_0 是方程 $f(z) - a = 0$ 的根, 由零点的孤立性, 存在 $\delta > 0$, 使 $f(z) - a$ 在闭圆

$$\overline{B(z_0, \delta)} = \{|z - z_0| \leqslant \delta\} \subset D$$

上除了 z_0 之外无其他零点. 设 $|f(z) - a|$ 在 $|z - z_0| = \delta$ 上的下确界等于 ε, 即

$$\varepsilon = \min_{|z - z_0| = \delta} |f(z) - a|, \tag{6.24}$$

因此 $\varepsilon > 0$. 由于 $\{f_n(z)\}$ 在 D 内内闭一致收敛于解析函数 $f(z)$, 故对上述正数 ε, 存在 N, 使当 $n > N$ 时, 我们有

$$|f_n(z) - f(z)| < \varepsilon \quad (z \in \overline{B(z_0, \delta)}). \tag{6.25}$$

由式(6.24)与式(6.25), 在 $|z - z_0| = \delta$ 上, 我们有

$$|f(z) - a| \geqslant \varepsilon > |f_n(z) - f(z)|.$$

由 Rouché 定理知, 在 $|z - z_0| < \delta$ 内,

$$f(z) - a \quad 和 \quad (f(z) - a) + (f_n(z) - f(z)) = f_n(z) - a$$

有相同的零点个数,即 $f_n(z) - a$ 的零点存在,因此方程 $f_n(z) = a$ 在 D 内也有解.

注 6.3　实际上,我们证明了 $f(z)$ 的零点是 $\{f_n(z)\}$ 的零点的极限点.

例 6.20　设 $a > e$,证明 $e^z = az^n$ 在 $|z| < 1$ 内有 n 个根.

证　令 $f(z) = az^n, g(z) = -e^z$,则它们在 $|z| \leqslant 1$ 上处处解析,并且在 $C: |z| = 1$ 上,有 $|f(z)| = a > e \geqslant e^{\mathrm{Re}\, z} = |g(z)|$. 于是由 Rouché 定理知,$f(z)$ 与 $f(z) + g(z) = az^n - e^z$ 在 $|z| < 1$ 内的零点个数相同,由于 $f(z) = az^n$ 在 $|z| < 1$ 内有 n 个零点,因此,原方程在 $|z| < 1$ 内有 n 个零点.

例 6.21　设函数 $f(z)$ 在区域 D 上解析,$z_0 \in D$ 是 $f(z) - w_0$ 的 k 阶零点,则存在正数 ρ, δ,使得对于 $0 < |w - w_0| < \delta$ 内的每一个值 B,函数 $f(z) - B$ 在 D 内恰有 k 个一阶零点.

证　因为 z_0 是 $f(z) - w_0$ 的一个 k 阶零点,根据解析函数的零点的孤立性,存在正数 ρ,使得函数 $f(z) - w_0$ 和 $f'(z)$ 在 $0 < |z - z_0| \leqslant \rho$ 无零点. 设 $|f(z) - w_0|$ 在 $|z - z_0| = \rho$ 上的最小值为 δ,对于 $0 < |z - z_0| < \delta$ 内的每一个值 B,在 $|z - z_0| = \rho$ 上,$|f(z) - w_0| > |B - w_0|$. 由注 6.2 知,$f(z) - w_0$ 与 $(f(z) - w_0) - (B - w_0) = f(z) - B$ 有相同的零点. 所以 $f(z) - B$ 在 $|z - z_0| < \rho$ 内恰有 k 个零点,这 k 个零点皆不是 z_0. 而在 $0 < |z - z_0| \leqslant \rho$ 内,因为 $(f(z) - B)' = f'(z) \neq 0$,所以,这 k 个零点均为一阶零点.

习题 6

1. 求下列函数在指定点的留数.

(1) $\dfrac{z}{(z+1)(z-1)}, z = 1, z = \infty$;　　(2) $\dfrac{\sin az}{z^2 \sin bz}, ab \neq 0, z = 0$;

(3) $e^{\frac{1}{z-1}}, z = 1, z = \infty$;　　　　　　(4) $\dfrac{\cot \pi z}{z^3}, z = k (k = 0, \pm 1, \pm 2, \cdots)$;

(5) $\dfrac{z^2}{(z^2+1)^2}, z = \pm i$;　　　　　　(6) $\dfrac{1}{e^z - 1}, z = 2n\pi i (n$ 为整数$)$;

(7) $\sin \dfrac{1}{z-1}, z = 1$.

2. 求下列函数在各孤立奇点及无穷远点(如果它不是非孤立奇点)的留数:

(1) $\dfrac{5z - 2}{z(z - 1)}$;

(2) $\dfrac{1 + z^4}{z(z^2 + 1)}$;

(3) $e^{\frac{1}{z}}$;

(4) $\dfrac{z}{(z - z_1)^m (z - z_2)}$ $(z_1 \neq z_2, z_1 z_2 \neq 0, m > 1)$;

(5) $\dfrac{1}{(z^5 - 1)(z - 3)}$.

3. 求下列积分.

(1) $\displaystyle\int_{|z| = 2} \dfrac{e^{zt}}{1 + z^2} \mathrm{d}z$;

(2) $\displaystyle\int_{|z| = 1} \dfrac{\mathrm{d}z}{z^3(z + 2)}$;

(3) $\displaystyle\int_{|z| = 2} \dfrac{z}{\dfrac{1}{2} - \sin^2 z} \mathrm{d}z$;

(4) $\displaystyle\int_{|z| = 2} \dfrac{\cos \dfrac{1}{z}}{z^2(z^2 + 1)} \mathrm{d}z$.

4. 设 $t_n = \left(n + \dfrac{1}{2}\right)\pi$ $(n = 1, 2, \cdots)$, $f(z)$ 在 $z = t_n$ 处解析, $f(t_n) = 0$. 求证:

$$\mathrm{Res}\left(\dfrac{f(z)}{\cos^2 z}, t_n\right) = f'(t_n).$$

5. 设 $f(z)$ 在点 $z = z_0$ 处解析, $f(z_0) = 0$, $f'(z_0) \neq 0$. 求积分 $\displaystyle\int_{|z - z_0| = \rho} \dfrac{1}{f(z)} \mathrm{d}z$, 其中 ρ 充分小.

6. 求下列积分.

(1) $\displaystyle\int_C \dfrac{z\mathrm{d}z}{(z - 1)^2(z - 2)^2}$, 其中 C 为 $|z - 2| = \dfrac{1}{2}$;

(2) $\displaystyle\int_C \dfrac{e^z \mathrm{d}z}{z^2(z^2 - 9)}$, 其中 C 为 $|z| = 1$;

(3) $\displaystyle\int_C \tan \pi z \mathrm{d}z$, 其中 C 为 $|z| = n$ $(n = 1, 2, 3, \cdots)$;

(4) $\displaystyle\int_C z^3 \sin^5 \dfrac{1}{z} \mathrm{d}z$, 其中 C 为 $|z| = 1$;

(5) $\displaystyle\int_C \dfrac{z \sin z}{(1 - e^z)^3} \mathrm{d}z$, 其中 C 为 $|z| = 1$;

(6) $\displaystyle\int_C \dfrac{\mathrm{d}z}{z^4 - z^3}$, 其中 C 为 $|z| = \dfrac{1}{2}$.

7. 计算积分 $\displaystyle\int_C \dfrac{\mathrm{d}z}{z^4 + 1}$, 此处 C 为闭曲线 $x^2 + y^2 = 2x$.

8. 用留数理论求下列积分:

(1) $\displaystyle\int_0^\pi \dfrac{\mathrm{d}\theta}{3 + \cos \theta}$;

(2) $\displaystyle\int_0^{2\pi} \dfrac{\cos 5\theta}{(a + \cos \theta)^2} \mathrm{d}\theta$ $(a > 1)$;

(3) $\int_0^\pi \tan(\theta + \mathrm{i}a)\,\mathrm{d}\theta\,(a > 0)$；　(4) $\int_0^{2\pi} \dfrac{4\cos 2\theta}{5 - 4\cos\theta}\,\mathrm{d}\theta$；

(5) $\int_0^{\frac{\pi}{2}} \dfrac{\mathrm{d}x}{a + \sin^2 x}\,(a > 0)$；　(6) $\int_0^{+\infty} \dfrac{x^2}{(x^2 + 1)^2}\,\mathrm{d}x$；

(7) $\int_0^{+\infty} \dfrac{x\sin mx}{1 + x^2}\,\mathrm{d}x\,(m > 0)$；　(8) $\int_{-\infty}^{+\infty} \dfrac{\cos 2x}{(x^2 + \alpha^2)(x^2 + \beta^2)}\,\mathrm{d}x\,(0 < \alpha < \beta)$.

9. 求下列积分.

(1) $\int_0^\infty \dfrac{\sin x}{x(x^2 + 1)}\,\mathrm{d}x$；　(2) $\int_0^\infty \dfrac{\sin^2 x}{x^2}\,\mathrm{d}x$.

10. 求积分 $\int_0^{+\infty} \dfrac{x^{p-1}}{(1 + x^2)(4 + x^2)^2}\,\mathrm{d}x\,(0 < p < 1)$.

11. 从 $\int_C \dfrac{\mathrm{e}^{\mathrm{i}z}}{\sqrt{z}}\,\mathrm{d}z$ 出发，试证明：$\int_0^{+\infty} \dfrac{\cos x}{\sqrt{x}}\,\mathrm{d}x =$

$\int_0^{+\infty} \dfrac{\sin x}{\sqrt{x}}\,\mathrm{d}x = \sqrt{\dfrac{\pi}{2}}$，其中路径 C 如图 6.9 所示.

12. 求积分（Poisson 积分）$\int_0^{+\infty} \mathrm{e}^{-x^2}\cos 2ax\,\mathrm{d}x\,(a > 0)$.

（提示，设 $f(z) = \mathrm{e}^{-z^2}$，路径 Γ 如图 6.10 所示，考虑积分 $\int_\Gamma f(z)\,\mathrm{d}z$.）

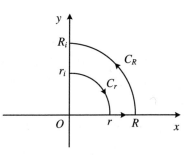

图 6.9

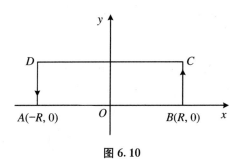

图 6.10

13. 若 $f(z)$ 在 $D = \{z : 0 < |z - z_0| < r_0, \theta_1 \leqslant \arg(z - z_0) \leqslant \theta_2\}\,(0 \leqslant \theta_1 < \theta_2 \leqslant 2\pi)$ 上连续，而且

$$\lim_{z \to z_0}(z - z_0)f(z) = A,$$

其中 A 有限，则

$$\lim_{r \to 0}\int_{\Gamma_r} f(z)\,\mathrm{d}z = \mathrm{i}A(\theta_2 - \theta_1),$$

其中 Γ_r 表示 D 内圆周 $z = z_0 + r\mathrm{e}^{\mathrm{i}\theta}\,(\theta_1 \leqslant \theta \leqslant \theta_2)$ 上的弧，方向取逆时针方向.

14. 应用 Rouché 定理, 判定下列方程在 $|z| < 1$ 内根的个数:

(1) $z^8 - 4z^5 + z^2 - 1 = 0$;

(2) $z^4 - 5z + 1 = 0$;

(3) $e^z - 4z^n + 1 = 0, n$ 是正整数.

15. 求下列方程在圆环 $1 < |z| < 2$ 内根的个数:

(1) $z^7 - 5z^4 + z^2 - 2 = 0$;

(2) $2z^5 - z^3 + 3z^2 - z + 8 = 0$;

(3) $z^9 - 2z^6 + z^2 - 8z - 2 = 0$.

15. 假定已知泊松(Poisson)积分 $\int_0^\infty e^{-x^2} dx = \dfrac{\sqrt{\pi}}{2}$. 试证明: Fresnel(菲涅耳)积分:

$$\int_0^{+\infty} \cos x^2 \, dx = \int_0^{+\infty} \sin x^2 \, dx = \frac{\sqrt{2\pi}}{4}.$$

17. 设 $\lambda > 1$. 试证明: 方程 $z = \lambda - e^{-z}$ 在右半平面中恰有一个根, 并且是实根.

18. 设 $f(z)$ 在 $|z| \leqslant 1$ 上解析, $|f(z)| < 1$. 试证明: $z - f(z)$ 在 $|z| < 1$ 内有且仅有一个一阶零点.

19. 试证明: 方程 $e^{z-\lambda} = z, \lambda > 1$ 在单位圆内有一个根, 且是实根.

20. 试判定: 方程 $z^4 - 8z + 10 = 0$ 在 $1 < |z| < 3$ 内根的个数.

21. 设 $f(z)$ 在区域 D 上解析, $f'(z_0) = 0, z_0 \in D$. 试证明: $f(z)$ 在 D 内不是单叶解析的.

22. 设 $|a_k| < 1 (k = 1, 2, \cdots, n), f(z) = \displaystyle\prod_{k=1}^n \frac{z - a_k}{1 - \overline{a_k} z}$, 若 $|b| < 1$. 试证明: 方程 $f(z) = b$ 在单位圆内恰好有 n 个根.

23. 设 D 是有界区域, 其边界 ∂D 是一条简单闭曲线, 又设 $f(z), g(z)$ 在 $D + \partial D$ 上解析, 并且在 ∂D 上满足 $|f(z) - g(z)| < |g(z)|$. 试证明: 在 D 内, $f(z)$ 和 $g(z)$ 的零点个数相同.

第 7 章   共 形 映 射

共形映射是复变函数论中的一个重要分支,它是从几何的角度来研究解析函数的性质和应用的.共形映射在数学的各个分支以及在实际问题中都有着广泛的应用,如在解决流体力学、弹性力学、电学等学科的某些问题中,都是一种使问题化繁为简的重要方法.

前几章我们主要是用分析的方法,也就是用复变函数的微分、复积分和复级数等来讨论解析函数的性质和应用,内容主要涉及 Cauchy 积分理论,在这一章中,我们主要讨论解析函数所构成的变换(简称解析变换)的某些重要特性.我们将看到,这种变换在导数不为零的点处具有一种保角的特性,能将复杂的区域单值共形映射为简单区域,进而使我们所要研究的问题便于求解.

7.1   解析变换的特性

1. 单叶解析变换及其性质

为了证明保域定理,我们需要再次研究单叶解析的有关性质.

引理 7.1   设函数 $f(z)$ 在区域 D 内解析,$z_0 \in D$,记 $f(z_0) = w_0$,并且 $f'(z_0) = \cdots = f^{(m-1)}(z_0) = 0, f^{(m)}(z_0) \neq 0 (m = 1, 2, \cdots)$.则对充分小的正数 ε,存在 $\delta > 0$,使当 $0 < |w - w_0| < \delta$ 时,$f(z) - w$ 在 $0 < |z - z_0| < \varepsilon$ 内有 m 个一阶零点.

证   显然 $f(z) - w_0$ 在 z_0 点有 m 阶零点,根据解析函数零点的孤立性,对充分小的正数 ε,可作邻域 $N(z_0) = \{z \mid |z - z_0| < \varepsilon\}$,使 $f(z)$ 在 $\overline{N(z_0)}$ 上解析,且 $f(z) - w_0$ 及 $f'(z)$ 在 $\overline{N(z_0)}$ 上除 z_0 外无其他零点.记 $C: |z - z_0| = \varepsilon$,令 $\min\limits_{z \in C} |f(z) - w_0| = \delta > 0$.取复数 w,使 $0 < |w - w_0| < \delta$,由于

$$f(z) - w = (f(z) - w_0) - (w - w_0),$$

当 $z \in C$ 时,$|f(z) - w_0| \geqslant \delta > |w - w_0| > 0$,由 Rouché 定理可知,$f(z) - w$ 与 $f(z) - w_0$ 在 $N(z_0)$ 内的零点个数相同,即为 m 个,设为 $t_1, t_2, \cdots, t_m$.

由于当 $w \neq w_0$ 时，有 $t_j \neq z_0 (j = 1, 2, \cdots, m)$，而在 $N(z_0)$ 内，$(f(z) - w)'_{z \neq z_0} \neq 0$. 因此我们得到 $f(z) - w$ 在 $N(z_0)$ 内的每个零点 $t_1, t_2, \cdots, t_m$ 都是单零点.

定理 7.1　如果函数 $w = f(z)$ 为区域 D 内的单叶解析函数，那么在 D 内 $f'(z) \neq 0$.

证　假设存在 $z_0 \in D$，使得 $f'(z_0) = 0$. 则由引理 7.1 可知，对充分小的 $\varepsilon > 0$，存在 $\delta > 0$，使在 $w_0 = f(z_0)$ 的空心邻域 $0 < |w - w_0| < \delta$ 内的任一点 w，在 $0 < |z - z_0| < \varepsilon$ 内有 $z_1, z_2 (z_1 \neq z_2)$ 满足 $f(z_1) = f(z_2) = w$，这与 $f(z)$ 在 D 内单叶矛盾. 因此在 D 内 $f'(z) \neq 0$.

注 7.1　定理 7.1 的逆不成立，例如，$f(z) = e^z$ 在 z 平面上任一点导数不为零，但它不是整个复平面上的单叶函数.

由定理 7.1，可推证下面的定理：

定理 7.2　假设 $w = f(z)$ 在 $z = z_0$ 处解析且 $f'(z_0) \neq 0$，那么存在 z_0 的一个邻域 $N(z_0)$，使 $f(z)$ 在这个邻域内为单叶解析.

证　记 $w_0 = f(z_0)$，由于 $f'(z_0) \neq 0$，根据引理 7.1 知，对任给的充分小正数 δ，存在正数 η，使对任意的 $w \in N(w_0) = \{w \mid 0 < |w - w_0| < \eta\}$，存在唯一的
$$z \in N(z_0) = \{z \mid 0 < |z - z_0| < \delta\},$$
满足 $f(z) = w$. 又因为 $f(z)$ 在 z_0 处解析（连续），则对上述 η，存在 $\delta_* (0 < \delta_* < \delta)$，使 $z \in (N(z_0, \delta_*) - \{z_0\})$ 时，$w \in N(w_0)$，因此 $f(N(z_0, \delta_*) - \{z_0\}) \subset N(w_0)$. 则我们证得 $f(z)$ 在 $N(z_0, \delta_*)$ 内单叶解析.

2. 解析变换的保域性

定理 7.3(保域定理)　设 $w = f(z)$ 在区域 D 内解析且不恒为常数，则 D 的像 $G = f(D)$ 也是一个区域.

证　(1) 证明 G 的每一点都是内点. 设 $w_0 \in G$，则有一点 $z_0 \in D$ 使得 $w_0 = f(z_0)$. 由引理 7.1 可知，存在 $\delta > 0$，使得对任意满足 $|w - w_0| < \delta$ 的 w，存在 $z \in D$ 使 $f(z) = w$. 因此，开圆 $|w - w_0| < \delta$ 包含在 G 内，即 w_0 为 G 的内点，因此 G 是开集.

(2) 证明 G 具有连通性，即对于 G 内任意不同的两点 w_1 与 w_2，可以用 G 内的一条折线连接起来. 这时存在 $z_1, z_2 \in D$ 使 $w_1 = f(z_1)$ 与 $w_2 = f(z_2)$，由于 D 是一区域，可在 D 内找到一条折线 $\gamma: z = z(t) (\alpha \leqslant t \leqslant \beta)$，连接 z_1 及 z_2，其中 $z_1 = z(\alpha), z_2 = z(\beta)$，并且函数 $w = f(z)$ 把折线 γ 映射成 G 内连接 w_1 与 w_2 的一条分

段光滑曲线 $\Gamma = f(\gamma)$,很显然 Γ 是 G 内的一个有界闭集,且在(1)中我们已证 G 内每点为内点,因此由有限覆盖定理(定理 1.10)知,Γ 可被 G 内的有限个开集所覆盖,设这有限个开集构成点集 $G_*(\subset G)$,从而在 G_* 内可找到连接 w_1 与 w_2 的折线 Γ_*.

综合(1)和(2),我们得到 G 为区域.

推论 7.1 设 $w = f(z)$ 在区域 D 内单叶解析,则 D 的像 $G = f(D)$ 也是一个区域.

证 因为 $f(z)$ 在区域 D 内单叶解析,则 $f(z)$ 在区域 D 内不恒为常数.

现在用几何直观来说明单叶解析函数映射的意义,设 $w = f(z)$ 是区域 D 内的解析函数,$z_0 \in D$,$w_0 = f(z_0)$,$f'(z_0) \neq 0$,那么 $w = f(z)$ 把 z_0 的一个充分小邻域映射成 $w_0 = f(z_0)$ 的一个曲边邻域.

3. 导数的几何意义

设 $w = f(z)$ 是区域 D 内的解析函数,$z_0 \in D$,$w_0 = f(z_0)$,有导数 $f'(z_0) \neq 0$. 考虑在 D 内过 $z_0 = z(t_0)$ 的一条光滑曲线 C:

$$z = z(t) = x(t) + iy(t) \quad (t_0 \leqslant t \leqslant t_1),$$

则在点 z_0 的切向量为 $z'(t_0) \neq 0$.

下面我们考察曲线 C 在 $z = z_0$ 的切线与实轴的夹角.

作通过曲线 C 上的点 $z_0 = z(t_0)$ 及 $z = z(t)$ 的割线,由于割线的方向与向量 $\dfrac{z - z_0}{t - t_0}$ 的方向一致,只要当 t 趋近于 t_0 时,向量 $\dfrac{z - z_0}{t - t_0}$ 与实轴的夹角 $\arg\dfrac{z - z_0}{t - t_0}$ 连续变动趋近于极限,那么当 z 趋近于 z_0 时,割线确有极限位置.

特别注意,$\dfrac{\mathrm{d}z}{\mathrm{d}t} = z'(t) = x'(t) + iy'(t)$,并由光滑曲线的条件,极限

$$\lim_{t \to t_0} \frac{z - z_0}{t - t_0} = z'(t_0) \neq 0$$

存在,因此,下列极限也存在:

$$\lim_{t \to t_0} \arg \frac{z - z_0}{t - t_0} = \arg z'(t_0), \tag{7.1}$$

它就是曲线 C 在 z_0 处切线与实轴的夹角,其中辐角是连续变动的,并且极限式两边辐角的数值是相应地适当选取的.

因此我们得到曲线 C 在 $z = z_0$ 的切线与实轴的夹角是 $z'(t_0)$ 的辐角 $\arg z'(t_0)$.

函数 $w = f(z)$ 把光滑曲线 C 映射成过 $w_0 = f(z_0)$ 的一条简单曲线

$$\Gamma: w = f(z(t)),$$

显然

$$\frac{\mathrm{d}w}{\mathrm{d}t} = f'(z(t))z'(t),$$

由于 $z'(t) \neq 0, f'(z) \neq 0$, 可知 $f'(z(t))z'(t) \neq 0$, 因此 Γ 也是一条光滑曲线, 且在点 $w_0 = f(z_0)$ 处的切向量为 $f'(z_0)z'(t_0)$, 它在 w_0 的切线与实轴的夹角为

$$\arg(f'(z_0)z'(t_0)) = \arg f'(z_0) + \arg z'(t_0). \tag{7.2}$$

Γ 在 w_0 的切线与实轴的夹角及 C 在 z_0 处与实轴的夹角分别记为 Ψ, φ, 由式 (7.2), 得

$$\Psi - \varphi = \arg f'(z_0).$$

如果记

$$f'(z_0) = R\mathrm{e}^{\mathrm{i}\alpha},$$

则必 $|f'(z_0)| = R, \arg f'(z_0) = \alpha$, 即 $\Psi - \varphi = \alpha$.

式 (7.2) 说明: 像曲线 Γ 在点 $w_0 = f(z_0)$ 的切线正向, 可由原像曲线 C 在点 z_0 的切线正向旋转一个角 $\arg f'(z_0)$ 得出, 且 $\arg f'(z_0)$ 仅与 z_0 有关, 而与过 z_0 的曲线 C 的选择无关, 我们称 $\arg f'(z_0)$ 为变换 $w = f(z)$ 在点 z_0 的旋转角, 这也就是导数辐角的几何意义.

现在我们考虑 $f'(z_0)$ 模的几何意义, 根据以上假设有

$$|f'(z_0)| = \lim_{z \to z_0} \frac{|f(z) - f(z_0)|}{|z - z_0|},$$

即

$$\lim_{\Delta z \to 0} \frac{|\Delta w|}{|\Delta z|} = |f'(z_0)| = R. \tag{7.3}$$

由于 $|f'(z_0)|$ 是 $\dfrac{|f(z) - f(z_0)|}{|z - z_0|}$ 的极限, 因此它可以近似地表示这种比值, 在 $w = f(z)$ 的映射下, $|z - z_0|$ 及 $|f(z) - f(z_0)|$ 分别表示 z 平面上的向量 $z - z_0$ 及 w 平面上向量 $f(z) - f(z_0)$ 的长度. 当 $|z - z_0|$ 较小时, $|f'(z_0)|$ 近似地表示通过映射后, $|f(z) - f(z_0)|$ 对 $|z - z_0|$ 的伸缩倍数, 而且这一倍数与向量 $z - z_0$ 的方向无关, 我们把 $R = |f'(z_0)|$ 称为 $f(z)$ 在 z_0 点的伸缩率.

现在用几何直观来说明单叶解析函数所做映射的意义. 设 $w = f(z)$ 是区域 D 内的解析函数, $z_0 \in D, w_0 = f(z_0), f'(z_0) \neq 0$, 那么 $w = f(z)$ 把 z_0 的邻域内的一

个无穷小曲边三角形 σ 映射成 w 平面上区域 $G = f(D)$ 内含 w_0 的一个无穷小曲边三角形 Σ. 这两个曲边三角形的对应角相等, 对应边近似地成比例. 因此, 这两个三角形近似地是相似性. 此外 $w = f(z)$ 把 z 平面上半径充分小的圆 $|z - z_0| = R$ 近似地映射成圆 $|w - w_0| = |f'(z_0)| R (0 < R < +\infty)$.

因此, 式(7.3)说明: 像点间的无穷小距离与原像点间的无穷小距离之比的极限是 $R = |f'(z_0)|$, 它仅与 z_0 有关, 而与过 z_0 的曲线 C 之方向无关, 称为变换 $w = f(z)$ 在点 z_0 的伸缩率, 这也就是导数模的几何意义.

上面提到的旋转角与 C 的选择无关这个性质, 称为旋转角不变性; 伸缩率与 C 的方向无关这个性质, 称为伸缩率不变性.

从几何意义上看: 如果忽略高阶无穷小, 伸缩率不变性就表示 $w = f(z)$ 将 $z = z_0$ 处的无穷小的圆变成 $w = w_0$ 处的无穷小的圆, 其半径之比为 $|f'(z_0)|$.

现在, 我们再继续上面的讨论, 给出两曲线的夹角的几何意义.

设在 D 内过 z_0 还有一条简单的光滑曲线 $C_1 : z = z_1(t)$, 函数 $w = f(z)$ 把它映射成为一条简单光滑曲线 $\Gamma_1 : w = f(z_1(t))$, 与上面一样, C_1 与 Γ_1 在 z_0 及 w_0 处切线与实轴的夹角分别是 $\arg z_1'(t_0)$ 及

$$\arg [f'(z_1(t_0)) z_1'(t_0)] = \arg f'(z_1(t_0)) + \arg z_1'(t_0) \qquad (7.4)$$

比较式(7.2)和式(7.4)就可以看出, 在 w_0 处曲线 Γ 到曲线 Γ_1 的夹角恰好等于在 z_0 处曲线 C 到曲线 C_1 的夹角(图 7.1), 即

$$\arg [f'(z_1(t_0)) z_1'(t_0)] - \arg [f'(z(t_0)) z'(t_0)] = \arg z_1'(t_0) - \arg z'(t_0).$$

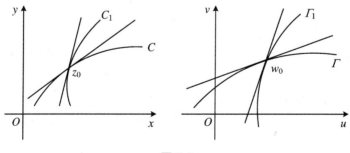

图 7.1

因为 $\arg f'(z_0)$ 与过 z_0 的曲线无关, 所以若 C, C_1 为过点 z_0 的两条光滑曲线, Γ, Γ_1 分别为 C, C_1 的像, 那么 C, C_1 在点 z_0 的夹角与 Γ, Γ_1 在 $f(z_0)$ 处的夹角相等, 而且方向一致, 这种性质我们称为解析函数的保角性.

由此, 我们得到:

定理 7.4 如果 $w = f(z)$ 在区域 D 内解析,且 $f'(z) \neq 0$,则 $f(z)$ 在区域 D 内的每一点都是保角的.

第 4 章我们曾经讨论过最大模原理,它是复分析理论中的一个十分重要的工具,在研究整函数与亚纯函数理论时起着重要作用.下面我们给出另一个证明.

*定理 7.5 如果函数 $w = f(z)$ 在区域 D 内解析,不恒为常数,则 $|f(z)|$ 在 D 内任何点都不能达到最大值.特别地,如果 D 为有界区域,$f(z)$ 还在闭区域 $\overline{D}$ 连续,则 $|f(z)|$ 的最大值在边界 C 上取得.

*证 由定理 7.3 可知,$G = f(D)$ 是一个区域,若 $|f(z)|$ 在 $z_0 \in D$ 达到最大值.显然 $w_0 = f(z_0) \in G$,则 w_0 必有一个充分小的邻域包含在 G 内.这样,在这个邻域内可找到一点 w_* 满足 $|w_*| > |w_0|$,从而在 D 内有一点 z_* 满足 $w_* = f(z_*)$ 以及 $|f(z_*)| > |f(z_0)|$,这就产生了矛盾,故 $|f(z)|$ 在 D 内不能达到最大值.

特别地,如果 D 为有界区域且 $f(z)$ 在 $\overline{D}$ 上连续,则 $|f(z)|$ 在 $\overline{D}$ 上能取得最大值,如果 $f(z)$ 在 D 内不为常数,由此我们得到 $|f(z)|$ 的最大值只能在边界 C 上取得.

4. 单叶解析变换的共形性

根据前面的讨论,我们知道单叶解析函数所确定的映射把区域双射成区域,它在每一点保角,并且在每一点具有一定的伸缩率.

具体地我们有下列定义:

定义 7.1 如果 $w = f(z)$ 在区域 D 内是单叶且保角的,则称此变换 $w = f(z)$ 在 D 内是共形的,也称它是 D 内的共形映射.

同时也称 $f(z)$ 为 D 映至 $G = f(D)$ 的一个共形映射(保角映射),也称为保形变换(保形映射、保形映照).

对于单叶解析函数,我们有下面的反函数存在定理.

定理 7.6 设 $w = (z)$ 在区域 D 内单叶解析,$G = f(D)$,则

(1) $w = (z)$ 将 D 共形映射成区域 G;

(2) $w = f(z)$ 存在一个在区域 G 内单叶解析的反函数 $z = \varphi(w)$,并且如果 $w_0 \in G, z_0 = \varphi(w_0)$,则 $(\varphi(w_0))' = \dfrac{1}{f'(z_0)}$.

证 (1) 由推论 7.1 知,G 是区域,再由定理 7.4 及定义 7.1 知,$w = (z)$ 将 D 共形映射成 G.

(2) 由定理 7.1 知，$f'(z_0) \neq 0 (z_0 \in D)$，又因为 $w = (z)$ 是 D 到 G 的单叶满变换，因而也是 D 到 G 的一一变换. 于是，当 $w \neq w_0$ 时，$z \neq z_0$，即反函数 $z = \varphi(w)$ 在区域 G 内单叶. 故

$$\frac{\varphi(w) - \varphi(w_0)}{w - w_0} = \frac{z - z_0}{w - w_0} = \frac{1}{\dfrac{w - w_0}{z - z_0}}.$$

因为 $f(z) = u(x,y) + iv(x,y)$ 在区域 D 内解析，则在 D 内满足 C-R 方程

$$u_x = v_y, \quad u_y = -v_x.$$

因此，当 $z = x + iy \in D$ 时，我们有

$$\begin{vmatrix} u_x & u_y \\ v_x & v_y \end{vmatrix} = \begin{vmatrix} u_x & -v_x \\ v_x & u_x \end{vmatrix} = u_x^2 + v_x^2 = |u_x + iv_x|^2 = |f'(z)|^2 \neq 0.$$

根据数学分析中的隐函数存在定理可知，存在两个二元实函数：

$$\begin{cases} x = x(u,v), \\ y = y(u,v), \end{cases}$$

它们在 $w_0 = u_0 + iv_0$ 的一个充分小邻域 $N(w_0)$ 内为连续，即在此邻域内，当 $w \to w_0$ 时，一定有 $z = \varphi(w) \to z_0 = \varphi(w_0)$. 因此我们有

$$\lim_{w \to w_0} \frac{\varphi(w) - \varphi(w_0)}{w - w_0} = \frac{1}{\lim\limits_{z \to z_0} \dfrac{w - w_0}{z - z_0}} = \frac{1}{\lim\limits_{z \to z_0} \dfrac{(z) - f(z_0)}{z - z_0}} = \frac{1}{f'(z_0)}.$$

故

$$\varphi'(w_0) = \frac{1}{f'(z_0)} \quad (z_0 \in D, w_0 = f(z_0) \in G).$$

由于 w_0 或 z_0 的任意性，即知反函数 $z = \varphi(w)$ 在区域 G 内解析.

例 7.1 讨论解析函数 $w = z^n (n$ 为正整数$)$ 的保角性和共形性.

解 由于 $\dfrac{\mathrm{d}w}{\mathrm{d}z} = nz^{n-1} \neq 0 (z \neq 0)$，故 $w = z^n$ 在 z 平面上除原点 $z = 0$ 外，处处都是保角的. 由于 $w = z^n$ 的单叶性区域是顶点在原点张角不超过 $\dfrac{2\pi}{n}$ 的角形区域. 故在此角形区域内 $w = z^n$ 是共形的. 在张角超过 $\dfrac{2\pi}{n}$ 的角形区域内，则不是共形的（因为不是单叶性区域），但在其中各点的邻域内是共形的.

注 7.2 解析变换 $w = f(z)$ 在解析点 z_0 如有 $f'(z_0) \neq 0$，由 $f'(z)$ 在 z_0 的连

续性,必在 z_0 的邻域内处处不为零,于是 $w = f(z)$ 在点 z_0 保角,因而在 z_0 的邻域内单叶保角,从而在 z_0 的邻域内共形.

7.2　分式线性变换

1. 分式线性变换及其分解

分式线性变换是如下形式的函数:

$$w = \frac{\alpha z + \beta}{\gamma z + \delta}, \quad \begin{vmatrix} \alpha & \beta \\ \gamma & \delta \end{vmatrix} = \alpha\delta - \beta\gamma \neq 0, \tag{7.5}$$

其中 α, β, γ 及 δ 是复常数,简记为 $w = L(z)$. 条件 $\alpha\delta - \beta\gamma \neq 0$ 保证式(7.5)不恒为常数. 当 $\gamma = 0$ 时,称为整线性变换. 式(7.5)的反函数为

$$z = \frac{-\delta w + \beta}{\gamma w - \alpha} \tag{7.6}$$

仍为分式线性变换.

将函数(7.5)的定义域及值域推广到扩充复平面 $\mathbb{C}_\infty$.

当 $\gamma = 0$ 时,式(7.5)将 $z = \infty$ 映射成 $w = \infty$;

当 $\gamma \neq 0$ 时,式(7.5)把 $z = -\dfrac{\delta}{\gamma}$ 及 $z = \infty$ 分别映射成 $w = \infty$ 及 $w = \dfrac{\alpha}{\gamma}$. 于是式(7.5)将扩充 z 复平面——地且单叶地变成扩充 w 复平面.

分式线性变换(7.5)总可以分解成下述简单类型变换的复合:

(1) 整线性变换 $w = kz + b (k \neq 0)$.

整线性函数 $w = kz + h$ 是一个比较简单的变换,在几何上表示平移、旋转、伸缩,是相似变换,显然此变换把圆周变换后的像曲线仍为圆周.

(2) 反演变换(也称倒数变换) $w = \dfrac{1}{z}$.

这个变换可分解为

$$\omega = \frac{1}{z}, \quad w = \bar{\omega},$$

前者称为关于单位圆周的对称变换,后者称为关于实轴的对称变换.

2. 分式线性函数的映射性质

在扩充复平面上,直线可视为经过无穷远点的圆周.

定理 7.7 在扩充复平面上分式线性变换(7.5)把圆周(直线)映射成圆周或直线.

证 已知分式线性变换所确定的映射是由平移变换、旋转变换、相似变换以及 $w = \dfrac{1}{z}$ 的变换复合而成的,前三种变换显然把圆周映为圆周,现只需证明 $w = \dfrac{1}{z}$ 也将圆周映为圆周.

我们知道,圆的方程为

$$a z\bar{z} + \bar{\beta}z + \beta\bar{z} + d = 0, \tag{7.7}$$

其中 $\beta = \dfrac{1}{2}(b + \mathrm{i}c)$ 为复常数, a, b, c, d 为实常数.

函数 $w = \dfrac{1}{z}$ 将式(7.7)映射为

$$d w\bar{w} + \beta w + \overline{\beta w} + a = 0,$$

它也为 w 平面上的圆 (如果 $d = 0$ 时表示直线).

定理 7.7 表明分式线性函数 $w = L(z)$ 将扩充 z 平面上的圆周 C 映为扩充 w 平面上的圆周 Γ, C 与 Γ 分别将扩充 z 平面与扩充 w 平面上分成两个没有公共点的区域 D_1, D_2 与 D_1', D_2',边界为 C 与 Γ.将区域 D_1 映成 D_1' 与 D_2' 中的一个,究竟是哪一个,可以通过 D_1 中任一点的像来决定.

既然分式线性变换将圆映为圆,就自然地考虑:如果给定两个圆,是否存在分式线性变换,将其中一个圆映为另一个圆? 下面的定理回答了这个问题.

3. 分式线性函数的保交比性

为了更好地研究线性变换的性质,引入交比的概念:

定义 7.2 设 $z_j(j = 1, 2, 3, 4)$ 是扩充复平面上四个不相等的点,若它们均不为 ∞,则称

$$(z_1, z_2, z_3, z_4) = \frac{z_4 - z_1}{z_4 - z_2} : \frac{z_3 - z_1}{z_3 - z_2} \tag{7.8}$$

为 z_1, z_2, z_3, z_4 的交比.若有一个 $z_j(1 \leqslant j \leqslant 4)$ 为 ∞,则考虑其极限,也就是在式(7.8)中将含有 z_j 的因式用 1 代替,比如,若 $z_1 = \infty$,则式(7.8)可简化为

$$(\infty, z_2, z_3, z_4) = \frac{1}{z_4 - z_2} : \frac{1}{z_3 - z_2}.$$

定理 7.8 设 $w = L(z)$ 是一线性变换, $w_j = L(z_j)(j = 1, 2, 3, 4)$,则

$$(w_1, w_2, w_3, w_4) = (z_1, z_2, z_3, z_4). \tag{7.9}$$

证　先设 $w = az + h$，于是 $w_i = az_i + h(i = 1,2,3,4)$，易知

$$(w_1, w_2, w_3, w_4) = (z_1, z_2, z_3, z_4).$$

若 $w = \dfrac{1}{z}$，则 $w_i = \dfrac{1}{z_i}(i = 1,2,3,4)$，从而

$$(w_1, w_2, w_3, w_4) = \frac{\dfrac{1}{z_4} - \dfrac{1}{z_1}}{\dfrac{1}{z_4} - \dfrac{1}{z_2}} : \frac{\dfrac{1}{z_3} - \dfrac{1}{z_1}}{\dfrac{1}{z_3} - \dfrac{1}{z_2}} = (z_1, z_2, z_3, z_4).$$

若在上述情况中出现 0 与 ∞，只需考虑相应的极限即可，而线性变换可视为 $w = az + h$ 与 $w = \dfrac{1}{z}$ 的若干次复合，从而定理证毕．

推论 7.2　在分式线性函数所确定的映射中，交比不变，即

$$(w_1, w_2, w_3, w) = (z_1, z_2, z_3, z). \tag{7.10}$$

定理 7.9　对于扩充 z 平面上任意三个不同点 z_1, z_2, z_3，以及扩充 w 平面上任意三个不同点 w_1, w_2, w_3，存在唯一的分式线性函数，把 z_1, z_2, z_3 分别映射成 w_1, w_2, w_3．并且可以写成

$$\frac{w - w_1}{w - w_2} : \frac{w_3 - w_1}{w_3 - w_2} = \frac{z - z_1}{z - z_2} : \frac{z_3 - z_1}{z_3 - z_2}. \tag{7.11}$$

证　先考虑各点为有限点情况．设所求分式线性函数是式(7.5)，那么由

$$w_j = \frac{\alpha z_j + \beta}{\gamma z_j + \delta} \quad (j = 1,2,3),$$

我们可得到 $w - w_1, w - w_2, w_3 - w_1, w_3 - w_2$ 的表达式，然后消去 $\alpha, \beta, \gamma, \delta$，有

$$\frac{w - w_1}{w - w_2} : \frac{w_3 - w_1}{w_3 - w_2} = \frac{z - z_1}{z - z_2} : \frac{z_3 - z_1}{z_3 - z_2}.$$

因此由上式，我们可得到 $w = L(z)$，其中 $\alpha, \beta, \gamma, \delta$ 就可由 z_j 及 $w_j(j = 1,2, 3)$ 来确定．

现证唯一性，若另一函数

$$w = \frac{\alpha' z + \beta'}{\gamma' z + \delta'}$$

满足条件，那么类似的仍可得到式(7.11)，所以该变换是唯一的(实际上我们可以证明除了相差一个常数因子外是唯一的)．

我们再考虑有一个点为 ∞，比如除了 $w_3 = \infty$ 外，其他都是有限点，那么所求线性变换就可假定为下列形式：

$$w = \frac{\alpha z + \beta}{\gamma(z - z_3)},$$

经过简单计算就可得出 $w - w_1$ 及 $w - w_2$,并消去 α, β, γ,我们有

$$\frac{w - w_1}{w - w_2} = \frac{z - z_1}{z - z_2} : \frac{z_3 - z_1}{z_3 - z_2} \tag{7.12}$$

由此可解出所求的分式线性函数,唯一性类似证明.实际上式(7.12)也可以看成在式(7.11)中令 $w_3 \to \infty$ 所得.对于 z_1, z_2, z_3 及 w_1, w_2, w_3 中,其他点为 ∞ 的情况可以类似证明.

定理 7.10 设 $w = L(z)$ 是一个线性变换,则其被在三个点上的值唯一确定.(即三对对应点唯一确定一个分式线性变换).

证 设 $w_j = L(z_j)(j = 1, 2, 3)$,则对任意 $z \neq z_j$,有

$$(w_1, w_2, w_3, w) = (z_1, z_2, z_3, z),$$

从而可解出 $w = L(z)$.

例 7.2 求将 $2, i, -2$ 对应地变成 $-1, i, 1$ 的分式线性变换.

解 所求分式线性变换为

$$(2, i, -2, z) = (-1, i, 1, w),$$

即

$$\frac{z - 2}{z - i} : \frac{-2 - 2}{-2 - i} = \frac{w + 1}{w - i} : \frac{1 + 1}{1 - i},$$

化简为

$$\frac{w + 1}{w - i} = \frac{1 + 3i}{4} \cdot \frac{z - 2}{z - i},$$

于是我们所求的线性变换为

$$w = \frac{z - 6i}{3iz - 2}.$$

4. 分式线性变换的保对称性

定义 7.3 设给定圆 $C : |z - z_0| = R, 0 < R < \infty$,如果两个有限点 z_1 与 z_2 在起点为 z_0 的同一射线上,并且 $|z_1 - z_0| \cdot |z_2 - z_0| = R^2$,那么就是说 z_1 及 z_2 为关于圆 C 的对称点.

实际上定义 7.3 的等价形式是:z_1, z_2 关于圆 C 对称只要满足方程

$$(z_2 - z_0) \overline{(z_1 - z_0)} = R^2.$$

因为当 $z_1 \to z_0$ 时,必有 $z_2 \to \infty$,所以规定圆心 z_0 的对称点是 ∞,并且圆 C 上的点

是它本身关于圆 C 的对称点.

下面的定理是关于对称点的一个几何刻画.

定理 7.11　从圆心发出的射线上的两点 z_1,z_2 关于该圆周对称的充分必要条件是过 z_1,z_2 的任意圆周与该圆周正交.

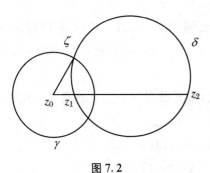

图 7.2

证　如果 γ 是直线或者 γ 是半径为有限的圆,而且 z_1 与 z_2 之中有一个是无穷远点,那么定理的结论是很明显的.

现在考虑圆 γ 为 $|z-z_0|=R(0<R<\infty)$,并且 z_1 与 z_2 都是有限点的情形.

必要性　设 z_1 与 z_2 关于圆 γ 对称,那么通过 z_1 与 z_2 的直线显然与圆 γ 正交.设过 z_1 与 z_2 的任何圆(非直线)记为 δ(图 7.2).

过 z_0 作圆 δ 的切线且设其切点是 ζ,由平面几何的定理,以及 z_1,z_2 关于圆周 γ 对称的定义,有

$$|\zeta-z_0|^2 = |z_1-z_0|\cdot|z_2-z_0|=R^2,$$

所以 $|\zeta-z_0|=R$,这表明 $\zeta\in\gamma$,而上述 δ 的切线恰好是圆 γ 的半径.因此,δ 与 γ 正交.

充分性　设过 z_1,z_2 的每一圆周都与 γ 正交.过 z_1,z_2 作一圆 δ,δ 与 γ 的交点之一记为 ζ,则 δ 与 γ 正交,圆 δ 在切点 ζ 的切线通过圆 γ 的中心 z_0.连接 z_2 和 z_1,延长后必通过圆心 z_0,并且 z_1 和 z_2 在这切线的同一侧,设过 z_1 及 z_2 的直线记为 L.由于 L 与 γ 正交,它通过圆心 z_0.于是 z_1 及 z_2 在通过 z_0 的一条射线上,且有

$$|z_1-z_0|\cdot|z_2-z_0|=|\zeta-z_0|^2=R^2,$$

因此,z_1 与 z_2 是关于圆 γ 对称.

定理 7.12　设 $w=L(z)$ 为线性变换,z_1,z_2 为圆周 γ 的对称点,则 $w_1=L(z_1),w_2=L(z_2)$ 关于圆周 Γ 对称,其中 $\Gamma=L(\gamma)$.

证　设 Δ 是过 w_1,w_2 的任意圆周,则 $\delta=L^{-1}(\Delta)$ 是 z 平面上的过 z_1,z_2 的圆周,因为 z_1,z_2 关于 γ 对称,所以由定理 7.13 知,γ 与 δ 正交,由线性变换的保角性,Γ 与 Δ 正交,w_1,w_2 关于 $\Gamma=L(\gamma)$ 对称.

5. 分式线性变换的应用

分式线性变换在处理边界为圆弧或直线的区域的变换中,具有很大的作用.下

面几例就是反映这个事实的重要特例.

例 7.3　求一分式线性变换,将 z 平面的上半平面保形变换至 w 平面的上半平面.

解　上半平面的边界恰好是实轴,而将实轴映射至实轴的线性变换可设为

$$w = \frac{az + b}{cz + d},\tag{7.13}$$

其中 a, b, c, d 均为实数,实轴变成实轴是同向的,从而 $w = \dfrac{az + b}{cz + d}$ 在实轴上的定义区间作为实函数应是递增的,从而在实轴上,有

$$\frac{\mathrm{d}w}{\mathrm{d}z} = \frac{ad - bc}{(cz + d)^2}\bigg|_{z = x} > 0,$$

即 $ad - bc > 0$.这就是说,所求的线性变换为

$$w = \frac{az + b}{cz + d},$$

其中 a, b, c, d 均为实数,且 $ad - bc > 0$.

例 7.4　试求把上半平面 $\mathrm{Im}\, z > 0$ 保形映射成单位圆 $|w| < 1$ 的分式线性函数,并且 $w(z_0) = 0\,(\mathrm{Im}\, z_0 > 0)$.

解　线性变换 $w = L(z)$ 把 $\mathrm{Im}\, z > 0$ 内点 z_0 映射成 $w = 0$,把 $\mathrm{Im}\, z = 0$ 映射成 $|w| = 1$.由于分式线性函数把关于实轴 $\mathrm{Im}\, z = 0$ 的对称点映射成关于圆 $|w| = 1$ 的对称点,所以所求函数不仅把 z_0 映射成 $w = 0$,而且把 $\overline{z_0}$ 映射成 $w = \infty$.因此,这种函数的形状为

$$w = k\frac{z - z_0}{z - \overline{z_0}},$$

其中 k 为一复常数.因为当 $z = x$ 时,$|w| = 1$,即

$$|w| = |k|\left|\frac{z - z_0}{z - \overline{z_0}}\right| = |k| = 1,$$

于是 $k = \mathrm{e}^{\mathrm{i}\theta}$,其中 θ 为一实常数.因此,所求的函数应为

$$w = \mathrm{e}^{\mathrm{i}\theta}\frac{z - z_0}{z - \overline{z_0}},\tag{7.14}$$

其中 $\mathrm{Im}\, z_0 > 0, \theta \in \mathbb{R}$.

最后证明式(7.14)确是所求的函数.事实上,由式(7.14)可知,当 z 为实数时,$|w| = 1$,并且上半 z 平面的点 z_0 映成 $w = 0$,因此式(7.14)把上半平面映射成圆

$|w| < 1$.

根据分式线性函数的性质,圆 $|w| < 1$ 的直径是由通过 z_0 及 $\overline{z_0}$ 的圆在上半平面的弧映射成的;以 $w = 0$ 为圆心的圆是由 z_0 及 $\overline{z_0}$ 为对称点的圆映射成的;而 $w = 0$ 是由 $z = z_0$ 映射成的.

例 7.5　试求把圆 $|z| < 1$ 保形映射成圆 $|w| < 1$ 的分式线性函数,且 $w(z_0) = 0$,这里 $|z_0| < 1$.

解　变换 $w = w(z)$ 把 $|z| < 1$ 内一点 z_0 映射成 $w = 0$,并且把 $|z| = 1$ 映射成 $|w| = 1$.不难看出,与 z_0 关于圆 $|z| = 1$ 为对称的点是 $\dfrac{1}{\overline{z_0}}$,与例 7.4 一样,这种函数也应当把 $\dfrac{1}{\overline{z_0}}$ 映射成 $w = \infty$.于是它的形状为

$$w = k\,\frac{z - z_0}{z - \dfrac{1}{\overline{z_0}}} = k_1\,\frac{z - z_0}{1 - \overline{z_0}z},$$

这里 k, k_1 皆为复常数.因为当 $|z| = 1$ 时,$|w| = 1$,因此我们有

$$|w| = |k_1|\left|\frac{z - z_0}{1 - \overline{z_0}z}\right| = |k_1| = 1,$$

由此我们得到 $k_1 = \mathrm{e}^{\mathrm{i}\theta}$,其中 θ 是一实常数,故所求的分式线性变换应为

$$w = \mathrm{e}^{\mathrm{i}\theta}\,\frac{z - z_0}{1 - \overline{z_0}z}, \tag{7.15}$$

其中 $|z_0| < 1, \theta \in \mathbb{R}$.

最后证明式 (7.15) 确是所求的变换.事实上,由式 (7.15) 可知,当 $|z| = 1$ 时,$|w| = 1$.当 $z = z_0$ 在 $|z| < 1$ 内时,$w = 0$,所以式 (7.15) 将 $|z| < 1$ 映射为 $|w| < 1$.

根据分式线性函数的性质,圆 $|w| < 1$ 内的直径是由通过 z_0 及 $\dfrac{1}{\overline{z_0}}$ 的圆在 $|z| < 1$ 内的弧映射成的;以 $w = 0$ 为圆心的圆是由 z_0 及 $\dfrac{1}{\overline{z_0}}$ 为对称点的圆映射成的;而 $w = 0$ 是由 $z = z_0$ 映射成的.

例 7.6　求将上半平面共形映射成圆 $|w - w_0| < R$ 的分式线性变换 $w = L(z)$,使得符合条件 $L(\mathrm{i}) = w_0, L'(\mathrm{i}) > 0$.

解　做分式线性变换 $\xi = \dfrac{w - w_0}{R}$,将圆 $|w - w_0| < R$ 共形映射成单位圆 $|\xi|$

<1. 然后, 做出上半平面 $\operatorname{Im} z>0$ 到单位圆 $|\xi|<1$ 的共形映射, 使 $z=\mathrm{i}$ 变成 $\xi=0$, 此分式线性变换为 $\xi=\mathrm{e}^{\mathrm{i}\theta}\dfrac{z-\mathrm{i}}{z+\mathrm{i}}$ (图 7.3).

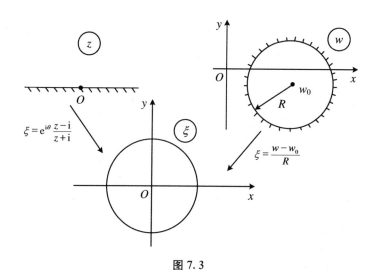

图 7.3

复合上述两个分式线性变换得

$$\frac{w-w_0}{R}=\mathrm{e}^{\mathrm{i}\theta}\frac{z-\mathrm{i}}{z+\mathrm{i}},$$

它将上半平面 z 共形映射成圆 $|w-w_0|<R$, i 变成 w_0, 再由条件 $L'(\mathrm{i})>0$, 可求得

$$\frac{1}{R}\frac{\mathrm{d}w}{\mathrm{d}z}\bigg|_{z=\mathrm{i}}=\mathrm{e}^{\mathrm{i}\theta}\frac{z+\mathrm{i}-z+\mathrm{i}}{(z+\mathrm{i})^2}\bigg|_{z=\mathrm{i}}=\mathrm{e}^{\mathrm{i}\theta}\frac{1}{2\mathrm{i}},$$

即

$$L'(\mathrm{i})=R\mathrm{e}^{\mathrm{i}\theta}\cdot\frac{1}{2\mathrm{i}}=\frac{R}{2}\mathrm{e}^{\mathrm{i}\left(\theta-\frac{\pi}{2}\right)},$$

于是

$$\theta=\frac{\pi}{2},\quad \mathrm{e}^{\mathrm{i}\theta}=1,$$

所求分式线性变换为

$$w=R\mathrm{i}\frac{z-\mathrm{i}}{z+\mathrm{i}}+w_0.$$

例 7.7　求一共形变换 $w=w(z)$, 将 z 平面上的上半单位圆盘 $G=$

$\{z\,|\,|z|<1,\mathrm{Im}\,z>0\}$ 保形变换至 w 平面上的单位圆盘 $|w|<1$，且 $w\left(\dfrac{1}{2}\mathrm{i}\right)=0$，

$w'\left(\dfrac{1}{2}\mathrm{i}\right)>0$.

解　注意到 G 的边界是由一条圆弧和一条线段所组成的，故不能像以上题目那样简单地寻求对称点，我们所求的变换也不是线性变换. 因此我们的方法分下面三步：

(1) 先用一线性变换将 G 变为第一象限；

(2) 再用平方变换将其变化至上半平面；

(3) 最后用线性变换变为单位圆.

先考虑线性变换

$$\xi=\frac{1+z}{1-z}, \tag{7.16}$$

由线性变换的保角性可知，

$$G_1=\xi(G)=\{\xi\,|\,\mathrm{Im}\,\xi>0,\mathrm{Re}\,\xi>0\}, \quad \xi\left(\frac{\mathrm{i}}{2}\right)=\frac{3+4\mathrm{i}}{5}.$$

再设

$$\eta=\xi^2, \tag{7.17}$$

则 $G_2=\eta(G_1)=\{\eta\,|\,\mathrm{Im}\,\eta>0\}$，$\eta\left(\dfrac{3+4\mathrm{i}}{5}\right)=\dfrac{-7+24\mathrm{i}}{25}$.

而映射

$$w=\mathrm{e}^{\mathrm{i}\theta}\,\frac{\eta-\dfrac{1}{25}(-7+24\mathrm{i})}{\eta-\dfrac{1}{25}(-7-24\mathrm{i})} \tag{7.18}$$

将 G_2 保形映射至 $|w|<1$，且 $w\left(\dfrac{-7+24\mathrm{i}}{25}\right)=0$.

我们将上述三个函数式(7.16)，式(7.17)和式(7.18)复合得

$$w(z)=\mathrm{e}^{\mathrm{i}\theta}\,\frac{\left(\dfrac{1+z}{1-z}\right)^2-\dfrac{1}{25}(-7+24\mathrm{i})}{\left(\dfrac{1+z}{1-z}\right)^2-\dfrac{1}{25}(-7-24\mathrm{i})}$$

$$=\mathrm{e}^{\mathrm{i}\theta}\,\frac{2(4-3\mathrm{i})z^2+3(3+4\mathrm{i})z+2(4-3\mathrm{i})}{2(4+3\mathrm{i})z^2+3(3-4\mathrm{i})z+2(4+3\mathrm{i})}.$$

因为

$$w'\left(\frac{\mathrm{i}}{2}\right) = \mathrm{e}^{\mathrm{i}\theta}\left(\frac{10}{6} - \frac{15}{6}\mathrm{i}\right) > 0,$$

所以我们应取 $\theta = \arctan\dfrac{3}{2}$，这样我们就得到所求的映射为

$$w(z) = \mathrm{e}^{\mathrm{i}\,\arctan\frac{3}{2}}\frac{2(4-3\mathrm{i})z^2 + 3(3+4\mathrm{i})z + 2(4-3\mathrm{i})}{2(4+3\mathrm{i})z^2 + 3(3-4\mathrm{i})z + 2(4+3\mathrm{i})}. \tag{7.19}$$

*7.3　Riemann 定理及边界对应定理

在例 7.4 中，我们知道分式线性函数将上半平面 $\operatorname{Im} z > 0$ 保形映射成单位圆盘 $|w| < 1$. 于是我们很自然地反过来考虑共形映射理论中的一个基本问题：任给扩充复平面上的一个单连通区域 D，能否可以找到一个单叶函数把 D 共形映射成 $|w| < 1$.

显然这个问题不一定有解，例如，D 为 z 平面，其边界只含一点，即无穷远点，则找不到一个单叶函数 $w = f(z)$，将 z 平面保形双射成 $|w| < 1$. 事实上假定存在这样的函数 $w = f(z)$，那么它是一个有界整函数，从而 $f(z)$ 为常数，在这种情况下，$f(z)$ 不能把区域变成区域. 当 D 为扩充 z 平面时，这时 D 没有边界点，这种情况 $f(z)$ 也不能把区域变成区域. 但是如果排除只有一个边界点的情况，则情况就大不一样了.

Riemann 提出下列映射定理：

定理 7.13（Riemann 存在与唯一性定理）　设 D 是扩充复平面上一个边界多于一点的单连通区域，z_0 是 D 内的一个有限点，则唯一地存在一个 D 到单位圆的共形映射 $w = f(z)$，满足 $f(z_0) = 0, f'(z_0) > 0$.

这个定理的存在性证明比较难，超出大纲要求，故不给证明. 但利用 Schwarz 引理，可以给出这个定理的唯一性证明，请读者自证.

Riemann 映射定理在解析函数的几何理论及其应用上都有极其重要的意义. 在理论上，它是近代复变函数的几何理论的起点，特别在较复杂的区域内，要研究保形映射下的某些不变量，只需在较简单的区域内进行研究，然后应用保形映射就可得到所需要的结果. 在应用上，有些物理量的若干性质在保形映射下保持不变，因此，保形映射对于解决某些理论问题以及实际问题起着不可替代的作用.

Riemann 映射定理指出了可把某些区域保形映射成圆,至于怎样做出具体区域的映射函数,还有待于研究,要具体问题具体分析.

Riemann 映射定理指出某些区域可以用单叶函数保形映射成圆,但没有说明已给区域与圆的边界之间是否有对应关系.对于闭简单连续曲线,即闭 Jordan 曲线为边界的区域,有如下一个比较简单的结果:

定理 7.14(边界对应定理) 设 z 平面上有界单连通区域 D 的边界是一条闭简单连续曲线 C,单叶函数 $w = f(z)$ 将 D 共形映射成单位圆 $G:|w|<1$,那么函数 $f(z)$ 可以扩张成 $F(z)$,使在 D 内 $F(z) = f(z)$,而在 $\bar{D} = D + C$ 上 $F(z)$ 连续,并将 C 双方单值且双方连续地变成 $\Gamma:|w| = 1$.

在保形映射的实际应用中,下述边界对应原理很重要,它在一定意义下是定理 7.14 的逆定理.

定理 7.15 设在 z 平面上的有界连通区域 D 以闭简单分段光滑曲线 C 为边界.设函数 $w = f(z)$ 满足:

(1) 在 D 及 C 所组成的闭区域 $\bar{D}$ 上解析;

(2) 把 C 双射成 $\Gamma:|w| = 1$.

那么 $w = f(z)$ 把 D 保形双射成 $G:|w|<1$,并使 C 关于 D 的正向,对于 Γ 关于 G 的正向.

习题 7

1. 如果函数 $f(z)$ 在 $z = 0$ 处解析,并且 $f'(0) \neq 0$.试用 Taylor 展开式证明:$f(z)$ 在 $z = 0$ 的一个邻域内单叶.

2. 如果单叶解析函数 $w = f(z)$ 把 z 平面上可求面积的区域 D 映射成平面 w 上的区域 D^*.试证明:D^* 的面积是 $|A| = \iint\limits_D |f'(z)|^2 \mathrm{d}x\mathrm{d}y$.

3. 如果函数 $f(z)$ 在可求面积的区域 D 内单叶解析,并且满足条件 $|f(z)| \leqslant 1$.试证明:$\iint\limits_D |f'(z)|^2 \mathrm{d}x\mathrm{d}y \leqslant \pi$.

4. 设线性变换 $w = \dfrac{az + b}{cz + d}$ 将单位圆周变换至平面上的直线.求其系数应满足的条件.

5. 设 $w = \dfrac{az + b}{cz + d}$ 将 $|z|<1$ 映射至半平面 $u + v > 0$.求出该映射.

6. 求一共形映射 $w = w(z)$,将复平面割去负实轴的区域映射至 $|w|<1$,并满足 $w(1) = 0, w'(1) > 0$.

7. 试做一单叶解析函数 $w = f(z)$，把 $|z| < 1$ 映射成 $|w| < 1$，并且 $f(0) = \dfrac{1}{2}, f'(0) > 0$.

8. 求一共形映射 $w = w(z)$，将区域 $|z| < 1, |z - 1| < 1$ 的公共区域共形映射至 $|w| < 1$，并且 $w\left(\dfrac{1}{2}\right) = 0, w'\left(\dfrac{1}{2}\right) > 0$.

9. 设 z_1, z_2, z_3, z_4 是圆周上按顺序排列的四个不同的点. 试证明：交比 $(z_1, z_2, z_3, z_4) < 1$.

10. 试把圆盘 $|z| < 1$ 保形映射成半平面 $\operatorname{Im} w > 0$，并将点 $-1, 1, \mathrm{i}$ 映射成：(1) $\infty, 0, 1$；(2) $-1, 0, 1$.

11. 试把 $\operatorname{Im} z > 0$ 保形映射成 $\operatorname{Im} w > 0$，并且把点 $-1, 0, 1$ 或 $\infty, 0, 1$ 映射成 $0, 1, \infty$.

12. 应用 Schwarz 引理证明：把 $|z| < 1$ 变成 $|w| < 1$ 且把 α 变为 0 的保形双射一定具有下列形状：

$$w = \mathrm{e}^{\mathrm{i}\theta} \frac{z - \alpha}{1 - \bar{\alpha} z},$$

其中 θ 是实常数，α 是满足 $|\alpha| < 1$ 的复常数.

13. 若 $w = f(z)$ 是将 $|z| < 1$ 共形映射成 $|w| < 1$ 的单叶解析函数且 $f(0) = 0$，$\arg f'(0) = 0$. 试证明：这个变换只能是恒等变换，即 $f(z) \equiv z$.

14. 设在 $|z| < 1$ 内，$f(z)$ 解析，并且 $|f(z)| < 1$；但 $f(\alpha) = 0$，其中 $|\alpha| < 1$. 试证明：在 $|z| < 1$ 内有不等式 $|f(z)| \leqslant \left| \dfrac{z - \alpha}{1 - \bar{\alpha} z} \right|$.

15. 设函数 $w = f(z)$ 在 $\operatorname{Im} z \geqslant 0$ 上单叶解析，并把 $\operatorname{Im} z > 0$ 保形映射成 $|w| < 1$，把 $\operatorname{Im} z = 0$ 映射成 $|w| = 1$. 试证明：$f(z)$ 一定是分式线性函数.

*第 8 章　解析延拓简介

我们将在本章讨论已知区域内解析函数定义域的扩大问题：设 $f(z)$ 在区域 D 内解析，能否找到较 D 更大的区域 G 以及 G 内的解析函数 $F(z)$，使得 $F(z)$ 在 D 内与 $f(z)$ 恒等．也就是研究在什么条件下能够延拓成为更大区域上的解析函数，我们给出两个具体的解析延拓方法——幂级数延拓与对称原理，这些是本章所要讨论的主要问题．最后，引进完全解析函数及单值性定理的概念．

8.1　解析延拓的概念与方法

1. 基本概念

设 D 是一区域，$f(z)$ 是 D 内的单值解析函数，则称 (f, D) 为一个解析函数元素．两个解析函数元素恒等当且仅当它们的区域重合，其上对应的函数恒等．

定理 8.1　设 (f_1, D_1) 和 (f_2, D_2) 为两个解析函数元素，满足：

(1) 区域 D_1 与 D_2 有一公共区域 G；

(2) $f_1(z) = f_2(z)\,(z \in G)$，

则 $(F(z), D_1 \bigcup D_2)$ 也是一个解析函数元素，其中

$$F(z) = \begin{cases} f_1(z) & (z \in D_1), \\ f_2(z) & (z \in D_2). \end{cases}$$

由于对 $D_1 \bigcup D_2$ 内的任一点 z，从 $F(z)$ 的定义可知 $F(z)$ 在 z 点是解析的，从而在 $D_1 \bigcup D_2$ 内解析，由此很容易证明定理 8.1 成立．

定义 8.1　设函数 $f(z)$ 在区域 D 内解析，考虑一个包含 D 的更大的区域 G，如果存在函数 $F(z)$ 在 G 内解析，并在 D 内 $F(z) = f(z)$，则称 $f(z)$ 可解析延拓到 G 内，并称 $F(z)$ 为 $f(z)$ 在区域 G 内的解析延拓．

这种延拓如果存在，必是唯一的．因为如果有两个函数 $F_1(z)$ 和 $F_2(z)$ 在包含区域 D 的更大区域 G 内解析，并且在 D 内 $F_1(z) = f(z)$，$F_2(z) = f(z)$，由解析函

数的唯一性可知,在 G 内必有 $F_1(z) \equiv F_2(z)$,这说明了解析延拓的唯一性.

定义 8.2　设 $(f_i, D_i)(i = 1, 2)$ 为两个解析元素,若满足:

(1) $D_1 \bigcap D_2 \neq \varnothing$(空集);

(2) $z \in D_1 \bigcap D_2$ 时,$f_1(z) = f_2(z)$.

称 (f_2, D_2) 是 (f_1, D_1) 的一个直接解析延拓,记为 $(f_1, D_1) \sim (f_2, D_2)$.

注　关系"$\sim$"不是等价关系.

由定义和解析函数的唯一性定理可得直接解析延拓是唯一的,并且

$$F(z) = \begin{cases} f_1(z) & (z \in D_1), \\ f_2(z) & (z \in D_2) \end{cases}$$

是 $D_1 \bigcup D_2$ 的一个解析函数.

定义 8.3　若 $(f_1, D_1) \sim (f_2, D_2)$, $(f_2, D_2) \sim (f_3, D_3)$, $\cdots$, $(f_{n-1}, D_{n-1}) \sim (f_n, D_n)$,称 (f_n, D_n) 是 (f_1, D_1) 的一个解析延拓.

正如定义 8.2 所说的,解析延拓并不一定是直接解析延拓.

满足定理 8.1 的两个解析函数元素 (f_1, D_1) 和 (f_2, D_2) 称为互为直接解析延拓.

例 8.1　设

$$f_1(z) = \sum_{n=0}^{\infty} (-1)^n (z-1)^n \quad (z \in D_1 : |z-1| < 1),$$

$$f_2(z) = \frac{1}{\mathrm{i}} \sum_{n=0}^{\infty} (-1)^n \left(\frac{z-\mathrm{i}}{\mathrm{i}}\right)^n \quad (z \in D_2 : |z-\mathrm{i}| < 1).$$

由于 (f_1, D_1) 和 (f_2, D_2) 均为解析元素,设 D_1 与 D_2 的公共部分为 G(图 8.1),由等比级数求和可知,当 $z \in G$ 时,$f_1(z) = f_2(z) = \dfrac{1}{z}$,因而 (f_1, D_1) 和 (f_2, D_2) 是互为直接解析延拓.

2. 解析延拓的幂级数方法

解析延拓最基本的方法是借助于幂级数.已知函数 $f(z)$ 在 z_1 点解析的充分必要条件是 $f(z)$ 在这点的某邻域内有幂级数.现设 $f(z)$ 在收敛圆 $D_1 : |z - z_1| <$

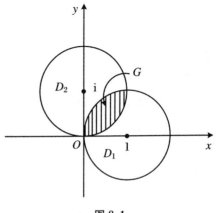

图 8.1

$r_1(0 < r_1 < +\infty)$ 内，

$$f_1(z) = \sum_{n=0}^{+\infty} a_n^{(1)} (z - z_1)^n, \tag{8.1}$$

则 (f_1, D_1) 为它的一个解析函数元素.

在 D_1 内任取一点 $z_2(\neq z_1)$，$f_1(z)$ 在收敛圆 $D_2 : |z - z_2| < r_2$ 有幂级数

$$f_2(z) = \sum_{n=0}^{+\infty} a_n^{(2)} (z - z_2)^n, \quad a_n^{(2)} = \frac{f_1^{(n)}(z_2)}{n!} \quad (n = 1, 2, \cdots) \tag{8.2}$$

由于在边界 ∂D_1 上至少有一个 $f(z)$ 的奇点(图 8.2)，所以

$$r_1 - |z_2 - z_1| \leqslant r_2 \leqslant r_1 + |z_2 - z_1|.$$

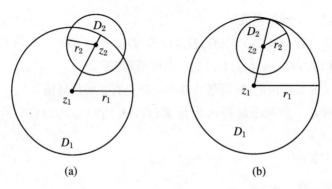

图 8.2

如果 $r_2 = r_1 - |z_2 - z_1|$，则表示 $f_1(z)$ 不能沿 $\overline{z_1 z_2}$ 方向延拓到 D_1 外. 这表明 D_1 与 D_2 相切，切点为 $f_1(z)$ 的奇点.

如果 $r_1 - |z_2 - z_1| < r_2 \leqslant r_1 + |z_2 - z_1|$，则表示 $f_1(z)$ 能沿 $\overline{z_1 z_2}$ 方向延拓到 D_1 外. 显然在 $D_1 \bigcap D_2$ 内 $f_1(z) = f_2(z)$，这样 $(f_2(z), D_2)$ 是 $(f_1(z), D_1)$ 的解析延拓.

定义 8.4　如果沿着 D 内任一点方向都不能延拓到 D 之外，这时 ∂D 上每一点都是函数的奇点，那么我们称 ∂D 为自然边界.

例 8.2　讨论 $f(z) = \sum\limits_{n=0}^{\infty} z^n$ 在圆周 $|z| = 1$ 的延拓情况.

解　在 $|z| = 1$ 上取一点 $z = \mathrm{e}^{\mathrm{i}\theta}$，然后在线段 $\overline{Oz}$ 内取一点 $z_1 = r_1 \mathrm{e}^{\mathrm{i}\theta} (r_1 < 1)$，则 $f(z)$ 在 $z = z_1$ 所展开的幂级数为

$$\sum_{n=0}^{\infty} \frac{(z - z_1)^n}{(1 - z_1)^{n+1}},$$

其收敛半径 $R_1 = |1 - z_1|$.

当 $0 < \theta < 2\pi$ 时，$R_1 = |1 - re^{i\theta}| > 1 - r$，则 $f(z)$ 可以从 $z = e^{i\theta}$ 开拓出去.

当 $\theta = 0$ 时，$R_1 = 1 - r$，则 $f(z)$ 不能从 $z = 1$ 开拓出去，也就是说 $z = 1$ 是 $f(z)$ 的一个奇点.

例 8.3　已经知道 $f(z) = \sum_{n=0}^{+\infty} z^n = \dfrac{1}{1-z}$ 在圆盘 $D:|z| < 1$ 内解析，试问 $f(z)$ 可从过 $z = -\dfrac{i}{2}$ 的半径方向上延拓到 D 外吗？

解　由于

$$f\left(-\frac{i}{2}\right) = \frac{2}{5}(2 - i), \cdots, f^{(n)}\left(-\frac{i}{2}\right) = n!\left(\frac{2}{5}\right)^{n+1}(2 - i)^{n+1} \quad (n = 1, 2, \cdots),$$

所求的展开式为 $f_1(z) = \sum_{n=0}^{+\infty}\left[\dfrac{2}{5}(2 - i)\right]^{n+1}\left(z + \dfrac{i}{2}\right)^n$，可求出收敛半径为 $\dfrac{\sqrt{5}}{2}$. 因此，$f_1(z)$ 在圆盘 $D_1:\left|z + \dfrac{i}{2}\right| < \dfrac{\sqrt{5}}{2}$ 内解析. D_1 有一部分在 D 外，而在 D 与 D_1 的公共部分内 $f_1(z) = f(z)$. 因此，$f_1(z)$ 可从过 $-\dfrac{i}{2}$ 的半径方向上延拓到 D 外.

例 8.4　设 $f(z) = \sum_{n=1}^{\infty} z^{n!}$. 试证明：收敛圆周 $|z| = 1$ 是 $f(z)$ 的自然边界.

证　首先取 $z = x$（实数），当 $x \to 1-$ 时，$\lim\limits_{x \to 1-} f(x) = +\infty$，这就说明 $z = 1$ 是 $f(z)$ 的一个奇点.

其次，当 $\zeta = e^{i\frac{2p\pi}{q}}$ 时，令 $z = re^{i\frac{2p\pi}{q}}$ $(0 < r < 1)$，则我们有

$$f(z) = z + z^2 + z^6 + \cdots + z^{(q-1)!} + z^{q!} + \cdots$$

$$= re^{i\frac{2p\pi}{q}} + r^2 e^{i\frac{2 \cdot 2! p\pi}{q}} + r^{3!} e^{i\frac{2 \cdot 3! p\pi}{q}} + \cdots + r^{q!} e^{i\frac{2 \cdot q! p\pi}{q}} + \cdots,$$

从而 $\lim\limits_{r \to 1-} f\left(re^{i\frac{2p\pi}{q}}\right) = \infty$，所以 $\zeta = e^{i\frac{2p\pi}{q}}$ 是 $f(z)$ 的奇点. 由于集合 $\left\{ e^{i\frac{2p\pi}{q}} \,\middle|\, p, q \in \mathbb{N}^+ \right\}$ 在 $|z| = 1$ 上是稠密的，从而 $|z| = 1$ 上的每一点均为 $f(z)$ 的奇点，因此 $f(z)$ 在收敛圆周上的每一点都不能解析延拓，那么单位圆 $|z| = 1$ 是自然边界.

类似地，读者也可验证 $f(z) = \sum_{n=0}^{\infty} z^{2^n}$ 的收敛半径为 1，$|z| = 1$ 也为 $f(z)$ 的自然边界.

8.2　透弧解析延拓与对称原理

1. 透弧直接解析延拓

上一节我们介绍了解析延拓的一些概念,现在考虑什么样的函数一定是可以解析延拓的.

定理 8.2(透弧解析延拓定理)　设 $(f_1(z),D_1)$,$(f_2(z),D_2)$ 为两个解析元素,满足:

(1) $D_1 \cap D_2 = \varnothing$,但有一段公共边界 Γ(公共边界除掉该段边界的端点所剩的开弧);

(2) $f_j(z)(j=1,2)$ 在 $D_j \cup \Gamma$ 上连续,并且 $f_1(z) = f_2(z)(z \in \Gamma)$.

则函数

$$F(z) = \begin{cases} f_1(z) & (z \in D_1), \\ f_2(z) & (z \in D_2), \\ f_1(z) = f_2(z) & (z \in \Gamma) \end{cases} \tag{8.3}$$

在 $D_1 \cup D_2 \cup \Gamma$ 解析.

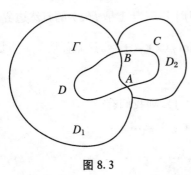

图 8.3

证　由条件可知,$F(z)$ 在 $D_1 \cup D_2 \cup \Gamma$ 连续,我们只要证明,对于区域 $D_1 \cup D_2 \cup \Gamma$ 上的任何一条周线 C,都有 $\int_C f(z)\mathrm{d}z = 0$.

如果 C 完全含在 $D_1 \cup \Gamma$ 或 $D_2 \cup \Gamma$ 内,由 Cauchy 积分定理即可得到所要的结论.

若 C 被 Γ 分成两段(图 8.3),则有

$$\int_C f(z)\mathrm{d}z = \int_{ACBA} f(z)\mathrm{d}z + \int_{BDAB} f(z)\mathrm{d}z = 0.$$

因此由 Cauchy 积分定理,$F(z)$ 在 $D_1 \cup D_2 \cup \Gamma$ 解析.

定理 8.3　设 D 是上半面上的一个区域,它的边界包含了实轴上的一条线段 a,D_1 是 D 关于实轴的对称区域. 若 $f(z)$ 在区域 D 内解析,在 $D \cup a$ 连续,并且 $f(z)$ 在 a 上取实数,那么

$$F(z) = \begin{cases} f(z) & (z \in D \cup a), \\ \overline{f(\bar{z})} & (z \in D_1) \end{cases}$$

在 $D \cup D_1 \cup a$ 上解析.

证　由定理 8.1 知,只需证明 $F(z)$ 在 D_1 内解析即可.其证明可参考习题 2 的第 7 题.

利用线性变换保对称点的性质,不难将定理 8.2 做如下的推广:

定理 8.4　设区域 D_1,D_2 关于圆弧(直线段)a 对称的两个区域,分别位于两侧,并且 a 是含在 D_1 与 D_2 的公共边界.若 $w = f(z)$ 在 D_1 内解析,连续,并且 a 在 f 的像 $a^* = f(a)$ 也是圆弧(或直线段),那么存在 $D_1 \cup D_2 \cup a$ 上的一个解析函数 $F(z)$,且当 $z \in D_1$ 时,$f(z) = F(z)$.我们也称 $f(z)$ 透过弧段 a 延拓到 D_2 内.

证　设 $\xi = \xi(z)$ 与 $\eta = \eta(w)$ 是两个分式线性变换,其中 $\xi(a)$ 与 $\eta(a^*)$ 分别是 ξ 平面和 η 平面实轴上的一直线段,由线性变换的保对称性,$\xi(D_1)$ 与 $\xi(D_2)$ 于实轴对称,而直线段 $\xi(a)$ 是它们的公共边界.以 $\xi = \xi(z)$ 表示 $z = z(\xi)$ 的反函数,显然有 $z(\xi)$ 在 $\xi(D_1)$ 上解析,在 $\xi(D_1) \cup \xi(a)$ 上连续,且 $\eta(f(z(\xi)))$ 将 $\xi(a)$ 映射成 $\eta(a^*)$.我们考虑函数

$$F_1(\xi) = \begin{cases} \eta(f(z(\xi))) & (\xi \in \xi(D_1) \cup \xi(a)), \\ \overline{\eta(f(z(\bar{\xi})))} & (\xi \in \xi(D_2)). \end{cases} \tag{8.4}$$

然后求出上述函数的反函数

$$F(z) = \begin{cases} \eta^{-1}(F_1(z)) = f(z) & (z \in D_1 \cup a), \\ \overline{\eta^{-1}(F_1(z))} & (z \in D_2), \end{cases} \tag{8.5}$$

容易验证 $F(z)$ 在 $D \cup D_1 \cup a$ 上解析.

2. 对称原理

设实变数实值函数 $f(x)$ 在 $x = x_0$ 有 Taylor 展开式

$$f(x) = \sum_{n=0}^{+\infty} a_n (x - x_0)^n,$$

它的收敛半径是 $r > 0$,其中 a_n 为实数.那么 $f(x)$ 可推广到在圆 $|z - x_0| < r$ 内解析的函数

$$f(x) = \sum_{n=0}^{+\infty} a_n (z - x_0)^n.$$

显然

$$\overline{f(z)} = \overline{\sum_{n=0}^{+\infty} a_n (z - x_0)^n} = \sum_{n=0}^{+\infty} a_n (\bar{z} - x_0)^n = f(\bar{z}),$$

亦即

$$f(z) = \overline{f(\bar{z})},$$

这就是说,$f(z)$在对称点 z 及 $\bar{z}$ 处的值相互共轭.这一事实启发我们引出对称原理.

定理 8.5　设 D_1 及 D_2 是 z 平面上两个区域,分别在上、下半平面,并且关于实轴对称,它们的边界都含实轴的一条线段 Γ.设 $(f(z),D_1)$ 为解析函数元素,f 在 $D_1 \bigcup \Gamma$ 上连续且在 Γ 上取实数值,则存在函数 $F(z)$ 在 $G = D_1 \bigcup D_2 \bigcup \Gamma$ 内解析,在 D_1 内 $F(z) = f(z)$,在 D_2 内 $F(z) = \overline{f(\bar{z})}$(即 $(\overline{f(\bar{z})},D_2)$ 是 $(f(z),D_1)$ 透过弧 Γ 的直接解析延拓).

证　定义

$$F(z) = \begin{cases} f(z) & (z \in D_1 + \Gamma), \\ \overline{f(\bar{z})} & (z \in D_2). \end{cases} \tag{8.6}$$

(1) 证明 $F(z)$ 在 D_2 内解析.设 $z_0, z \in D_2$,那么 $\overline{z_0}, \bar{z} \in D_1$,由习题 2 的第 7 题知,我们有 $F'(z_0) = \overline{f'(\overline{z_0})}$.由于 z_0 是 D_2 内任一点,这样就证明了 $F(z)$ 在 D_2 内解析.

(2) 证明 $F(z)$ 在 D_2 内及 Γ 所有点组成的集上连续.设 $z \in D_2, b \in \Gamma$,则有 $\bar{z} \in D_1$.记 $z = x + iy$ 及 $f(z) = u(x,y) + iv(x,y)$.由于 $f(z)$ 在 Γ 上取实数值,

$$\lim_{\bar{z} \to b} f(\bar{z}) = \lim_{z \to b}[u(x,-y) + iv(x,-y)] = f(b) = u(b,0),$$

因此

$$\lim_{\substack{z \to b \\ z \in D_2}} F(z) = \lim_{\substack{\bar{z} \to b \\ \bar{z} \in D_1}} \overline{f(\bar{z})} = \lim_{z \to b}[u(x,-y) - iv(x,-y)] = u(b,0) = f(b).$$

不难看出,当 z 沿实轴趋近于 b,上式仍然成立.

可见 $F(z)$ 在 $D_2 \bigcup \Gamma$ 上连续.因此我们证明了 $F(z)$ 在 $D_1 \bigcup \Gamma$ 上连续,在 D_1 内解析.

(3) 应用 Morera 定理来证明 $F(z)$ 在区域 G 内解析.设 C 是任一条简单闭曲线,如果 C 完全在 D_1 内或 D_2 内,由于 $F(z)$ 在 D_1 内及 D_2 内解析,则有

$$\int_C F(z)\mathrm{d}z = 0. \tag{8.7}$$

如果 C 与实轴相较于两点,我们可以把 C 分成若干个简单闭曲线,使得这若干个简单闭曲线分别在 $D_1 \bigcup \Gamma$ 或 $D_2 \bigcup \Gamma$ 上,根据定理 3.10,沿着这若干个简单闭曲线的积分为零,从而我们可得到 $\int_C F(z)\mathrm{d}z = 0$.如果 C 在 G 内其他位置仍可得到同样

的结果.这样就证明了 $F(z)$ 在 G 内解析.

由 $f(z)$ 在 D_2 中的定义可以看出函数 $w = f(z)$ 把在 z 平面上关于实轴为对称的区域 D_1 及 D_2 映射成在 w 平面上关于实轴为对称的集 $D_1^* = f(D_1)$ 及 $D_2^* = f(D_2)$,并且 $\Gamma^* = f(\Gamma)$ 是 w 平面的实轴上的一个集.由于经过平移和旋转后,关于某直线的对称点变成关于变换而得的另一直线的对称点,所以可以将上述对称原理推广到更一般的情况.

8.3　完全解析函数及单值性定理

一个解析函数可以延拓为另一个更大区域上的解析函数,通常这种解析区域的扩张不是无限下去的,那么什么时候不能继续延拓了呢？延拓后的解析函数是单值的,还是多值的？下面介绍两个问题的相关内容.

1. 完全解析函数

定义 8.5　设 $(f_j(z), D_j)(j = 1, 2, \cdots, n)$ 为解析元素集合,若其中任意两个解析元素可经由完全含于集合内的一条链互为直接或间接解析延拓,则称 $(f_j(z), D_j)$ 定义了一个一般解析函数.

定义 8.6　若 $(f_j(z), D_j)(j = 1, 2, \cdots, n)$ 定义的一般解析函数包括了任意解析元素的一切解析延拓,则称该一般解析函数为完全解析函数.

显然完全解析函数不能再解析延拓了,是延拓到最大范围的一般解析函数,延拓最后的定义域,我们称之为 $(f_j(z), D_j)$ 的黎曼面,其边界称为自然边界.

2. 单值性定理

设 $f(z)$ 是区域 D 内的完全解析函数,a, b 是 D 内任意两点,l_1 和 l_2 是 D 内连接 a, b 的两条曲线.若 $f(z)$ 的一个解析元素从点 a 出发沿 l_1 和 l_2 进行解析延拓,到达点 b 时函数值不同,则称 $f(z)$ 为多值函数.如果 $f(z)$ 在单连通区域 D 内解析,就不会出现多值情况.

定理 8.6(单值性定理)　若函数 $f(z)$ 在扩充 z 平面上的单连通区域 D 内解析,则 $f(z)$ 在 D 内是单值的.

定义 8.7　完全解析函数 $F(z)$ 的解析元素 $(f(z), D)$ 沿以 z_0 为心的充分小圆周延拓,若起始点的函数值与回转后终点的函数值不等,则称 z_0 为多值函数 $F(z)$ 的支点.

若在某个区域内动点 z 沿任意周线运动一周时，$F(z)$ 的函数值没有改变，那么 $F(z)$ 在这个区域内就能确定一个单值解析分支.

可以证明，上面的定义 8.7 和结论与第 2 章用连续变化法研究多值函数的单值分支问题时的相应定义和结论是一致的.

习　题　8

1. 已知函数 $f_1(z) = z - \dfrac{1}{2} z^2 + \dfrac{1}{3} z^3 - \cdots$. 试证明：函数

$$f_2(z) = \ln 2 - \frac{1-z}{2} - \frac{(1-z)^2}{2 \cdot 2^2} - \frac{(1-z)^3}{3 \cdot 2^3} - \cdots$$

是函数 $f_1(z)$ 的解析延拓.

2. 级数

$$f_1(z) = -\frac{1}{z} - 1 - z - z^2 - \cdots$$

在 $0 < |z| < 1$ 内所定义的函数是否可以解析延拓成级数

$$f_2(z) = \frac{1}{z^2} + \frac{1}{z^3} + \frac{1}{z^4} + \cdots$$

在 $|z| > 1$ 内所定义的函数？

3. 已知函数 $f_1(z) = 1 + 2z + (2z)^2 + (2z)^3 + \cdots$. 试证明：函数

$$f_2(z) = \frac{1}{1-z} + \frac{z}{(1-z)^2} + \frac{z^2}{(1-z)^3} + \cdots$$

是函数 $f_1(z)$ 的解析延拓.

4. 试证明：$f(z) = \displaystyle\sum_{n=1}^{\infty} z^{n!} = z + z^2 + z^6 + \cdots + z^{n!} + \cdots$，以单位圆 $|z| = 1$ 为自然边界.

5. 试证明：如果整函数 $f(z) = \displaystyle\sum_{n=0}^{\infty} a_n z^n$ 在实轴上取实值，则系数 a_n（n 是非负整数）全是实数.

参 考 文 献

[1] 拉夫连季耶夫 M A,沙巴特 B B.复变函数理论方法[M].施祥林,夏定中,吕乃刚,译.北京:高等教育出版社,2006.

[2] 钟玉泉.复变函数论[M].4 版.北京:高等教育出版社,2013.

[3] Brown J W. Complex Variables and Applications[M]. 9th ed. Columbus:McGraw-Hill,2013.

[4] 余家荣.复变函数[M].3 版.北京:高等教育出版社,2000.

[5] 史济怀,刘太顺.复变函数[M].合肥:中国科学技术大学出版社,1998.

[6] Lang S H W. Complex Analysis[M]. 2nd ed. New York:Springer-Verlag, 1985.

[7] 方企勤.复变函数教程[M].北京:北京大学出版社,2016.

[8] 路见可.平面弹性复变方法[M].2 版.武汉:武汉大学出版社,2002.

[9] 路见可.解析函数边值问题教程[M].上海:上海科学技术出版社,2004.

[10] 庄圻泰,杨重骏,何育赞,等.单复变函数论中的几个问题[M].北京:科学出版社,1995.

[11] Palka B. An Introduction to Complex Function Theory[M]. New York:Springer-Verlag, 1990.

[12] 庄圻泰,张南岳.复变函数[M].北京:北京大学出版社,1984.

[13] 普里瓦洛夫.复变函数引论[M].闵嗣鹤,程民德,董怀允,等译.北京:人民教育出版社,1956.

[14] 李忠.复分析导引[M].北京:北京大学出版社,2004.

[15] 扈培楚.复变函数教程[M].北京:科学出版社.2008.

[16] 郑建华.复变函数[M].北京:清华大学出版社,2005.